航空零部件制造工艺

主　编　何幸保　邓元山
副主编　马　闯　孙甲尧　吴云锋
　　　　宋宏明　陈恩雄
参　编　陈　立　魏关华　王建平
　　　　宋福林　王成新　谌　侨
　　　　易　廷
主　审　黄登红

北京理工大学出版社
BEIJING INSTITUTE OF TECHNOLOGY PRESS

内容提要

《航空零部件制造工艺》课程以项目化、任务驱动为主要设计理念，融通"岗课赛证"渠道，即对接航空制造典型职业岗位能力，教学载体的选取考虑了数控车铣加工职业技能等级证书（1+X 证书）的要求，融合数控车铣、多轴加工技能竞赛的工艺知识与技能。本书的教学目标是让学习者掌握航空典型零件的车铣、多轴加工工艺。教学内容共 6 个项目，包括无人机输出轴零件的机械加工工艺、鼓筒轴零件的机械加工工艺、扩压器零件的机械加工工艺、机匣件的机械加工工艺、单叶片零件的多轴加工工艺、整体叶盘零件的多轴加工工艺，每个项目按照零件的分析、加工工艺方案的确定、加工工艺规程的设计、工艺路线单与工序卡的设计四个任务进行设计。同时在知识目标、能力目标和素质目标中融入了思政元素，并开发了典型思政案例。

本书为国家级职业教育专业教学资源库（飞行器制造技术专业教学资源库）配套教材，课程紧密对接航空装备制造，主要对接航空发动机典型零部件加工制造工艺，以职业岗位工作流程为主线，采用项目化工作任务进行设计，突出理实一体化教学模式，强化学生工艺设计与实践能力培养。本书可作为高职高专院校、高等职业本科院校、中等职业学校学生的教材，也可作为航空制造职业培训的教材。

版权专有　侵权必究

图书在版编目（CIP）数据

航空零部件制造工艺 / 何幸保，邓元山主编 .
北京：北京理工大学出版社，2025.1.
ISBN 978-7-5763-4983-2

Ⅰ . V261.99

中国国家版本馆 CIP 数据核字第 2025A8U071 号

责任编辑：阎少华　　　　**文案编辑**：阎少华
责任校对：周瑞红　　　　**责任印制**：王美丽

出版发行 /	北京理工大学出版社有限责任公司
社　　址 /	北京市丰台区四合庄路 6 号
邮　　编 /	100070
电　　话 /	（010）68914026（教材售后服务热线）
	（010）63726648（课件资源服务热线）
网　　址 /	http://www.bitpress.com.cn
版 印 次 /	2025 年 1 月第 1 版第 1 次印刷
印　　刷 /	河北鑫彩博图印刷有限公司
开　　本 /	787 mm×1092 mm　1/16
印　　张 /	14.5
字　　数 /	335 千字
定　　价 /	69.00 元

图书出现印装质量问题，请拨打售后服务热线，负责调换

前　言

　　本书教学内容遵循人才成长规律，按照从简单到复杂、从单一到综合、螺旋递进的方式进行设计，主要介绍了无人机输出轴零件、鼓筒轴零件、扩压器零件、机匣件、单叶片零件、整体叶盘零件六个典型航空零件的机械加工工艺设计。每个典型零件的机械加工工艺设计为一个项目，每个项目的框架包含了知识目标、能力目标、素质目标、项目导读、项目导入、项目实施（分为四个任务）、项目总结、项目拓展、知识拓展等构成要素；项目内容包含零件加工工序的动画资源，可通过扫描二维码查看零件加工过程的动画或虚拟仿真视频，帮助学习者进一步理解该工序的加工内容。根据本课程教学内容特点，在开展实际教学时，建议采用理实一体化教学模式进行教学实施。

　　本书由长沙航空职业技术学院何幸保和中国航发南方工业有限公司首席专家、高级技师邓元山担任主编，由张家界航空工业职业技术学院马闯、孙甲尧和长沙航空职业技术学院吴云锋、宋宏明、陈恩雄担任副主编，张家界航空工业职业技术学院陈立和长沙航空职业技术学院魏关华、王建平、宋福林、王成新、谌侨及芷江民族职业中专学校易廷参与编写。具体编写分工为：何幸保负责本书的总体策划、组织、修改、定稿工作，并编写了教材的大纲、目录、内容提要、前言和样章、思政案例等，以及项目一、项目三中的任务内容；吴云锋编写了项目二中的任务内容；陈恩雄编写了项目二中"工序简图的绘制"内容；马闯编写了项目四中的任务内容；孙甲尧编写了项目五中的任务内容；宋宏明编写了项目六中的任务一、任务二、任务三；陈立编写了项目六中的任务四；邓元山对项目四、项目五、项目六中的任务内容进行了完善。全书由长沙航空职业技术学院黄登红教授主审。

　　由于编者水平有限，书中难免存在不足之处，欢迎广大读者批评指正。

编　者

目 录 Contents

01 项目一 无人机输出轴零件的机械加工工艺 // 1
- 任务一 无人机输出轴零件的分析 ······ 4
- 任务二 无人机输出轴零件加工工艺方案的确定 ······ 6
- 任务三 无人机输出轴零件加工工艺规程的设计 ······ 10
- 任务四 无人机输出轴零件工艺路线单与工序卡的设计 ······ 47

02 项目二 鼓筒轴零件的机械加工工艺 // 56
- 任务一 鼓筒轴零件的分析 ······ 59
- 任务二 鼓筒轴零件加工工艺方案的确定 ······ 60
- 任务三 鼓筒轴零件加工工艺规程的设计 ······ 63
- 任务四 鼓筒轴零件工艺路线单与工序卡的设计 ······ 92

03 项目三 扩压器零件的机械加工工艺 // 97
- 任务一 扩压器零件的分析 ······ 99
- 任务二 扩压器零件加工工艺方案的确定 ······ 100
- 任务三 扩压器零件加工工艺规程的设计 ······ 103
- 任务四 扩压器零件工艺路线单与工序卡的设计 ······ 122

04 项目四 机匣件的机械加工工艺 // 128
- 任务一 机匣件的分析 ······ 132
- 任务二 机匣件加工工艺方案的确定 ······ 133
- 任务三 机匣件加工工艺规程的设计 ······ 142
- 任务四 机匣件工艺路线单与工序卡的设计 ······ 158

05 项目五 单叶片零件的多轴加工工艺 // 165

任务一　单叶片零件的分析 ………………………… 168
任务二　单叶片零件加工工艺方案的确定 ………… 169
任务三　单叶片零件加工工艺规程的设计 ………… 172
任务四　单叶片零件工艺路线单与工序卡的设计 …… 187

06 项目六 整体叶盘零件的多轴加工工艺 // 195

任务一　整体叶盘零件的分析 ……………………… 200
任务二　整体叶盘零件加工工艺方案的确定 ……… 201
任务三　整体叶盘零件加工工艺规程的设计 ……… 204
任务四　整体叶盘零件工艺路线单与工序卡的
　　　　设计 ……………………………………… 219

参考文献 // 225

项目 01 无人机输出轴零件的机械加工工艺

【知识目标】

1. 掌握典型航空无人机输出轴零件的机械加工工艺的设计。
2. 熟悉无人机输出轴零件加工机床及刀具的选用方法。
3. 掌握无人机输出轴零件加工参数的确定与计算方法。

【能力目标】

1. 能设计典型航空输出轴零件车削加工工艺。
2. 能合理选取无人机输出轴零件的机床及切削刀具。
3. 能合理确定并计算输出轴零件加工参数。

【素质目标】

1. 具有飞天梦想、制造自信的理想信念。
2. 具有航空报国、敬仰航空的精神品质。

【项目导读】

无人机主要市场及应用

无人驾驶飞机(Unmanned Aerial Vehicle)是一种以无线电遥控或由自身程序控制为主的不载人飞机。无人机的成功研制及在战场上的灵活运用,拉开了以远距离攻击型的信息化、智能化武器为主导的"非接触性战争"的新序幕。与载人飞机相比,无人机具有体积小、造价低、对作战环境要求低、战场生存能力较强等优点,备受世界各国军队的青睐。在几场局部战争中,无人驾驶飞机以其准确、高效和灵便的侦察、干扰、欺骗、搜索、校射及在非正规条件下作战等多种作战能力,发挥着显著的作用,并引发了层出不穷的军事学术、装备技术等相关问题的研究。它将充当21世纪陆战、海战、空战舞台上的重要角色,对未来的军事斗争有非常深远的影响。

按用途分类，无人机可分为民用无人机、军用无人机；按飞行平台构造分类，无人机可分为固定翼无人机、旋翼无人机、伞翼无人机、扑翼无人机、无人飞艇等；按活动半径分类，无人机可分为超近程无人机、近程无人机、短程无人机、中程无人机和远程无人机。

1. 植保无人机

植保无人机是用于农林植物保护作业的无人驾驶飞机。该类型的无人机由飞行平台（固定翼、直升机、多轴飞行器）、导航飞控、喷洒机构三部分组成，通过地面遥控或导航飞控来实现喷洒作业，可以喷洒药剂、种子、粉剂等，如图1-1所示。

图1-1 植保无人机

据统计，2014年我国植保无人机保有量为695架，总作业面积为426万亩[①]；2015年我国植保无人机保有量为2 324架，总作业面积为1 152.8万亩；2018年植保无人机市场保有量突破3万架，总作业面积突破3亿亩次，这意味着我国航空植保产业发展进入全新时代。2020年我国植保无人机需求量为10万架，每年需要大量的人员从事农业植保作业，而植保无人机可远距离遥控操作，避免了喷洒作业人员暴露于农药的危险，保障了喷洒作业的安全。

2. 测绘无人机

近年来，无人机在国土测量方面获得了广泛的应用，国土测量无人机主要有固定翼和多旋翼，如图1-2、图1-3所示。固定翼无人机相对稳定，操作也较简单；多旋翼无人机操作相对灵活，其中，固定翼无人机更适用于国土测绘。

无人机在测绘领域的应用，主要是使用无人机快速、大面积获取测量区的最基本数据，包括高精度控制点位置信息、高分辨率影像等。获取高分辨率影像以后，可以使用

---

① 亩为非法定计量单位，1亩 =1/15 hm^2。——编者注

相关软件对影像进行处理，生成二维正射影像、三维倾斜影像、三维景观模型、地表模型等。

图 1-2　固定翼无人机

图 1-3　多旋翼无人机

【项目导入】

某型无人机输出轴零件图如图 1-4 所示，已知材料为奥氏体不锈钢，试根据任务的相关要求，完成该零件机械加工工艺的设计。

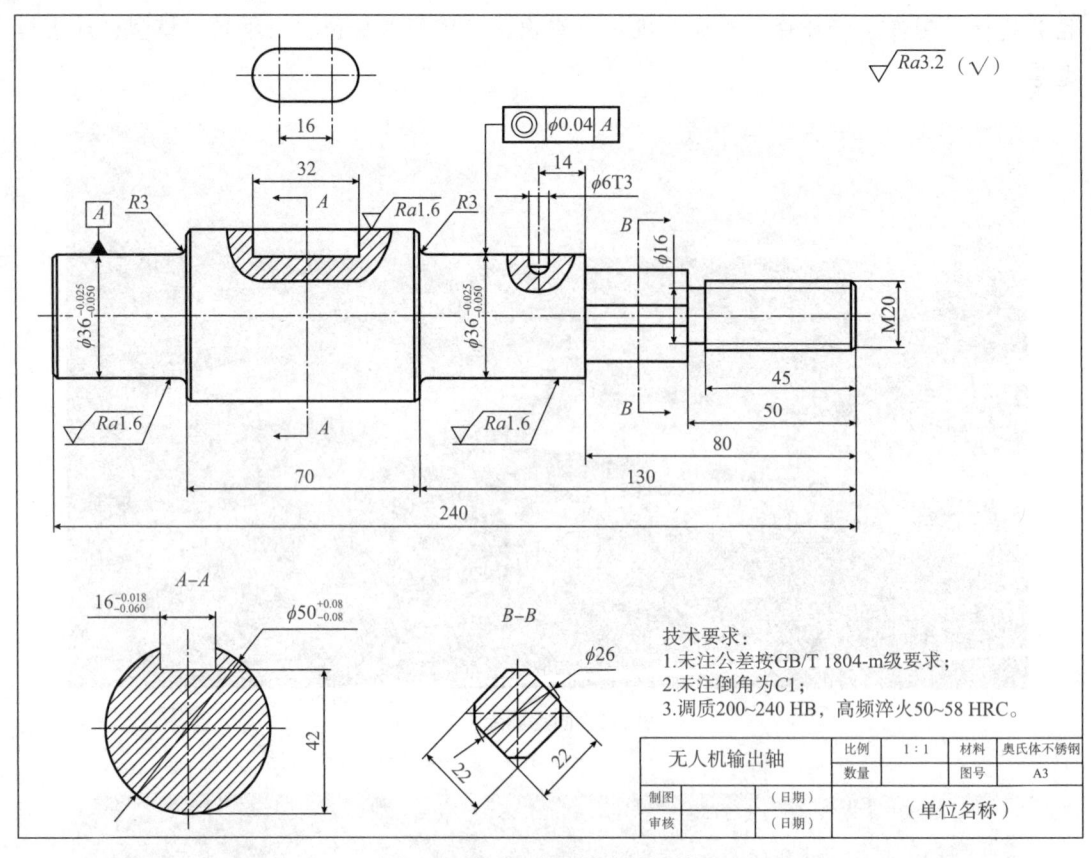

图 1-4 某型无人机输出轴零件图

【项目实施】

要完成以上无人机输出轴零件的加工，并确保零件的加工质量，应严格设计其加工工艺，无人机输出轴零件加工的一般流程如下。

零件的分析 → 加工工艺方案的确定 → 加工工艺规程的设计 → 工艺路线单与工序卡的设计

项目实施一般按照如下四个任务进行。

任务一　无人机输出轴零件的分析

■ 一、零件的功能与结构分析

无人机输出轴主要用于飞机的动力输出装置，是经发动机减速以后的输出动力的重要零件之一。其主要作用是传递转矩，工作中承受较大的冲击载荷与扭矩，因此，无人机输出轴需要有足够的强度、耐磨性及抗扭强度。该无人机输出轴零件主要为回转体，轴上有圆柱面、键槽、孔 $\phi6$、方形面、螺纹等特征。

■ 二、零件的精度分析

查表 1-1 可知，两边外圆尺寸 $\phi36_{-0.050}^{-0.025}$ 的精度等级为 IT7 级，两个部位的表面粗糙度 Ra 值要求为 1.6 μm，并且左边的外圆 $\phi36$ 轴线对右边的基准外圆 $\phi36$ 轴线同轴度公差为 $\phi0.04$ mm；键槽宽度尺寸 $36_{-0.060}^{-0.018}$，其精度等级处于 IT8~IT9 级；M20 为粗牙螺纹，查国家标准螺距可知，其螺距 $P = 2.5$ mm；零件要求进行调质处理达到 200~240 HB，表面高频淬火达到 50~58 HRC；其余未注尺寸公差按照 GB/T 1804-m 级的要求，未注表面粗糙度 Ra 值为 3.2 μm。

表 1-1 公称尺寸的标准公差数值表（摘自 GB/T 1800.2—2020）

公称尺寸 /mm	公差等级																		
	μm											mm						
	IT01	IT0	IT1	IT2	IT3	IT4	IT5	IT6	IT7	IT8	IT9	IT10	IT11	IT12	IT13	IT14	IT15	IT16	IT17	IT18
≤ 3	0.3	0.5	0.8	1.2	2	3	4	6	10	14	25	40	60	0.10	0.14	0.25	0.40	0.60	1.0	1.4
>3~6	0.4	0.6	1	1.5	2.5	4	5	8	12	18	30	48	75	0.12	0.18	0.30	0.48	0.75	1.2	1.8
>6~10	0.4	0.6	1	1.5	2.5	4	6	9	15	22	36	58	90	0.15	0.22	0.36	0.58	0.90	1.5	2.2
>10~18	0.5	0.8	1.2	2	3	5	8	11	18	27	43	70	110	0.18	0.27	0.43	0.70	1.10	1.8	2.7
>18~30	0.6	1	1.5	2.5	4	6	9	13	21	33	52	84	130	0.21	0.33	0.52	0.84	1.30	2.1	3.3
>30~50	0.6	1	1.5	2.5	4	7	11	16	25	39	62	100	160	0.25	0.39	0.62	1.00	1.60	2.5	3.9
>50~80	0.8	1.2	2	3	5	8	13	19	30	46	74	120	190	0.30	0.46	0.74	1.20	1.90	3.0	4.6
>80~120	1	1.5	2.5	4	6	10	15	22	35	54	87	140	220	0.35	0.54	0.87	1.40	2.20	3.5	5.4
>120~180	1.2	2	3.5	5	8	12	18	25	40	63	100	160	250	0.40	0.63	1.00	1.60	2.50	4.0	6.3
>180~250	2	3	4.5	7	10	14	20	29	46	72	115	185	290	0.46	0.72	1.15	0.85	2.90	4.6	7.2
>250~315	2.5	4	6	8	12	16	23	32	52	81	130	210	320	0.52	0.81	1.30	2.10	3.20	5.2	8.1
>315~400	3	5	7	9	13	18	25	36	57	89	140	230	360	0.57	0.89	1.40	2.30	3.60	5.7	8.9
>400~500	4	6	8	10	15	20	27	40	63	97	155	250	400	0.63	0.97	1.55	2.50	4.00	6.3	9.7

■ 三、零件的工艺性分析

无人机输出轴零件的主体为回转体，对于回转体零件结构采用车削加工工艺；而对于键槽、22×22方形面可采用铣削加工工艺；对于孔 $\phi 6T3$ 可采用钻削加工工艺等。

任务二　无人机输出轴零件加工工艺方案的确定

零件由毛坯经过一定的工艺流程逐渐变成最终满足质量要求的产品，需要经历一定的生产过程。

一、工序与工步

1. 工序

一个（或一组）工人，在一个工作地（机床设备）上，对同一个或同时对几个工件所连续完成的那一部分工艺过程称为工序，它是组成生产过程的基本单位。

根据性质和任务的不同，可分为工艺工序、检验工序、运输工序等。各个工序按加工工艺过程，可细分为若干工步；按其劳动过程，可细分为若干操作。划分工序所制约的因素有生产工艺及设备的特点、生产技术的具体要求、劳动分工和劳动生产率能提供的条件。

工序举例说明如下。

（1）一个工人在一台车床上完成车外圆、端面、退刀槽、螺纹、切断。

（2）一组工人刮研一台机床的导轨。

（3）一组工人对一批零件去毛刺。

（4）生产和检验原材料、零部件、整机的具体阶段。

工序划分原则如下。

（1）刀具集中分序法。按所用刀具划分工序，用同一把刀具加工完零件上所有可以完成的部位，再用第二把、第三把刀具完成它们可以完成的其他部位，这样可以减少换刀次数、压缩空行程时间，减少不必要的定位误差。

（2）加工部位分序法。对于加工内容较多的零件，可按其结构特点将加工部分分成几个部分，如内形、外形、曲面或平面等。一般先加工平面、定位面，后加工孔；先加工简单的几何形状，再加工复杂的几何形状；先加工精度要求较低的部位，再加工精度要求较高的部位。

（3）粗、精加工分序法。对于易发生加工变形的零件，由于粗加工后可能发生的变形而需要进行校形，一般来说凡是要进行粗、精加工的都要将工序分开。

总之，在划分工序时，一定要根据零件的结构工艺性、机床功能、零件加工内容的多少、安装次数及本单位生产组织状况灵活掌握。采用工序集中的原则还是采用工序分散的原则，要根据实际情况来确定，但一定力求合理。

2. 工步

工步可以简单理解为一个工序的若干步骤,即在同一个工序上,要完成一系列作业过程时,把可以归类成某独立的作业过程称为一个工步。

举例说明:一个装配工序中,将装配零件安装在一起,然后拧紧螺丝,完成整个装配工序。其中,安装装配零件,可以是装配工序中的一个工步;拧螺丝,又是另外一个工步,两个工步的完成即整个装配工序的完成。

■ 二、加工工艺方案的制订

根据零件的形状特征、尺寸精度、几何精度和表面粗糙度等要求,确定加工工艺方案参考如下。

工序 10　备料 $\phi55 \times 245$ mm。

工序 20　固定右侧,车平端面,粗、精车左侧外轮廓,包括外圆 $\phi36_{-0.050}^{-0.025}$、圆弧 $R3$、外圆 $\phi50_{-0.08}^{+0.08}$、倒角 $C1$。

工序 30　掉头,车平端面,控制总长 240 mm,粗、精车右侧外轮廓,包括 M20 底圆($\phi19.8$)长度 50 mm、外圆 $\phi26$、外圆 $\phi36_{-0.050}^{-0.025}$、圆弧 $R3$、倒角 $C1$。

工序 40　车槽,宽为 5 mm,确保外圆尺寸 $\phi16$。

工序 50　车削螺纹 M20。

工序 60　粗、精铣 22 mm × 22 mm 的 4 个平面。

工序 70　粗、精铣键槽,长 32 mm × 宽 16 mm × 深 8 mm。

工序 80　钻孔 $\phi6$,深度 3 mm。

工序 90　检验。

工序 100　包装入库。

■ 三、工序简图的绘制

根据以上确定的机械加工工艺方案,绘制机械加工工艺简图如图 1-5～图 1-12 所示。

工序 10　备料 $\phi55 \times 245$ mm(图 1-5)。

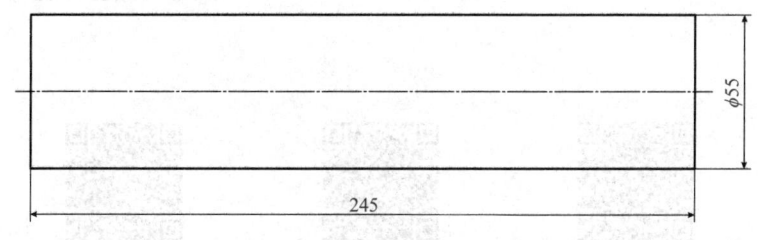

图 1-5　备料

工序 20　固定右侧,车平端面,粗、精车左侧外轮廓,包括外圆 $\phi36_{-0.050}^{-0.025}$、圆弧 $R3$、

外圆 $\phi 50_{+0.08}^{-0.08}$，倒角 C1（图 1-6）。

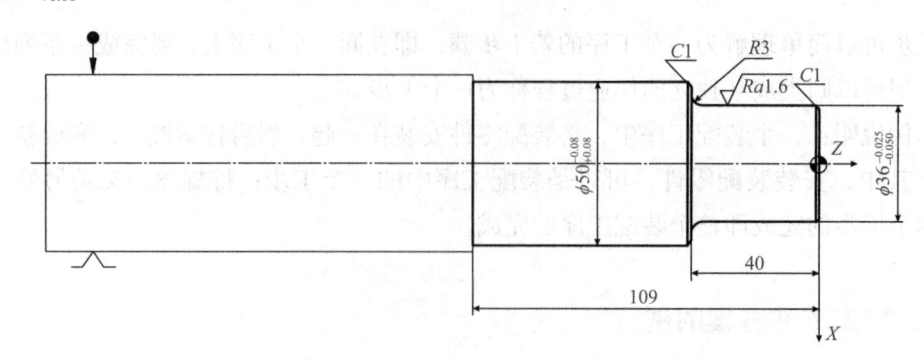

图 1-6　粗、精车左侧外轮廓

工序 30　掉头，车平端面，控制总长 240，粗、精车右侧外轮廓，包括 M20 底圆（ϕ19.8）长度 50 mm、外圆 ϕ26、外圆 $\phi 36_{-0.050}^{-0.025}$、圆弧 R3，倒角 C1（图 1-7）。

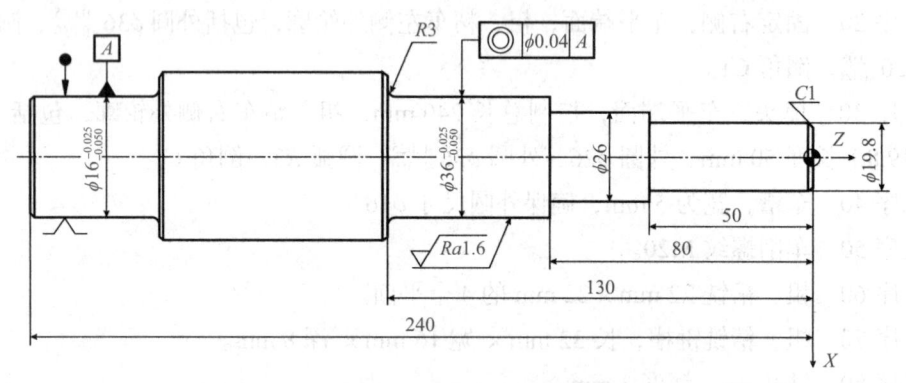

图 1-7　粗、精车右侧外轮廓

工序 40　车槽，宽为 5 mm，确保外圆尺寸 ϕ16（图 1-8）。

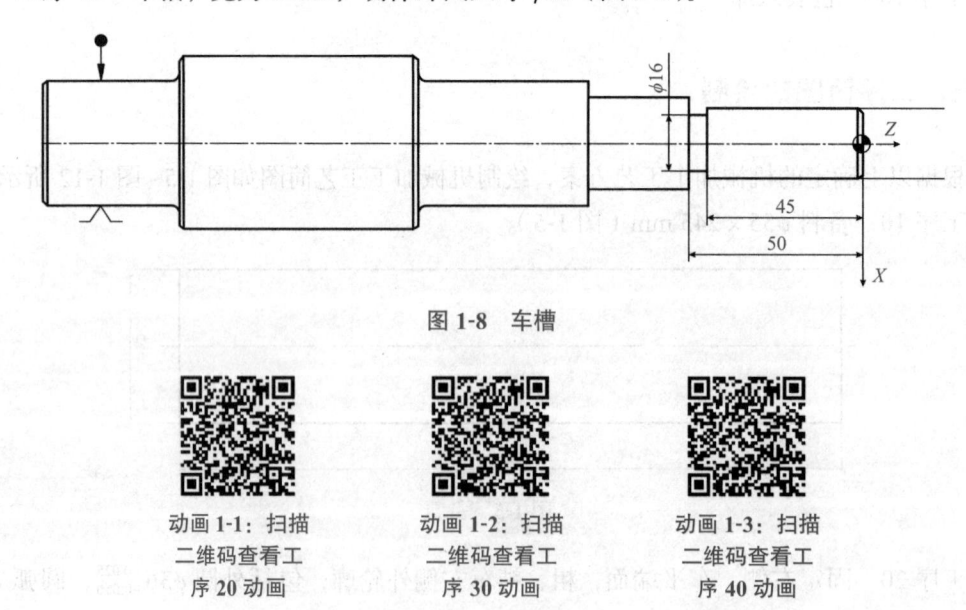

图 1-8　车槽

动画 1-1：扫描二维码查看工序 20 动画

动画 1-2：扫描二维码查看工序 30 动画

动画 1-3：扫描二维码查看工序 40 动画

工序 50　车削螺纹 M20（图 1-9）。

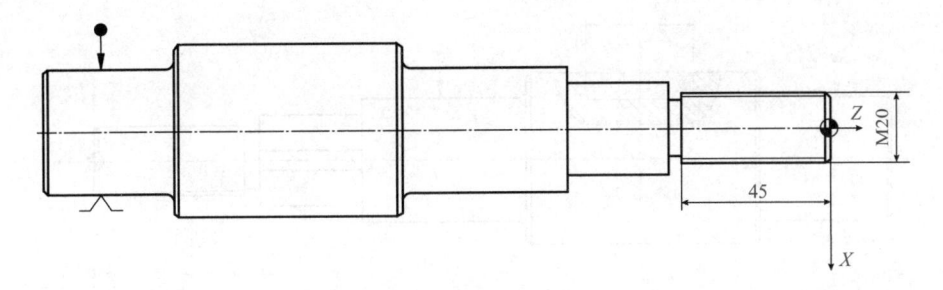

图 1-9　车削螺纹 M20

工序 60　粗、精铣 22 mm×22 mm 的 4 个平面（图 1-10）。

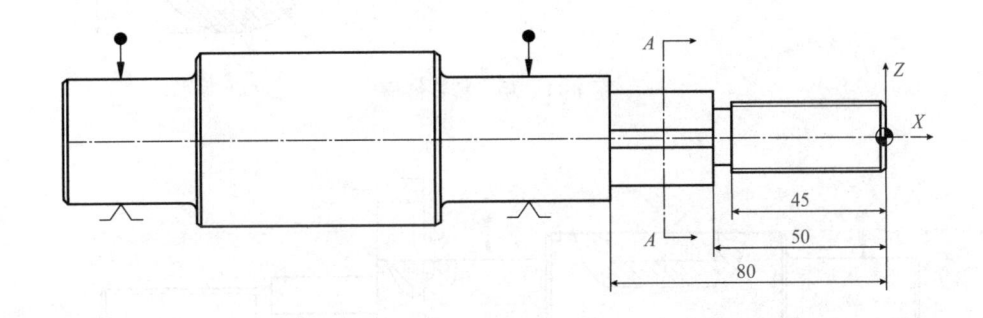

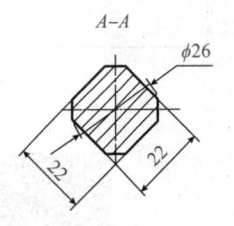

图 1-10　粗、精铣的 4 个平面

动画 1-4：扫描二维码查看工序 50 动画

动画 1-5：扫描二维码查看工序 60 动画

工序 70　粗、精铣键槽，长 32 mm×宽 16 mm×深 8 mm（图 1-11）。
工序 80　钻孔 $\phi6$，深度 3 mm（图 1-12）。

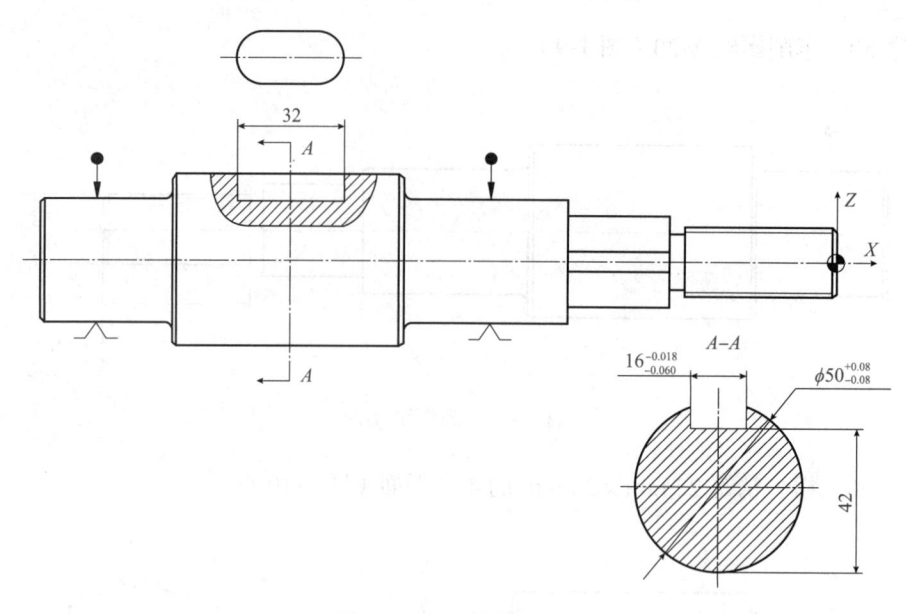

图 1-11　粗、精铣键槽

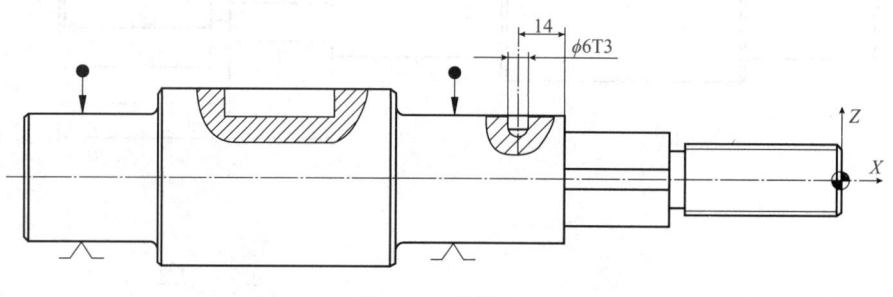

图 1-12　钻孔 $\phi6$

动画 1-6：扫描二维码查看工序 70 动画

动画 1-7：扫描二维码查看工序 80 动画

任务三　无人机输出轴零件加工工艺规程的设计

一、影响加工方法的因素

（1）要考虑加工表面的精度和表面质量要求，根据各加工表面的技术要求，选择加工方法及加工频次。

（2）根据生产类型，在大批量生产中选择可专用的高效率的设备。在单件小批量生产中则常用通用设备和一般的加工方法。如柴油机连杆小头孔的加工，在小批量生产时采用钻、扩、铰的加工方法；而在大批量生产时采用拉削的加工方法。

（3）要考虑被加工材料的性质，例如，淬火钢必须采用磨削或电加工，而有色金属由于磨削时容易堵塞砂轮，一般都采用精细车削、高速精铣等。

（4）要考虑工厂或车间的实际情况，同时，也应考虑不断改进现有加工方法和设备，推广新技术，提高工艺水平。

（5）要考虑一些其他因素，如加工表面物理机械性能的特殊要求、工件形状和质量等。一般按零件主要表面的技术要求来选定最终加工方法。

■ 二、无人机输出轴零件常用材料

1. 航空轴对材料的基本要求

大、中型航空发动机传动轴一般均为长轴零件，而且大多中空，结构为薄壁件居多。相对来说，无人机输出轴的质量、体积要小一些，传动轴结构既有实心结构，又有空心结构。无人机输出轴在高转速、变截荷条件下工作，因此要求其材料具备如下性能。

（1）高的屈服强度和强度极限。

（2）良好的断裂韧性和低的裂纹扩展速率。

（3）良好的高、低周疲劳性能。

（4）较小的线膨胀系数和缺口敏感性。

（5）良好的抗晶间腐蚀性能和耐腐蚀性能。

（6）良好的冷、热加工性能。

2. 无人机输出轴常用的材料与特点

无人机输出轴的材料一般采用不锈钢（如1Cr11Ni2W2MoV）、结构钢（40CrNiMoV）、镍基高温合金（GH4169）等。各材料牌号与特点见表1-2。

表1-2 无人机输出轴常用材料牌号与特点

材料名称	材料牌号	材料特点
不锈钢	1Cr11Ni2W2MoV	该材料为马氏体耐热不锈钢，其常温强度、持久强度均较高，并且有良好的韧性和抗氧化性能，在淡水和湿空气中有较好的耐腐蚀性。一般适用于制造在550℃以下及潮湿条件下工作的承力件。已用于航空发动机上制造压气机盘、压气机叶片、涡轮轴及压缩弹簧等零部件，但在海水及海洋性气候中使用时，其材料的耐腐蚀性较差

续表

材料名称	材料牌号	材料特点
结构钢	40CrNiMoV	该材料为优质调质钢，具有很好的淬透性，调质状态下，能在大截面上获得均匀的、配合良好的强度和韧性，具有较高疲劳强度和低的缺口敏感性。低温冲击韧性高，无明显的回火脆性。经过淬火、低温回火以后，有较好的综合力学性能，可以作为超高强度钢使用。该材料切削加工性能不具有像45钢那样的综合切削性能，综合评定切削加工性能为中等，冷变形塑性和焊接性能较差，一般不作为焊接件使用，主要在调质状态下使用
镍基高温合金	GH4169	该材料在650 ℃以下的屈服强度高、塑性好，耐腐蚀性能和抗氧化性能高，在−253~700 ℃内其内部组织性能稳定。该材料在航空发动机上应用最为广泛，但加工性能差，对切削材料的刀具要求高

3. 无人机输出轴零件材料的选用

基于以上考虑，无人机输出轴零件可选用的材料有不锈钢、结构钢、镍基高温合金等。根据任务的要求，无人机输出轴选取的材料为奥氏体不锈钢。

■ 三、无人机输出轴零件毛坯的确定

1. 轴类零件毛坯的分类

轴类零件主要用于支承传动零部件、传递扭矩和承受载荷。轴类零件的毛坯可根据使用要求、生产类型、加工设备等情况，选用棒料、锻件等毛坯形式。

对于与加工零件的外圆直径相差不大的轴，一般选用棒料毛坯，如图 1-13 所示。

对于与加工零件的外圆直径相差较大的阶梯轴或其他重要场合的特殊轴，一般选用锻件毛坯，如图 1-14 所示。锻件毛坯是通过模锻的方法获得的，模锻是指在专用模锻设备上，利用模具使毛坯成型而获得锻件的锻造方法。用此方法生产的锻件尺寸精确，加工余量较小，结构比较复杂，生产率高。这样，既可节约材料，又可改善机械加工性能。

根据生产规模的不同，毛坯的锻造方式可分为自由锻和模锻两种。小批量、单件生产多采用自由锻；因为制造模具的成本较高，所以大、中批量生产多采用模锻。

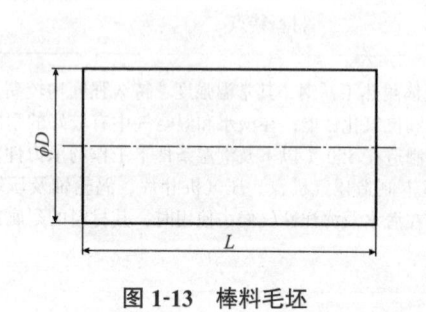

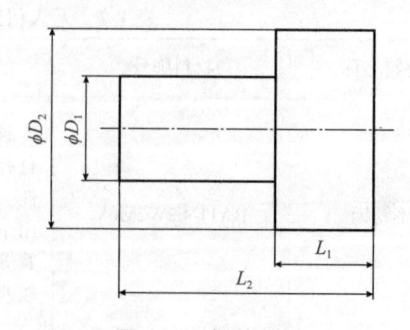

图 1-13 棒料毛坯

图 1-14 锻件毛坯

2. 生产类型与生产纲领

针对不同的生产类型，其生产过程和生产组织、车间机床布置、毛坯制造方法、采取的工艺装备、加工方法及工人的熟练程度等均有很大的不同。因此，在制订工艺路线时必须明确该产品的生产类型。

（1）生产类型。生产类型是指企业生产专业化程度的分类。毛坯的生产方案见表1-3。

1）单件生产：产品的种类多，同一产品的生产量很少，各个工作地的加工对象经常改变，而且很少重复生产，如专业设备、重型机械、新产品试制等。

2）大量生产：同一产品的生产量很大，大多数工作地按照一定的生产进度进行某种零件的某道工序的重复加工，如汽车、电动车、自行车等的制造。

（2）生产纲领。生产纲领是指包括备品、备件在内的该产品的年产量。产品的年生产纲领就是产品的生产量。零件的年生产纲领由下式计算：

$$N = Qn(1+a)(1+b)$$

式中 N——零件的年生产纲领（件）；

Q——产品的年产量（台）；

n——单台产品该零件的数量（件）；

a——备品率，以百分数计；

b——废品率，以百分数计。

表1-3 毛坯的生产方案

生产类型		零件年生产纲领/件			工作地每月担负的工序数/个
		重型机械或重型零件（>100 kg）	中型机械或中型零件（10~100 kg）	小型零件或轻型零件（<10 kg）	
单件生产		≤5	≤10	≤100	不做规定
成批生产	小批生产	>5~100	>10~200	>100~500	>20~40
	中批生产	>100~300	>200~500	>500~5 000	>10~20
	大批生产	>300~1 000	>500~5 000	>5 000~50 000	>1~10
大量生产		>1 000	>5 000	>50 000	1

3. 无人机输出轴零件毛坯的确定

无人机输出轴零件台阶面的圆柱直径之间相差不大，可选择棒料毛坯。由零件的最大外径 $\phi50$、最长尺寸240 mm，可选取毛坯的尺寸规格为 $\phi55 \times 245$ mm，如图1-15所示。

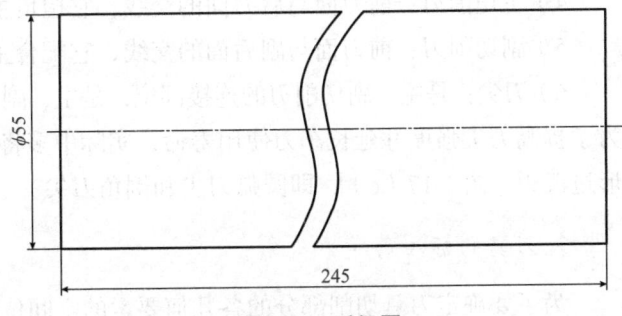

图1-15 毛坯图

四、机床的选择

无人机输出轴零件主要包括外圆柱面、圆弧面、螺纹、键槽、孔等形状特征,对于车削加工部位,可选择数控车床进行加工,参考车床型号为 CA6140 等;对于键槽、孔的加工部位,可选择数控铣床进行加工,参考铣床型号为 VMC650、VMC850 等。

五、刀具的选用

1. 刀具切削部分的结构

(1)刀具切削部分的几何要素。金属切削刀具的种类繁多,形状各异。但就切削部分而言,都可视为外圆车刀切削部分的演变。图 1-16 所示为外圆车刀的结构,其组成包括刀杆部分和刀头部分。刀杆用于将车刀装夹在刀架上;刀头用于切削,又称切削部分。

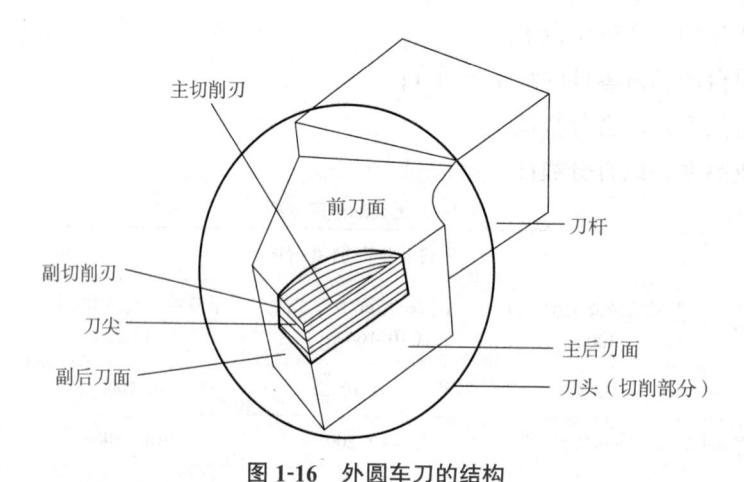

图 1-16 外圆车刀的结构

(2)刀具切削部分的组成要素如下。

1)前刀面:切削过程中切屑流过的表面。
2)主后刀面:与工件上过渡表面相对应的刀面,也称为后刀面。
3)副后刀面:与工件上已加工表面相对应的刀面,也称为副后面。
4)主切削刃:前刀面与后刀面的交线,它担负主要的切削工作。
5)副切削刃:前刀面与副后面的交线,它配合主切削刃完成切削工作。
6)刀尖:是主、副切削刃的连接部位,是主、副切削刃的实际交点[图 1-17(a)];但为了提高刀尖强度并延长车刀使用寿命,实际中多将刀尖磨成圆弧[图 1-17(b)]或直线形过渡刃[图 1-17(c)],即圆弧刀尖和倒角刀尖。

2. 刀具的标注角度

为了要确定刀具切削部分的各几何要素的空间位置,就需要建立相应的参考系。由此设立的参考系一般有两大类：一是刀具静止角度参考系；二是刀具工作角度参考系。下面说明刀具静止角度参考系及坐标平面。

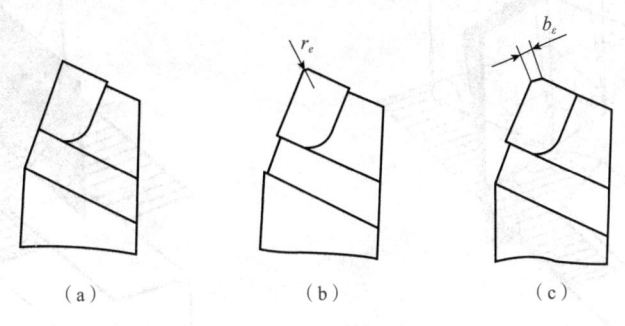

图 1-17　刀尖形式
（a）实际交点；（b）圆弧形过渡刃；（c）直线形过渡刃

（1）刀具静止角度参考系。刀具静止角度参考系是指用于定义、设计、制造、刃磨和测量刀具切削部分几何参数的参考系，又称为标注角度参考系，在此参考系中定义的角度称为刀具标注角度。刀具静止角度参考系是在假定条件下建立的参考系。假定条件是指假定运动条件和假定安装条件。

1）假定运动条件。在建立参考系时，暂不考虑进给运动，即用主运动向量近似代替切削刃与工件之间相对运动的合成速度向量。

2）假定安装条件。假定刀具的刃磨和安装基准面垂直或平行于参考系的平面，同时，假定刀杆中心线与进给运动方向垂直。例如，对于车刀来说，规定刀尖安装在工件中心高度上，刀杆中心线垂直于进给运动方向等。

（2）刀具静止角度参考系的坐标平面。作为一个空间参考系，它必须有确定的坐标平面。在静止角度参考系中，这样的坐标平面有基面（P_r）、切削平面（P_s）和测量平面三个。

1）基面 P_r。基面是通过切削刃上选定点，垂直于假定主运动方向的平面，如图 1-18（a）所示。

2）切削平面 P_s。切削平面是指通过切削刃上选定点，与主切削刃相切并垂直于基面的平面，如图 1-18（a）所示。若无特殊情况，切削平面即指主切削平面。

3）测量平面。常用的测量平面有以下四个。

①正交平面 P_o（也称主剖面）。正交平面是通过切削刃上选定点，并同时垂直于基面和切削平面的平面，如图 1-18（a）所示。

②法平面 P_n（也称法剖面）。法平面是通过切削刃上选定点垂直于切削刃的平面，如图 1-18（a）所示。

③假定工作平面 P_f（也称进给剖面）。假定工作平面是通过切削刃上选定点平行于假定进给运动方向并垂直于基面的平面，如图 1-18（b）所示。

④背平面 P_p（也称切深剖面）。背平面是通过切削刃上选定点，垂直于假定工作平面和基面的平面，如图 1-18（b）所示。

（a）

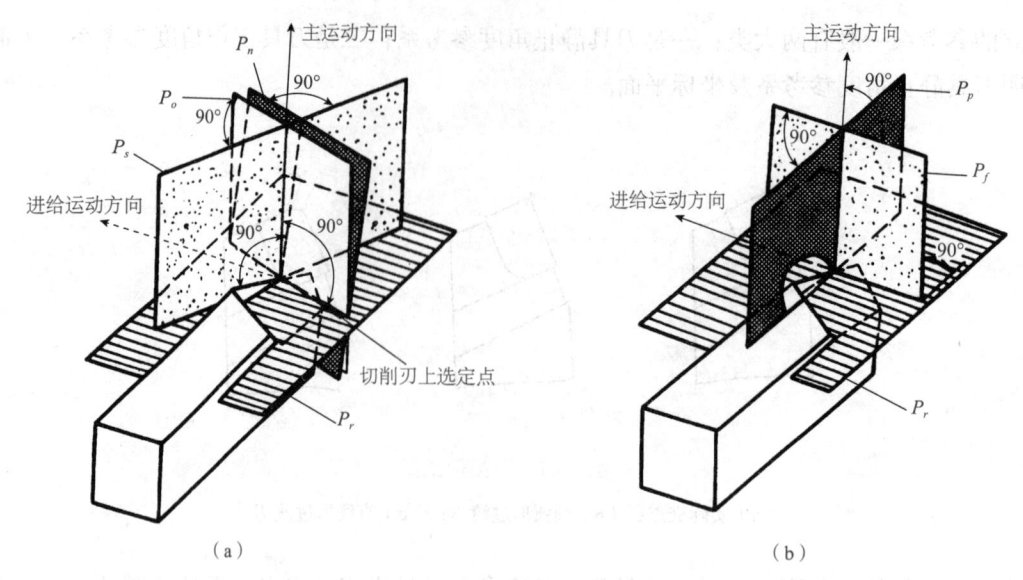

（b）

图 1-18　刀具静止角度参考系

（a）正交平面参考系和法平面参考系；（b）假定工作平面参考系和背平面参考系

以上测量平面可根据需要任选一个，然后与另两个坐标平面（基面 P_r 和切削平面 P_s）共三个平面组成相应的参考系。如 P_r—P_s—P_o 组成正交平面参考系（主剖面参考系）；P_r—P_s—P_n 组成法平面参考系（法剖面参考系）；P_r—P_s—P_f 组成假定工作平面参考系（进给剖面参考系）；P_r—P_s—P_p 组成背平面参考系（切深剖面参考系）。

对于副切削刃的静止参考系，也有同样的上述的坐标平面。为区分起见，在相应符号上方可加"'"。如 P_o' 为副切削刃的正交平面，其余类同。

（3）正交平面参考系下的刀具标注角度。如图 1-19 所示，正交平面参考系下车刀各标注角度如下。

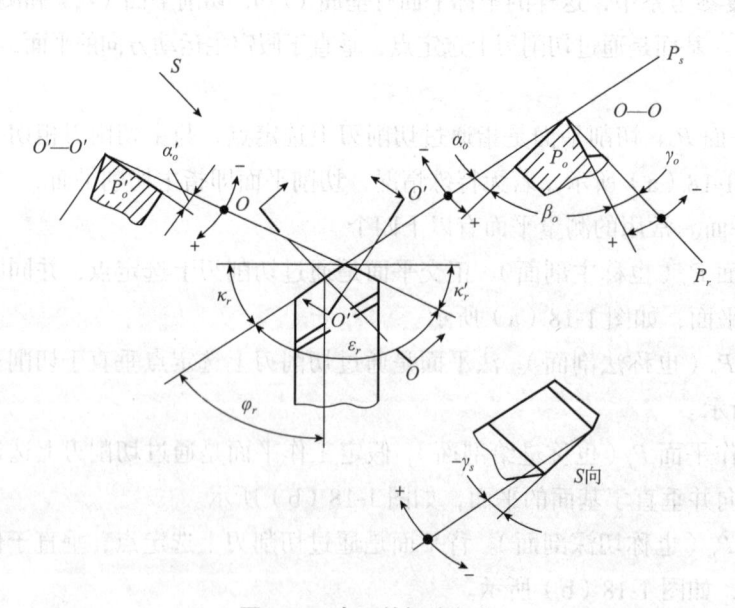

图 1-19　车刀的标注角度

1）前角 γ_o：在主切削刃选定点的正交平面 P_o 内，前刀面与基面之间的夹角，正负规定如图 1-19 所示。

2）后角 α_o：在正交平面 P_o 内，主后刀面与切削平面之间的夹角，正负规定如图 1-19 所示。

3）主偏角 κ_r：主切削刃在基面上的投影与假定进给方向的夹角，它总是正值。

4）副偏角 κ'_r：副切削刃在基面上的投影与假定进给反方向的夹角，它总是正值。

5）刃倾角 γ_s：在切削平面 P_s 内，主切削刃与基面的夹角，正负规定如图 1-19 所示。

6）副后角 α'_o：在副切削刃选定点的正交平面内，副后刀面与副切削平面之间的夹角，正负规定如图 1-19 所示。

同理，在法平面 P_n 有标注角度法前角 γ_n 和法后角 α_n；在假定工作平面 P_f 有标注角度侧前角 γ_f 和侧后角 α_f；在背平面 P_p 有标注角度背前角 γ_p 和背后角 α_p。

3. 刀具的工作角度

（1）刀具工作角度参考系。刀具工作角度参考系是在实际工作条件下建立的参考系，在此参考系中定义的角度称为刀具工作角度。工作角度参考系基准平面如下。

1）工作基面 P_{re}：过切削刃选定点与合成切削速度 v_e 垂直的平面。

2）工作切削平面 P_{se}：过切削刃选定点与切削刃相切并垂直于工作基面的平面。

（2）影响刀具工作角度的因素。

1）刀具安装位置对刀具工作角度的影响。

①刀刃安装高低对工作前、后角的影响。如图 1-20 所示，当切削点高于工件中心时，此时工作基面与工作切削平面及正常位置相应的平面成 θ 角。由图 1-19 可以看出，此时工作前角增大 θ_p 角，而工作后角减小 θ_p 角。

$$\sin\theta_p = 2h/d$$

②刀杆中心与进给方向不垂直对工作主、副偏角的影响。如图 1-21 所示，当刀杆中心线与正常位置偏 θ_A 角时，将引起工作主偏角 k_{re} 增大（或减小），工作副偏角 k_{re} 减小（或增大），角度变化值为 θ_A 角。

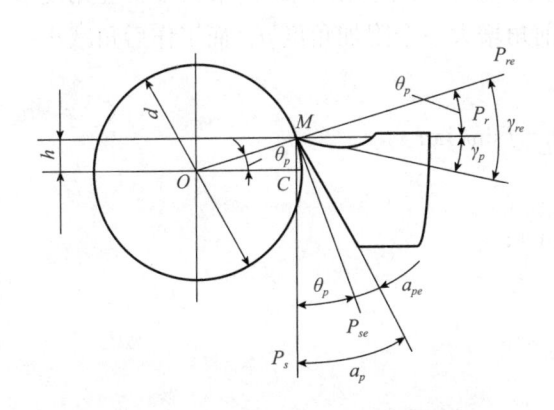

图 1-20 刀刃安装高低对工作角度的影响

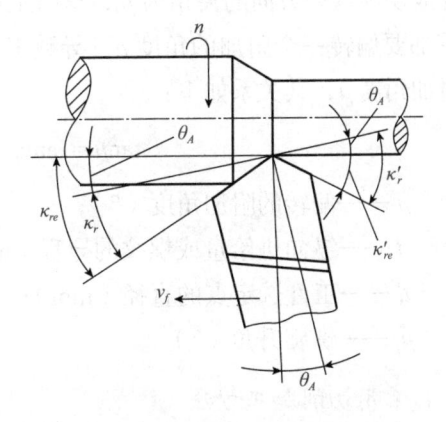

图 1-21 刀杆中心偏斜的影响

2）进给运动对刀具工作角度的影响。

①进给运动方向对工作主、副偏角的影响。如图1-22所示，当实际进给运动方向与假定进给运动方向偏θ_A角时，将引起工作主偏角k_{re}增大（或减小），工作副偏角k'_{re}减小（或增大），角度变化值为θ_A角。

②横向进给运动对工作角度的影响。如图1-23所示，车端面或切断时，主运动方向与合成切削运动方向的夹角为μ，这时工作基面P_{re}和工作切削平面P_{se}相对于静止角度参考系都要偏转一个附加的角度μ，导致工作前角增大的角度为μ，而工作后角减小的角度为μ，其关系如下：

$$\tan\mu = \frac{v_f}{v_c} = \frac{f \times n \times 10^{-3}}{(\pi d n)/1\,000} = \frac{f}{\pi d}$$

式中　μ——主运动方向与合成切削运动方向的夹角（°）；
　　　v_f——进给速度（mm/min）；
　　　v_c——切削速度（m/min）；
　　　f——纵向进给量或螺纹的导程（mm/r）；
　　　d——工件选定点的直径（mm）。

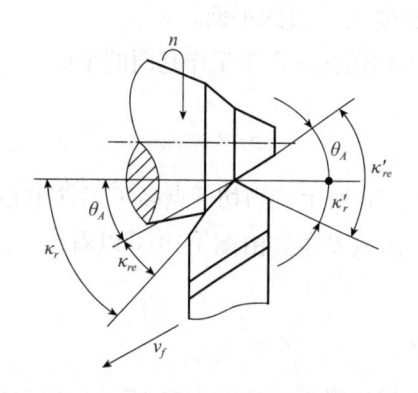

图1-22　进给运动方向的影响 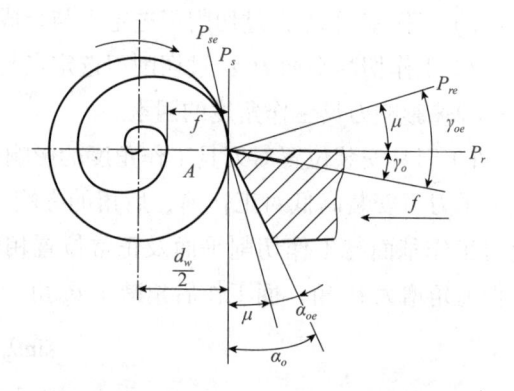　　　　图1-23　横向进给运动对工作角度的影响

③纵向进给运动对工作角度的影响。如图1-24所示，车外圆或螺纹时，主运动方向与合成切削运动方向的夹角为μ_f，这时工作基面P_{re}和工作切削平面P_{se}相对于静止角度参考系都要偏转一个附加的角度μ，导致工作前角增大一个附加角度μ，而工作后角减小一个附加角度μ，其关系如下：

$$\tan\mu = \tan\mu_f \sin k_r = f \sin k_r / \pi d$$

式中　μ——偏转的附加角度（°）；
　　　f——纵向进给量或螺纹的导程（mm/r）；
　　　d——工件选定点的直径（mm）；
　　　μ_f——螺旋升角（°）。

4. 常用切削加工方法

（1）车削加工。

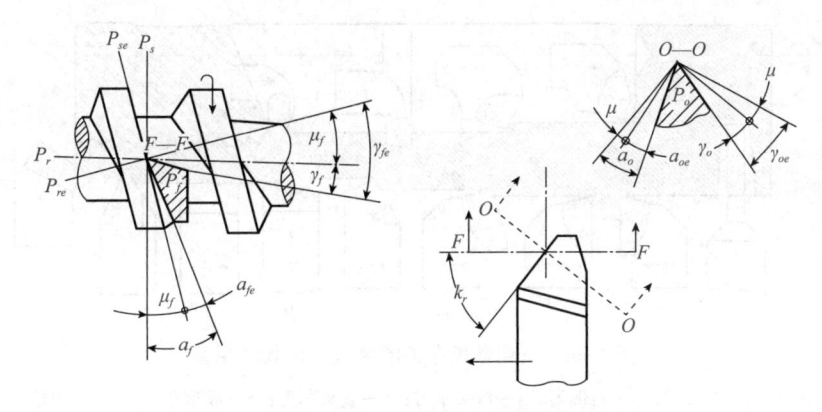

图 1-24 纵向进给运动对工作角度的影响

1）车削加工的基本内容。车削加工的基本内容如图 1-25 所示。

2）车削加工的常用刀具。车削加工的常用刀具如图 1-26 所示。

（2）铣削加工。

1）铣削加工的基本内容。铣削加工的基本内容如图 1-27 所示。

2）铣削加工的常用刀具。

①圆柱铣刀。圆柱铣刀一般用于在卧式铣床上用周铣方式加工较窄的平面，图 1-28 所示为其工作部分的几何角度。为便于制造，其切削刃前角通常规定在法平面内，用 γ_n 表示；为测量和刃磨方便，其后角规定在正交平面内，用 α_0 表示；螺旋角即其刃倾角 λ_s；其主偏角 $k_r = 90°$。圆柱铣刀有两种类型，一是粗齿圆柱铣刀具有齿数少、刀齿强度高、容屑空间大、重磨次数多等特点，适用于粗加工；二是细齿圆柱铣刀齿数多、工作平稳，适于精加工。

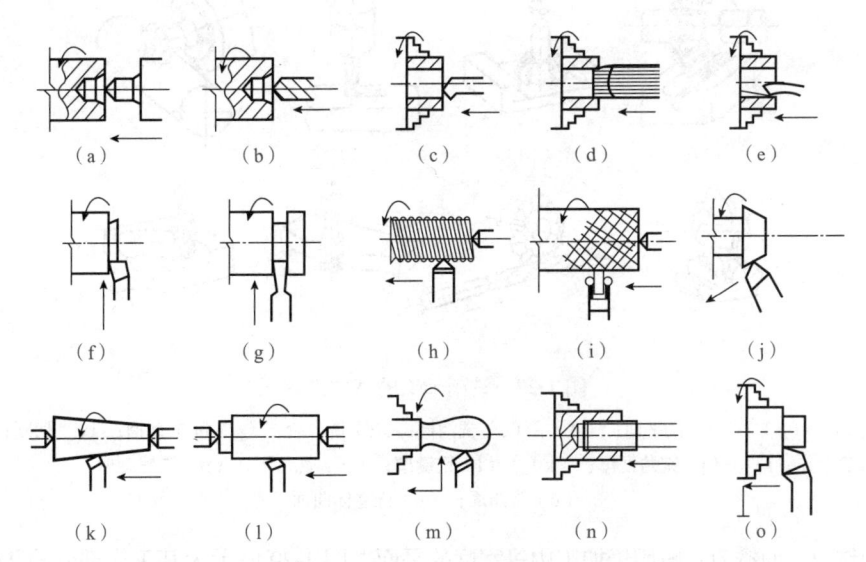

图 1-25 车削加工的基本内容

（a）钻中心孔；（b）钻孔；（c）车内孔；（d）铰孔；（e）车内锥孔；（f）车端面；（g）切断；（h）车外螺纹；（i）滚花；（j）车短外圆锥；（k）车长外圆锥；（l）车外圆；（m）车成型面；（n）攻丝；（o）车台阶

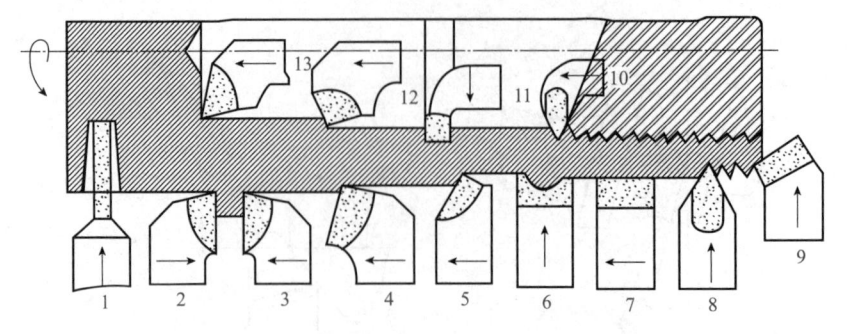

图 1-26 常用数控车刀的种类、形状和用途

1—切断刀；2—左偏刀；3—右偏刀；4—弯头车刀；5—直头车刀；6—成型车刀；7—宽刃精车刀；8—外螺纹车刀；9—端面车刀；10—内螺纹车刀；11—内切槽刀；12—通孔车刀；13—盲孔车刀

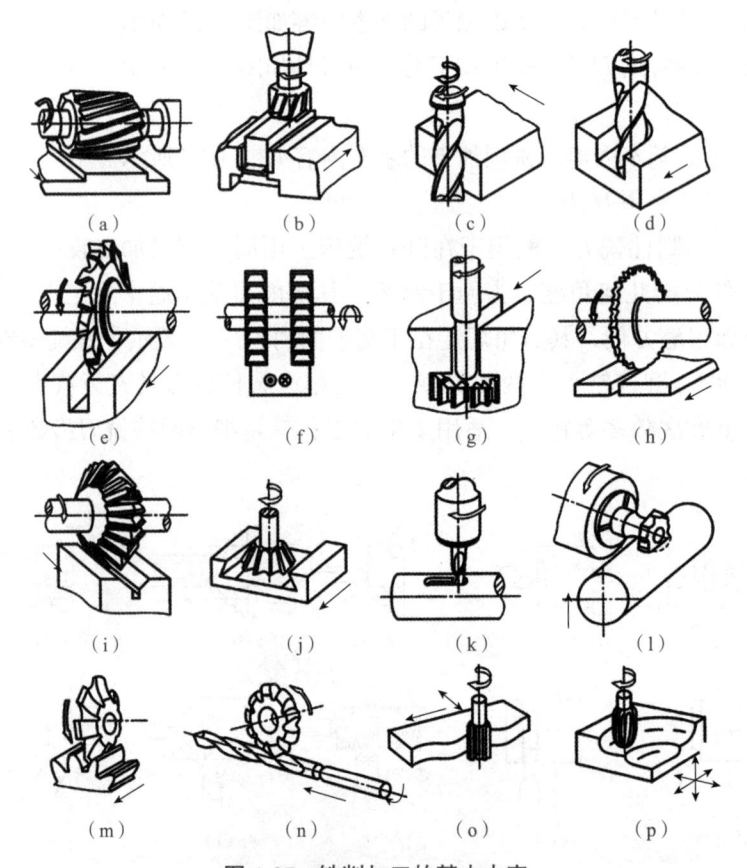

图 1-27 铣削加工的基本内容

(a)、(b)、(c)铣平面；(d)、(e)铣沟槽；(f)铣台阶；(g)铣T型槽；(h)切断；(i)、(j)铣角度槽；(k)、(l)铣键槽；(m)铣齿形；(n)铣螺旋槽；(o)铣曲面；(p)铣立体曲面

②面铣刀。面铣刀一般用于加工中等宽度的平面。图 1-29 所示为其工作部分的几何角度。

③立铣刀。图 1-30 所示为立铣刀，主要用在立式铣床上加工凹槽、阶台面等。立铣刀圆周上的切削刃是主切削刃，端面上的切削刃是副切削刃，故切削时一般不宜沿铣刀轴线方向进给。为了提高副切削刃的强度，应在端刃前面上磨出棱边。

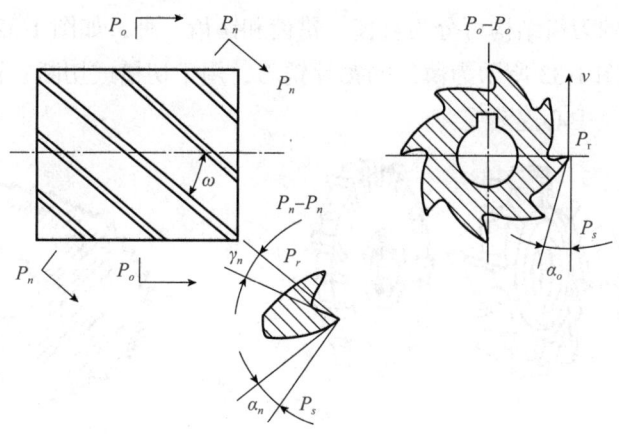

图 1-28 圆柱铣刀

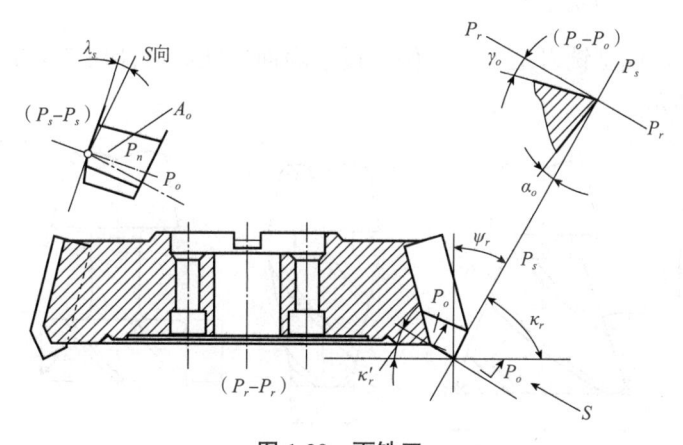

图 1-29 面铣刀

图 1-30 立铣刀

④键槽铣刀。图 1-31 所示为键槽铣刀，用于加工键槽。键槽铣刀圆周上的切削刃是副切削刃，端面上的切削刃是主切削刃并且延伸至中心，因此能沿铣刀轴线方向进给。

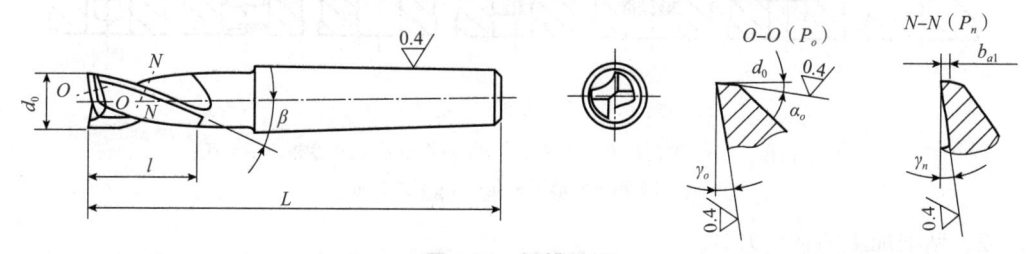

图 1-31 键槽铣刀

⑤三面刃铣刀。三面刃铣刀主要用于加工沟槽和阶台面。三面刃铣刀除圆周表面具有主切削刃外，两侧面也有副切削刃，从而改善了切削条件，提高了切削效率和减小表面粗

糙度。三面刃铣刀的刀齿结构可分为直齿、错齿和镶齿三种，如图 1-32 所示。

⑥锯片铣刀。图 1-33 所示为薄片的锯片铣刀，用于切槽或切断。锯片铣刀仅有周刃，厚度由圆周沿径向至中心逐渐变薄。

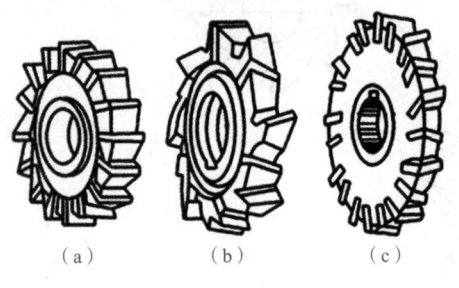

图 1-32 三面刃铣刀
(a) 直齿；(b) 错齿；(c) 镶齿

图 1-33 薄片的锯片铣刀

⑦成型铣刀。成型铣刀是根据工件的成型表面形状而设计切削刃廓形的专用成型刀具，如图 1-34 所示。

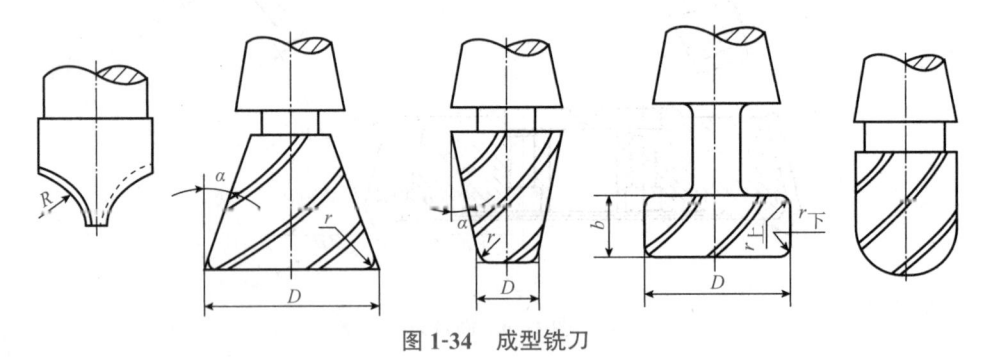

图 1-34 成型铣刀

(3) 钻削加工。

1) 钻削加工的基本内容。钻削加工的基本内容如图 1-35 所示。

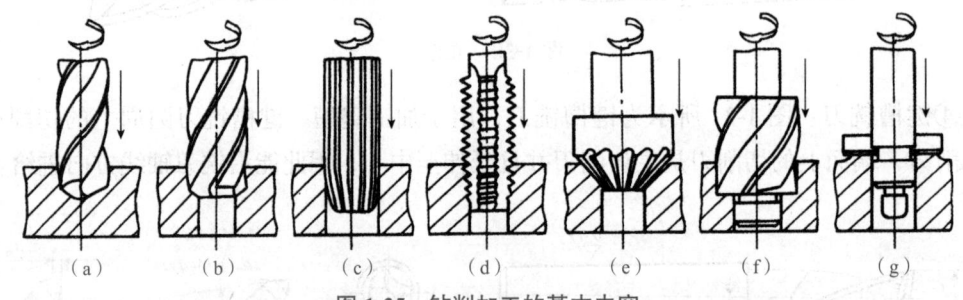

图 1-35 钻削加工的基本内容
(a) 钻孔；(b) 扩孔；(c) 铰孔；(d) 攻螺纹；(e) 锪锥形沉头孔；
(f) 锪圆柱形沉头孔；(g) 锪端面

2) 钻削加工的常用刀具。

①中心钻。中心钻用来加工中心孔，起引钻定心作用，经常用在钻孔加工的前一步。中心钻可分为无护锥复合中心钻（A 型）和有护锥复合中心钻（B 型），如图 1-36 所示。无护锥复合中心钻加工 A 型中心孔，有护锥复合中心钻加工 B 型中心孔。B 型中心孔是

在 A 型中心孔的端部加上 120° 的圆锥，用于保护 60° 的工作锥面不致碰伤。

②麻花钻。麻花钻主要用于孔的粗加工。麻花钻的结构如图 1-37 所示。

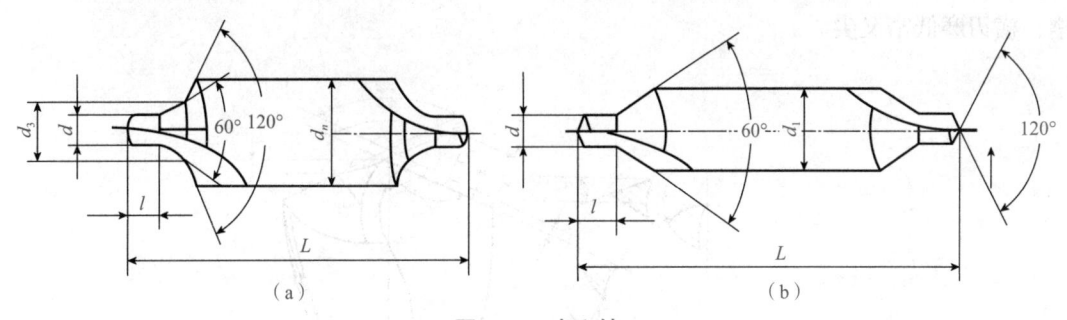

图 1-36 中心钻

（a）A 型中心钻；（b）B 型中心钻

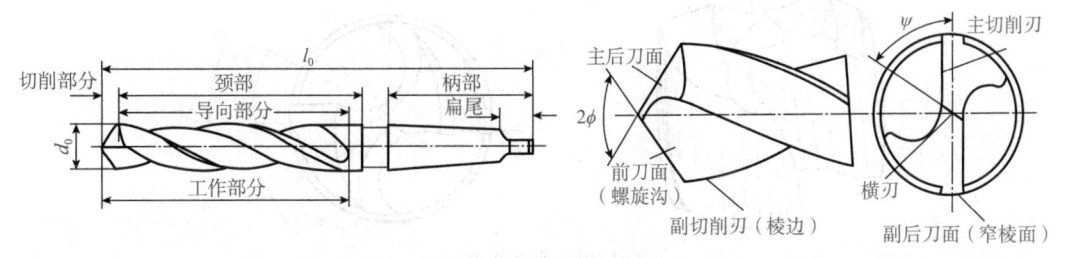

图 1-37 麻花钻的结构

麻花钻的主要几何角度如图 1-38 所示。

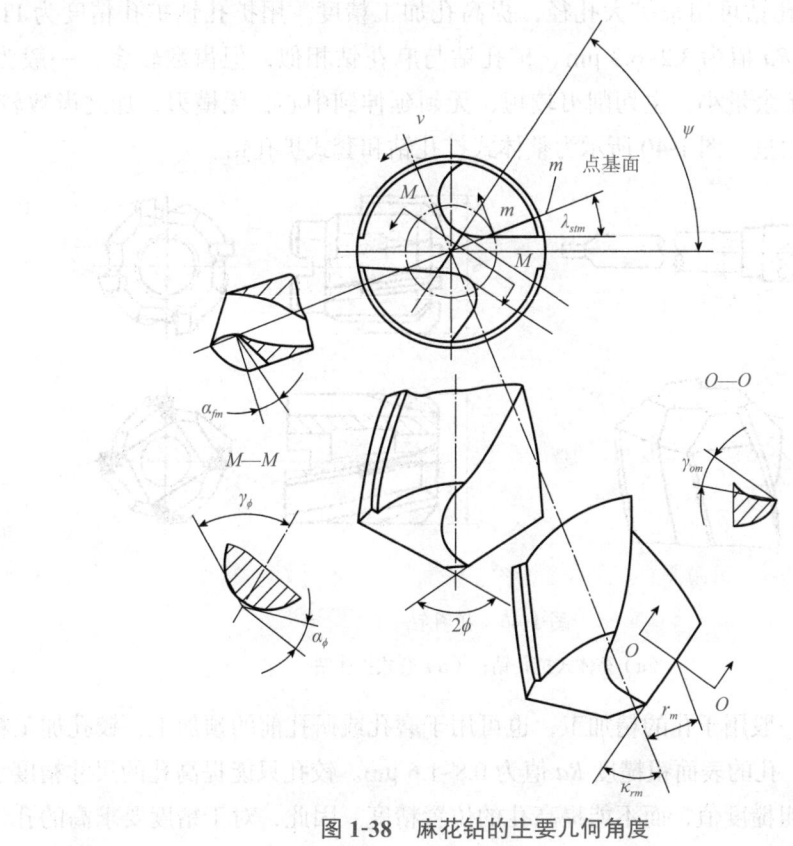

图 1-38 麻花钻的主要几何角度

图 1-39 所示为基本型群钻，其寿命比普通麻花钻提高 2~3 倍，进给量提高约 3 倍，钻孔效率大大提高。群钻的刃形特点为三尖七刃锐当先，月牙弧槽分两边，一侧外刃开屑槽，横刃磨低窄又尖。

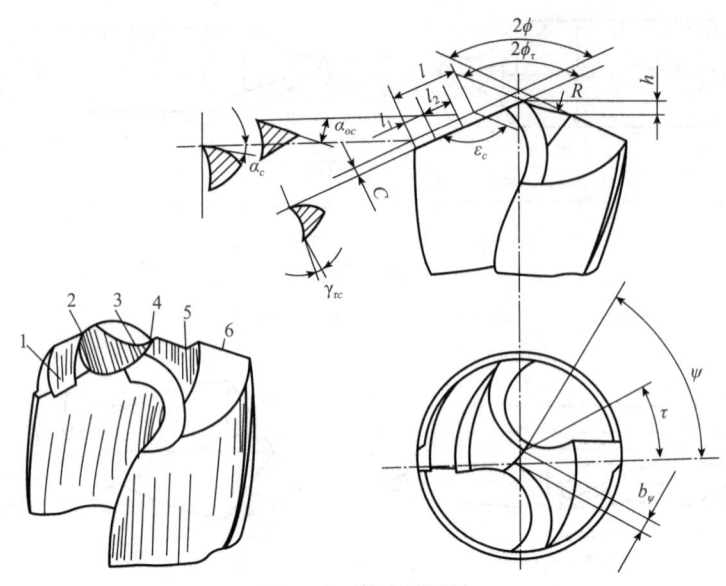

图 1-39 基本型群钻

1—分屑槽；2—月牙槽；3—内直刃；4—横刃；5—圆弧刃；6—外直刃

③扩孔钻。扩孔钻可用来扩大孔径，提高孔加工精度。用扩孔钻扩孔精度为 IT10~IT11，表面粗糙度 Ra 值为 3.2~6.3 μm。扩孔钻与麻花钻相似，但齿数较多，一般为 3~4 个齿。扩孔钻加工余量小，主切削刃较短，无须延伸到中心，无横刃，加之齿数较多，可选择较大的切削用量。图 1-40 所示为整体式扩孔钻和套式扩孔钻。

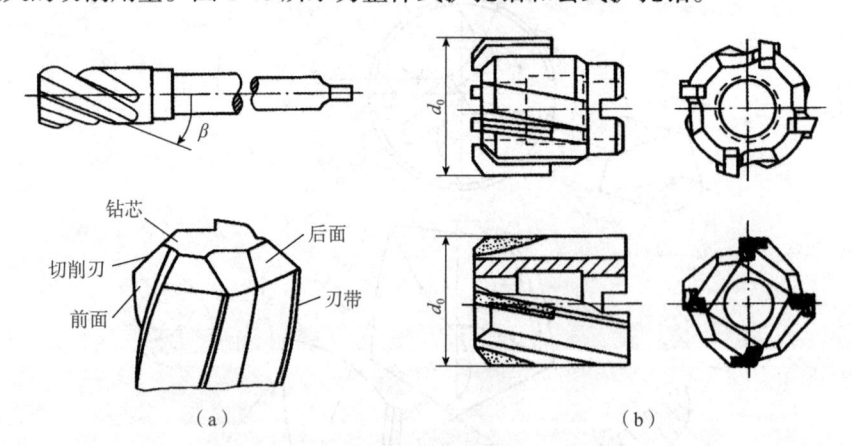

图 1-40 扩孔钻

(a) 整体式扩孔钻；(b) 套式扩孔钻

④铰刀。铰刀一般用于孔的精加工，也可用于磨孔或研孔前的预加工，铰孔加工精度一般为 IT8~IT9 级，孔的表面粗糙度 Ra 值为 0.8~1.6 μm。铰孔只能提高孔的尺寸精度、形状精度、减小表面粗糙度值，而不能提高孔的位置精度。因此，对于精度要求高的孔，在

铰削前应先进行减少和消除位置误差的预加工,才能保证铰孔质量。铰刀的结构如图 1-41 所示。

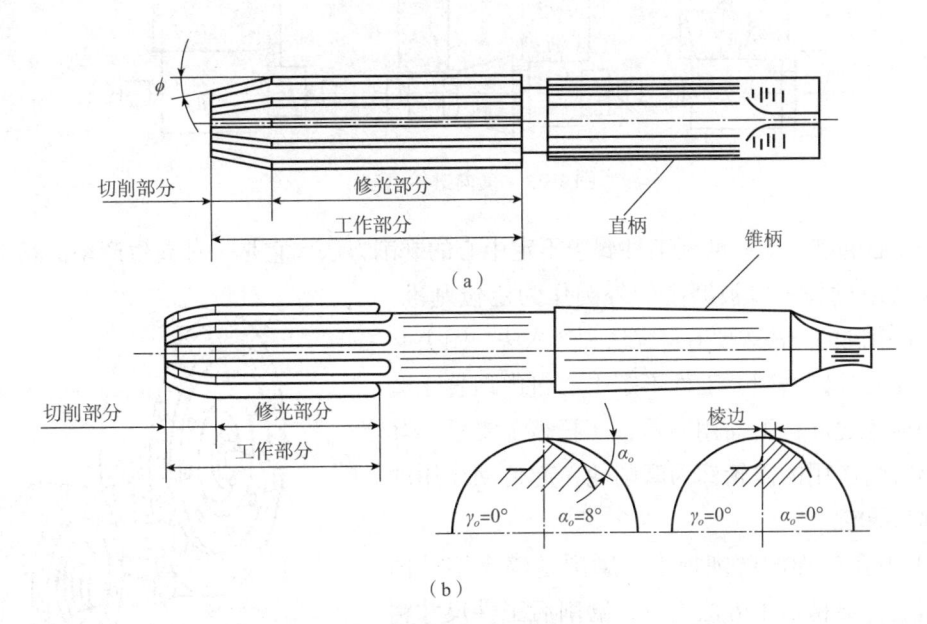

图 1-41 铰刀的结构
(a)手用铰刀;(b)机用铰刀

(4)磨削加工。

1)外圆表面的磨削加工。磨削是轴类零件外圆表面精加工的主要方法,既能加工未淬硬的黑色金属,又能加工淬硬的零件。根据磨削时定位方式的不同,外圆磨削可分为中心磨削和无心磨削两种类型。轴类零件的外圆表面一般在外圆磨床上磨削加工,有时连同台阶端面和外圆一起加工,无台阶、无键槽工件的外圆则可在无心磨床上进行磨削加工。

①中心磨削。在外圆磨床上进行回转类零件外圆表面磨削的方式称为中心磨削。中心磨削一般由中心孔定位,在外圆磨床或万能外圆磨床上加工。磨削后工件尺寸精度为 IT6~IT8,表面粗糙度 Ra 值为 0.1~0.8 μm。按进给方式不同可分为纵向进给磨削法和横向进给磨削法。

a. 纵向进给磨削法(纵向磨法)如图 1-42 所示,砂轮高速旋转,工件安装在前后顶尖上,工件旋转并与工作台一起做纵向往复运动,每个纵向行程终了时,砂轮做一次横向进给,直到加工量被全部磨完为止。

b. 横向进给磨削法(切入磨法)如图 1-43 所示,切入磨削因无纵向进给运动,要求砂轮宽度必须大于工件磨削部位的宽度,当工件旋转时,砂轮以慢速做连续的横向进给运动。切入磨法生产率高,适用于大批量生产,也能进行成型磨削;但横向磨削力较大,磨削温度高,要求机床、工件有足够的刚度,故适合磨削短而粗、刚性好的工件;加工精度低于纵向磨法。

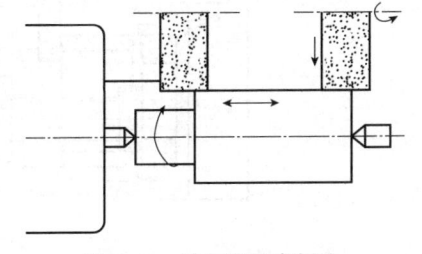

图 1-42 纵向进给磨削法

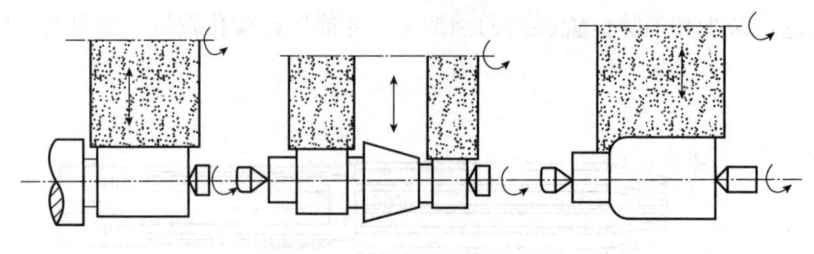

图 1-43 横向进给磨削法

②无心磨削。无心磨削工件属于不定中心的磨削方法，它是一种高生产率的精加工方法。在磨削过程中以被磨削的外圆作为定位基准。目前无心磨削的方法主要有贯穿法和切入法。图 1-44 所示为无心外圆磨削，工件不定中心自由地置于磨削轮和导轮之间，下面用支承板（托板）支承。其中，起磨削作用的砂轮称为磨削轮，起传动作用的砂轮称为导轮。

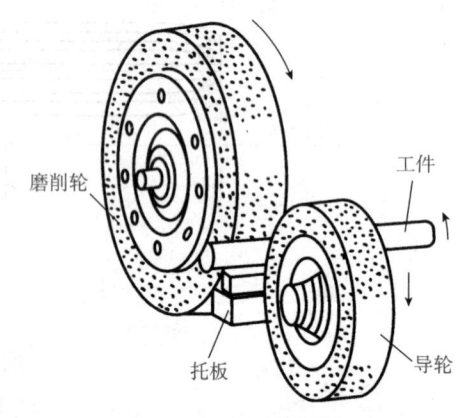

2）内孔表面的磨削加工。磨削是淬火零件内孔表面的主要精加工方法之一，磨削后工件尺寸精度为 IT6~IT8，表面粗糙度 Ra 值为 0.4~0.8 μm。磨孔能够修正前工序加工所导致的轴心线歪斜和偏移，因此，磨孔不但能获得较高的尺寸精度和形状精度，而且还能提高孔的位置精度。图 1-45 所示为几种常见的内孔表面磨削方式。

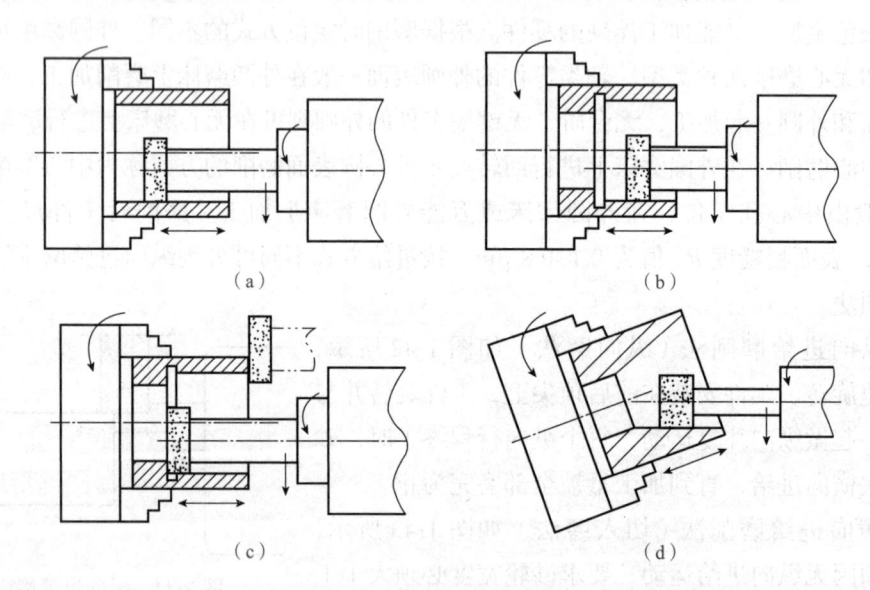

图 1-44 无心外圆磨削示意

图 1-45 内孔表面磨削方式
（a）磨通孔；（b）磨阶梯孔；（c）磨端面；（d）磨锥孔

3）平面的磨削加工。平面磨削与其他表面磨削一样，具有切削速度高、进给量小、尺寸精度易于控制及能获得较小的表面粗糙度值等特点，加工精度一般为 IT5~IT7 级，表

面粗糙度 Ra 值可达 0.2~1.6 μm。图 1-46 所示是几种常见的平面磨削方式。

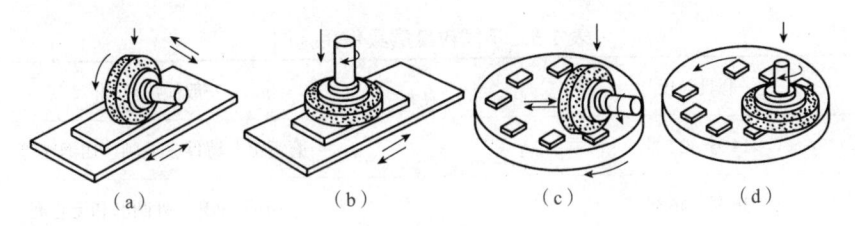

图 1-46 平面磨削方式

(a) 卧轴矩台平面磨床周边磨削；(b) 立轴矩台平面磨床端面磨削；
(c) 卧轴圆台平面磨床周边磨削；(d) 立轴圆台平面磨床端面磨削

4) 砂轮。砂轮是由一定比例的磨粒和结合剂经压坯、干燥、焙烧和车整而制成的一种特殊的多孔体切削工具。磨粒起切削刃作用，结合剂将分散的磨粒黏结起来，使之具有一定强度，在烧结过程中形成的气孔暴露在砂轮表面，形成容屑空间，磨粒、结合剂和气孔是构成砂轮的三要素，如图 1-47 所示。

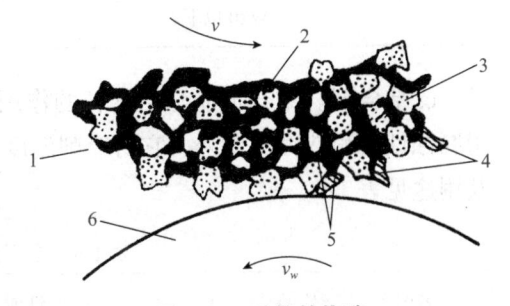

图 1-47 砂轮的构造

1—砂轮；2—结合剂；3—磨粒；4—磨屑；
5—气孔；6—工件

① 砂轮的组成要素。

a. 磨料。磨料是制造砂轮的主要原料，它担负着切削工作。因此，磨料必须锋利，并具备高硬度、良好的耐热性和一定的韧性。常用磨料的性能及选用范围见表 1-4。

表 1-4 常用磨料的性能及选用范围

磨料名称		代号	成分	颜色	力学性能	反应性	热稳定性	适用磨削范围
钢玉类	棕钢玉	A	Al_2O_3 95% TiO_2 2%~3%	棕色	强度 硬度 高 高	稳定	2 100 ℃熔融	碳钢、合金钢、铸铁
	白钢玉	WA	Al_2O_3>90%	白色				淬火钢、高速钢
碳化硅类	黑碳化硅	C	SiC>95%	黑色		与铁有反应	>1 500 ℃气化	铸铁、黄铜、非金属材料
	绿碳化硅	GC	SiC>99%	绿色				硬质合金等
超磨硬料类	立方氮化硼	CBN	B、N	黑色	高硬度	高温时与水碱有反应	<1 300 ℃稳定	高强度钢、耐热合金等
	人造金刚石	D	碳结晶体	乳白色			>700 ℃石墨化	硬质合金、光学玻璃等

b. 粒度。粒度是指磨料颗粒的大小，通常以粒度号表示。磨料的粒度分磨粒与微粉两组。磨粒是指颗粒尺寸大于 40 μm 的磨料，用筛选法分级，其粒度号值是磨粒通过的筛网在每英寸长度上筛孔的数目；微粉是指颗粒尺寸小于 40 μm 的磨料，用显微镜测量法分级，其粒度号值是基本颗粒的最大尺寸。微粉粒度范围为 W0.5~W63。常用粒度的使用场

合见表 1-5。

表 1-5　不同粒度磨具使用范围

磨具粒度	一般使用范围
14 号~24 号	磨钢锭、铸件去毛刺、切钢坯等
36 号~46 号	一般平面磨、外圆磨和无心磨
60 号~100 号	精磨、刀具刃磨
120 号~W20	精磨、珩磨、螺纹磨
W20 以下	精细研磨、镜面磨削

c. 结合剂。结合剂起黏结磨粒的作用。结合剂的性能决定了砂轮的强度、耐冲击性、耐腐蚀性及耐热性。此外，它对磨削温度及磨削表面质量有一定影响。常用结合剂的性能及用途见表 1-6。

表 1-6　常用结合剂的性能及用途

名称	代号	性能	用途
陶瓷	V	耐热、耐腐蚀、气孔率大、易保持砂轮廓形，弹性差，不耐冲击	应用最广，可制薄片砂轮以外的各种砂轮
树脂	B	强度及弹性好，耐热及耐腐蚀性差	制作高速及耐冲击砂轮、薄片砂轮
橡胶	R	强度及弹性好，能吸振，耐热性很差，不耐油，气孔率小	制作薄片砂轮、精磨及抛光用砂轮
菱苦土	Mg	自锐性好，结合能力较差	制作粗磨砂轮
金属（常用青铜）	J	强度最高，自锐性较差	制作金刚石磨具

d. 硬度。砂轮的硬度是指砂轮表面上的磨粒在磨削力作用下脱落的难易程度。砂轮的硬度小，表示砂轮的磨粒容易脱落；砂轮的硬度大，表示磨粒较难脱落。砂轮的硬度和磨料的硬度是两个不同的概念。同一种磨料可以做成不同硬度的砂轮，它主要取决于结合剂的性能、数量及砂轮制造的工艺。磨削与切削的显著差别是砂轮具有"自锐性"，选择砂轮的硬度，实际上就是选择砂轮的自锐性，希望还锋利的磨粒不要太早脱落，也不要磨钝了还不脱落。

e. 组织号。磨粒在砂轮中占有的体积百分数（磨粒率），称为砂轮的组织号。砂轮的组织号表示磨粒、结合剂和孔隙三者的体积比例，也表示砂轮中磨粒排列的紧密程度。表 1-7 列出了砂轮的组织号及相应的磨粒占砂轮体积的百分比。组织号越大，磨粒排列越疏松，即砂轮孔隙越大。

表1-7 砂轮组织号

级别	紧密				中等				疏松						
组织号	0	1	2	3	4	5	6	7	8	9	10	11	12	13	14
磨粒率 （磨粒占砂轮体积 ×100）	62	60	58	56	54	52	50	48	46	44	42	40	38	36	34

②砂轮的选择。选择砂轮应符合工作条件、工件材料、加工要求等各种因素，以保证磨削质量。

a. 磨削钢等韧性材料选择刚玉类磨料；磨削铸铁、硬质合金等脆性材料选择碳化硅类磨料。

b. 粗磨时选择粗粒度；精磨时选择细粒度。

c. 薄片砂轮应选择橡胶或树脂结合剂。

d. 工件材料硬度高，应选择软砂轮；工件材料硬度低，应选择硬砂轮。

e. 磨削接触面积大，应选择软砂轮。因此，内圆磨削和端面磨削的砂轮硬度应比外圆磨削的砂轮硬度低。

f. 精磨和成型磨削时砂轮硬度应高一些。

g. 砂轮粒度细时，砂轮硬度应低一些。

h. 磨削有色金属等软材料，应选择软的且疏松的砂轮，以免砂轮堵塞。

i. 成型磨削、精密磨削时应取组织较紧密的砂轮。

j. 工件磨削面积较大时，应选择组织疏松的砂轮。

（5）其他加工方法。

1）拉削加工。拉削加工是一种高效率的孔精加工方法。除拉削圆孔外，还可拉削各种截面形状的通孔及内键槽（图1-48），并可获得较高的尺寸精度和表面粗糙度。拉削圆孔的尺寸公差等级为IT7~IT9，表面粗糙度 Ra 值为 0.4~1.6 μm。拉刀拉削孔过程如图1-49所示。

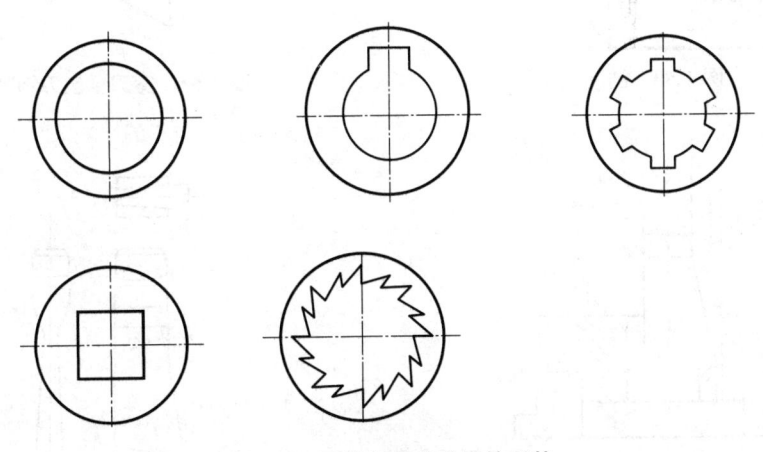

图1-48 可拉削的各种孔的形状

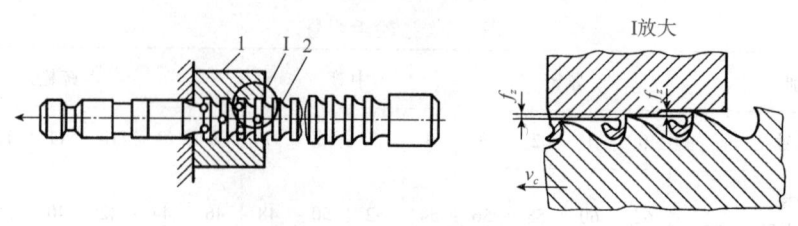

图 1-49 拉刀拉削孔过程

1—工件；2—拉刀

2）刨削加工。刨削是单件小批量生产中平面加工最常用的加工方法，加工精度一般为 IT7~IT9，表面粗糙度 Ra 值为 1.6~12.5 μm。刨削可以在牛头刨床或龙门刨床上进行，如图 1-50 所示。

当前，普遍采用宽刃刀精刨代替刮研，能取得良好的效果。采用宽刃刀精刨，切削速度较低（2~5 m/min），加工余量小（预刨余量为 0.08~0.12 mm，终刨余量为 0.03~0.05 mm），工件发热变形小，可获得较小的表面粗糙度 Ra 值（0.25~0.8 μm）和较高的加工精度（直线度为 0.02/1 000），且生产率也较高。图 1-51 所示为宽刃精刨刀，刨削加工时用煤油作切削液。

3）插削加工。插削加工可认为是立式刨削加工。主要用于单件小批量生产中加工零件的内表面，如孔内键槽、花键等，也可用于加工某些不便铣削或刨削的外表面。图 1-52 所示为插削加工孔内键槽，图 1-53 所示为键槽插刀。

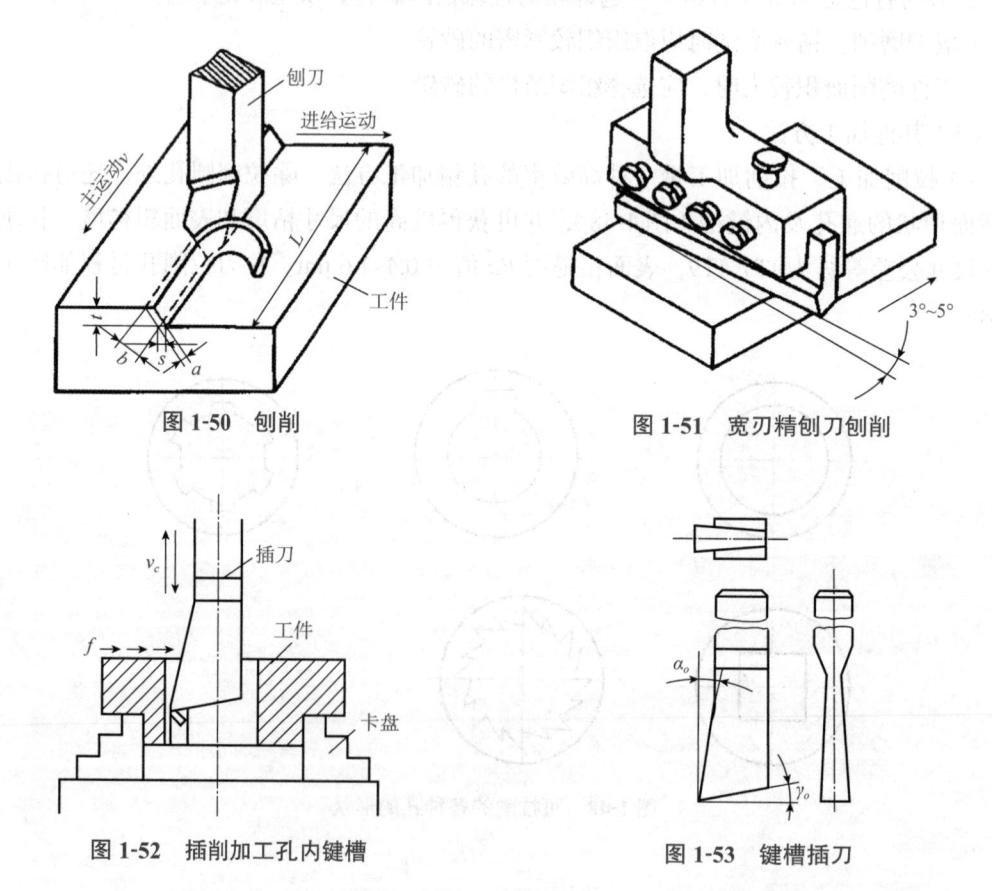

图 1-50 刨削

图 1-51 宽刃精刨刀刨削

图 1-52 插削加工孔内键槽

图 1-53 键槽插刀

4）滚压加工。滚压是冷压加工方法之一，属无屑加工。滚压加工是用滚压工具对金属材质的工件施加压力，使之产生塑性变形，从而降低工件表面粗糙度，强化表面性能。

图 1-54 所示为外圆表面滚压加工。外圆表面的滚压加工一般可用各种相应的滚压工具，如滚轮［图 1-54（a）］、滚珠［图 1-54（b）］等，在普通卧式车床上对加工表面在常温下进行强行滚压，使工件金属表面层产生塑性变形，修正工件表面的微观几何形状，减小加工表面粗糙度值，提高工件的耐磨性、耐腐蚀性和疲劳强度。例如，经滚压后的外圆表面粗糙度 Ra 值为 0.25~0.4 μm，硬化层深度为 0.05~0.2 mm，硬度提高 5%~20%。

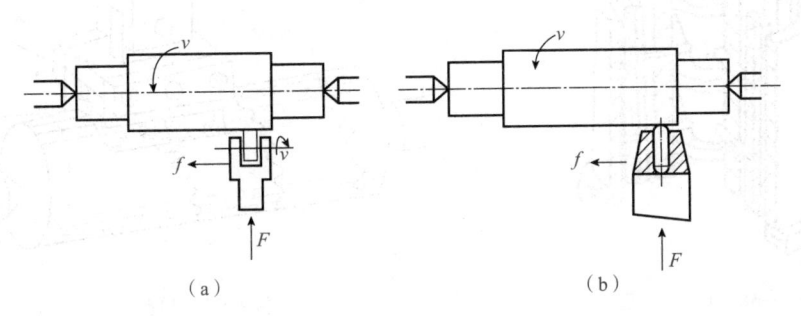

图 1-54 外圆表面滚压加工
（a）滚轮滚压；（b）滚珠滚压

5）研磨加工。研磨加工是应用较广的一种光整加工方法，可用于加工外圆、内孔、平面及成型表面等。既可以加工金属材料，也可以加工非金属材料。经过研磨后工件的表面粗糙度 Ra 值一般可达到 0.1~1.6 μm，最小可达到 0.012 μm。

研具和工件表面之间存在分散的细粒度砂粒（磨料和研磨剂）。研磨加工时，在工件上表面施加一定的压力，使其与研具发生复杂的相对运动，经过砂粒的磨削和研磨剂的化学、物理作用，在工件表面上去掉极薄的一层，获得高精度和较小的表面粗糙度。图 1-55 所示为平面研磨加工示意。

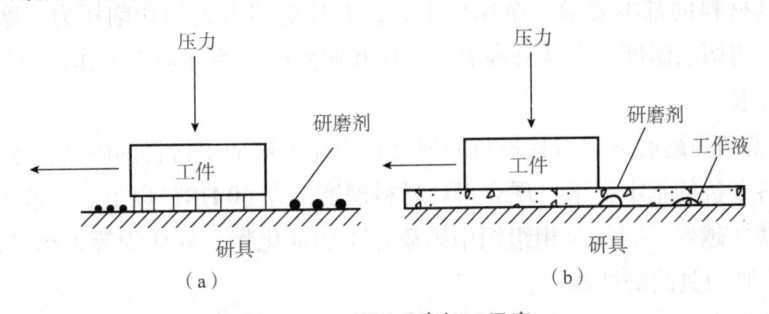

图 1-55 平面研磨加工示意
（a）干式研磨；（b）湿式研磨

6）珩磨加工。珩磨加工是利用珩磨磨具对工件表面施加一定压力，珩磨磨具同时做相对旋转和直线往复运动，切除工件上极小余量的一种光整加工方法。珩磨多用于圆柱内孔的加工。加工后精度为 IT5~IT6 级，表面粗糙度 Ra 值为 0.05~0.2 μm，圆度和圆柱度可达到 0.003~0.005 mm。珩磨的应用范围很广，可加工铸铁件、淬硬和不淬硬的钢件及青铜等，但不宜加工易堵塞油石的塑性金属。珩磨加工的设备简单、生产率高、成本较低，在成批、大量生产中广泛应用。图 1-56 所示为珩磨加工。

7）超精加工。超精加工是用细粒度的油石对工件施加很小的压力，油石做往复振动和慢速沿工件轴向运动，以实现微量磨削的一种光整加工方法。超精加工如图 1-57 所示。

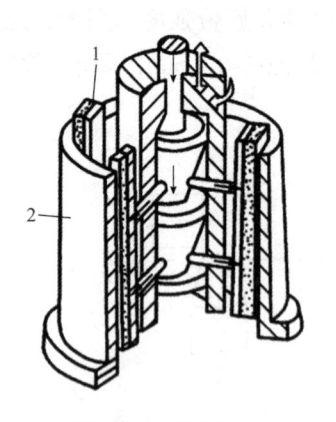

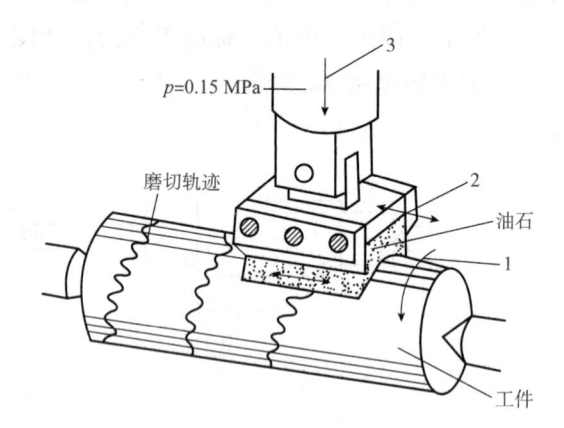

图 1-56 珩磨加工
1—油石；2—工件

图 1-57 超精加工
1—工件低速回转运动；2—磨头轴向进给运动；
3—磨头高速往复振动

经超精加工后的工件表面粗糙度 Ra 值为 0.01~0.08 μm。因为加工余量较小（小于 0.01 mm），故只能去除工件表面的凸峰，对加工精度的提高不显著。

5. 常用金属切削刀具材料

在金属切削加工过程中，刀具切削部分起主要作用，因此，刀具材料一般是指刀具切削部分的材料。刀具材料决定了刀具的切削性能，直接影响加工效率、刀具使用寿命和加工成本，刀具材料的合理选择是切削加工工艺一项重要内容。

（1）刀具材料的基本要求。金属加工时，刀具受到很大的切削压力、摩擦力和冲击力，产生很高的切削温度。在这种高温、高压和剧烈的摩擦环境下工作，刀具材料需要满足一些基本要求。

1）高硬度和高耐磨性。刀具材料的硬度必须高于被加工材料的硬度，才能切下金属，这是刀具材料必备的基本要求，现有刀具材料硬度都在 60 HRC 以上。一般来说，刀具硬度越高，耐磨性越好。刀具金相组织中硬质点（如碳化物、氮化物等）越多，颗粒越小，分布越均匀，则刀具耐磨性越好。

2）足够的强度与冲击韧性。刀具材料在切削时受到很大的切削力与冲击力，如车削 45 钢，在背吃刀量 $a_p = 4$ mm，进给量 $f = 0.5$ mm/r 的条件下，刀具所承受的切削力达到 4 000 N，可见，刀具材料必须具有较高的强度和较强的韧性。

3）高耐热性。刀具材料耐热性是衡量刀具切削性能的主要标志，通常用高温下保持高硬度的性能来衡量，也称热硬性。刀具材料在高温下硬度越高，则耐热性越好，抗塑性变形能力、抗磨损能力也就越强。

4）优良导热性。刀具导热性好，表示切削产生的热量容易传导出去，降低了刀具切削部分的温度，减少刀具磨损。另外，刀具材料导热性越好，其抗耐热冲击和抗热裂纹性能也越强。

5）良好的工艺性与经济性。刀具不但要有良好的切削性能，本身还应易于制造，这要求刀具材料有较好的工艺性，如锻造、热处理、焊接、磨削、高温塑性变形等。此外，经济性也是刀具材料的重要指标之一，选择刀具时，要考虑经济性，以降低生产成本。

（2）常用刀具材料。可用于制造刀具的材料有很多种，目前常用的刀具材料有高速钢、硬质合金、陶瓷、金刚石和立方氮化硼等。

1）高速钢。高速钢（又称锋钢、白钢）是在合金工具钢中加入较多的钨、钼、铬、钒等合金元素的高合金工具钢，具有较高的强度、韧性和耐热性，使用较广泛。高速钢按用途不同，可分为普通高速钢和高性能高速钢。

①普通高速钢。普通高速钢具有一定的硬度（62~67 HRC）和耐磨性、较高的强度和韧性，切削钢料时切削速度一般不高于 40~60 m/min，不适合高速切削和硬材料的切削。

②高性能高速钢。高性能高速钢是在普通高速钢中增加碳、钒的含量或加入钴、铝等其他合金元素而得到耐热性、耐磨性更高的新钢种，耐用度为普通高速钢的 1~3 倍。

几种常用高速钢的牌号及主要性能见表 1-8。

表 1-8 常用高速钢的牌号及主要性能

类型	高速钢牌号		常温硬度 /HRC	抗弯强度 /MPa	冲击韧性 /(kJ·mm^{-2})	600 ℃下的硬度 /HRC
	中国牌号	习惯名称				
普通高速钢	W18Cr4V	T1	62~65	3 430	290	50.5
	W6Mo5Cr4V2	M2	63~66	3 500~4 000	300~400	47~48
高性能高速钢	W6Mo5Cr4V3	M3	65~67	3 200	250	51.7
	W7Mo4Cr4V2Co5	M41	66~68	2 500~3 000	230~350	54
	W6Mo5Cr4V2Al	501 钢	66~69	3 000~4 100	230~350	55~56
	110W1.5Mo9.5Cr4VCo8	M42	67~69	2 650~3 730	230~290	55.2
	W10Mo4Cr4VAl	5F6 钢	68~69	3 010	200	54.2

2）硬质合金。硬质合金是由硬度和熔点都很高的碳化物，用 Co、Mo、Ni 作为结合剂烧结而成的粉末冶金制品。其常温硬度可达 78~82 HRC，能耐 850~1 000 ℃的高温，切削速度比高速钢高 4~10 倍；但其冲击韧性与抗弯强度远比高速钢差，因此很少做成整体式刀具。

①硬质合金分类。切削刀具用硬质合金根据国际标准 ISO 分类，把所有牌号分成用不同颜色标志的三大类，分别用 P、M、K 表示。

a. P 类：外包装用蓝色标志，国家标准 YT 类，主要成分为 WC + TiC + Co，适于加工长切屑的黑色金属材料。

b. M类：外包装用黄色标志，国家标准YW类，主要成分为WC+TiC+TaC(NbC)+Co，适于加工长切屑或短切屑的黑色金属及有色金属材料。

c. K类：外包装用红蓝色标志，国家标准YG类，主要成分为WC+Co，适于加工短切屑的黑色金属、有色金属及非金属材料。

在国际标准（ISO）中通常又分别在K、P、M三种代号之后附加01、05、10、20、30、40、50等数字进行更进一步的细分。一般来说，数字越小，硬度越高、韧性越低；而数字越大，硬度越低、韧性越高。表1-9列出了国内常用各类合金的牌号和性能。

表1-9 国内常用各类合金的牌号和性能

牌号	类别	密度/(g·cm^{-2})	硬度/HRA	抗弯强度/MPa	使用性能或推荐用途
YG3	K05	15.20~15.40	91.5	140	铸铁、有色金属及合金的精加工、半精加工，要求无冲击
YG3X	K05	15.20~15.40	92.0	130	细晶粒，铸铁、有色金属及合金的精加工、半精加工
YG6	K20	14.85~15.05	90.5	186	铸铁、有色金属及合金的半精加工、粗加工
YG6X	K10	14.85~15.05	91.7	180	细晶粒，铸铁、有色金属及其合金的半精加工、粗加工
YG8	K30	14.60~14.85	90.0	206	铸铁、有色金属及合金粗加工，可用于断续切削
YT5	P30	11.50~13.20	90.0	175	碳素钢、合金钢的粗加工，可用于断续切削
YT14	P20	11.20~11.80	91.0	155	碳素钢、合金钢的半精加工、粗加工，可用于断续切削时的精加工
YT15	P10	11.10~11.60	91.5	150	碳素钢、合金钢的半精加工、粗加工，可用于断续切削时的精加工
YT30	P01	9.30~9.70	92.5	127	碳素钢、合金钢的精加工
YW1	M10	12.85~13.40	92.0	138	高温合金、不锈钢等难加工材料的精加工、半精加工
YW2	M20	12.65~13.35	91.0	168	高温合金、不锈钢等难加工材料的半精加工、粗加工

②涂层硬质合金。涂层硬质合金刀具片是在韧性较好的工具表面涂上一层耐磨损、耐溶着、耐反应的物质，使刀具在切削中具有既硬而又不易破损的性能。常用的涂层材料有TiC、TiN和Al_2O_3等。

涂层的方法可分为两大类，一类为物理涂层（PVD）；另一类为化学涂层（CVD）。一般来说，物理涂层是在550℃以下将金属和气体离子熔化后喷涂在工具表面；而化学涂层则是将各种化合物通过化学反应沉积在工具上形成表面膜，反应温度一般都在1 000~1 100℃。低温化学涂层也已实用化，温度一般控制在800℃左右。

3）陶瓷刀具。陶瓷刀具主要由硬度和熔点都很高的Al_2O_3、Si_3N_4等氧化物、氮化物组成，另外，还有少量的金属碳化物、氧化物等添加剂，通过粉末冶金工艺方法制粉，再压制烧结而成。常用的陶瓷刀具材料有Al_2O_3基陶瓷和Si_3N_4基陶瓷两种。

陶瓷刀具的优点是具有很高的硬度和耐磨性，硬度为91~95HRA，耐磨性是硬质合金的5倍；刀具寿命比硬质合金高；具有很好的热硬性，当切削温度为760℃时，硬度为

87 HRA（相当于 66 HRC）；温度达 1 200 ℃时，硬度仍能保持为 80 HRA；摩擦系数低，切削力比硬质合金小，用该类刀具加工时能提高表面光洁度。陶瓷刀具的缺点是强度和韧性差、热导率低，因为陶瓷的最大缺点是脆性大、抗冲击性能很差。此类刀具一般用于高速精细加工硬材料。

4）金刚石。金刚石是碳的同素异构体，具有极高的硬度。现用的金刚石刀具有天然金刚石刀具、人造聚晶金刚石刀具、复合聚晶金刚石刀具三类。

金刚石刀具的优点是有极高的硬度和耐磨性，人造金刚石硬度达 10 000 HV，耐磨性是硬质合金的 60~80 倍；切削刃锋利，能实现超精密微量加工和镜面加工；具有很高的导热性。金刚石刀具的缺点包括：耐热性差，在 700~800 ℃硬度下降很大，无法切削；与铁原子有很强的化学亲和作用，一般不易加工铁族金属；强度低，脆性大，对振动很敏感。此类刀具主要用于高速条件下精细加工有色金属及其合金和非金属材料。

5）立方氮化硼。立方氮化硼（简称CBN）是以六方氮化硼为原料在高温、高压下合成。CBN 刀具的主要优点包括硬度高（8 000~9 000 HV），仅次于金刚石；耐热性好（耐热温度为 1 400~1 500 ℃）；较高的导热性和较小的摩擦系数。CBN 刀具的缺点是强度和韧性较差，抗弯强度仅为陶瓷刀具的 1/5~1/2。CBN 刀具适用于加工高硬度淬火钢、冷硬铸铁和高温合金材料；不适用于加工塑性大的钢件和镍基合金及铝合金和铜合金，通常采用负前角的高速切削。

6. 无人机输出轴零件刀具的选用

加工外圆柱面、圆弧面可选择93° 外圆车刀；加工凹槽部位可选择切槽刀（宽为 5 mm）；加工螺纹 M20 可选择 60° 螺纹车刀。机械加工刀具卡具体详见表 1-10。

表 1-10　机械加工刀具卡

序号	刀具号	刀具名称及规格	刀具材料	加工的表面
1	T01	93° 外圆车刀	钨钴硬质合金	$\phi 36$、$\phi 50$、$R3$、倒角
2	T02	宽 5 mm 的切槽刀	钨钴硬质合金	$\phi 16$ 凹槽
3	T03	60° 螺纹车刀	钨钴硬质合金	M20 螺纹（螺距2.5）
4	T04	立铣刀 $\phi 10$	钨钴硬质合金	方形体 22×22
5	T05	键槽铣刀 $\phi 14$	钨钴硬质合金	长 32 mm × 宽 16 mm × 深 8 mm
6	T06	麻花钻 $\phi 5$	硬质合金	孔 $\phi 6$
7	T07	麻花钻 $\phi 6$	硬质合金	

■ 六、定位基准的选择

1. 粗基准的选择原则

粗基准的选择对工件主要有两个方面的影响，一是影响工件上加工表面与不加工表面的相互位置精度要求；二是影响加工余量的合理分配。

粗基准的选择原则如下。

（1）对于同时具有加工表面和不加工表面的零件，为了保证不加工表面与加工表面的相互位置要求，应选择不加工表面为粗基准；如果零件上有多个不加工表面，则应选择其中与加工表面相互位置要求高的表面为粗基准。

（2）如果必须首先保证工件某重要表面的加工余量均匀，则应选择该表面为粗基准。

（3）如果需保证各加工表面都有足够的加工余量，则应选择加工余量较小的表面为粗基准。

（4）作为粗基准的表面应平整，没有浇口、冒口、飞边等缺陷。

（5）粗基准原则上只能使用一次。

2. 精基准的选择原则

精基准主要从保证工件的位置精度和方便装夹两个方面来考虑。精基准的选择原则如下。

（1）"基准重合"原则。为了较容易获得加工表面对其设计基准的相对位置精度要求，应选择加工表面的设计基准为定位基准，这一原则称为"基准重合"原则。如果加工表面的设计基准与定位基准不重合，则会增大定位误差。

（2）"基准统一"原则。当工件以某一组精基准定位可以比较方便地加工其他表面时，应尽可能在多数工序中采用此组精基准定位，这一原则称为"基准统一"原则。例如，轴类零件在多数工序都以中心孔为定位基准；齿轮的齿坯与齿形加工多采用齿轮孔及端面为定位基准。采用"基准统一"原则可减少工装设计制造的费用，提高生产效率，并可避免因基准转换所造成的误差。

（3）"自为基准"原则。当工件精加工或光整加工工序要求余量尽可能小而均匀，应选择加工表面本身作为定位基准。如用浮动铰刀铰孔、用拉刀拉孔、用无心磨床磨外圆等，均为自为基准。

（4）"互为基准"原则。为了获得均匀的加工余量或较高的位置精度，可采用互为基准、反复加工的原则。例如，加工精密齿轮时，先以内孔定位加工齿形面，齿面淬硬后需进行磨齿，因齿面淬硬层比较薄，所以要求磨削余量小而均匀，此时可以齿面为定位基准进行内孔的磨削，再以内孔为定位基准磨齿面，从而保证齿面的磨削余量均匀且与齿面的相互位置精度又容易得到保证。

选择精基准还应考虑能保证工件定位准确、装夹方便、夹具结构简单适用等。

3. 无人机输出轴零件基准的选择

根据粗、精基准的选择原则及零件的形状特点，其基准的确定如下。

（1）在车削加工左侧外圆 $\phi36_{-0.050}^{-0.025}$、$\phi50\pm0.08$、圆弧 $R3$ 及倒角 $C1$ 时，以 $\phi55$ 毛坯外圆为粗基准，如图 1-58 所示。

（2）在车削加工右侧 M20 的底圆、圆弧 $R3$、外圆 $\phi26$、外圆 $\phi36$、凹槽、螺纹 M20 及倒角时，以 $\phi36$ 外圆为精基准，如图 1-59 所示。

（3）在铣削 22×22 方形体时，以两个 $\phi36$ 外圆为精基准，如图 1-60 所示。

图 1-58　加工左侧外轮廓的粗基准

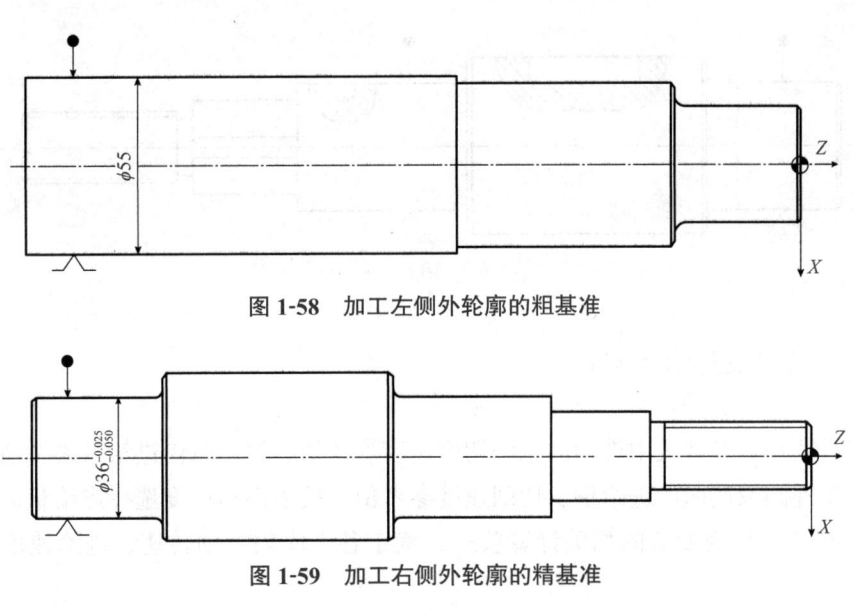

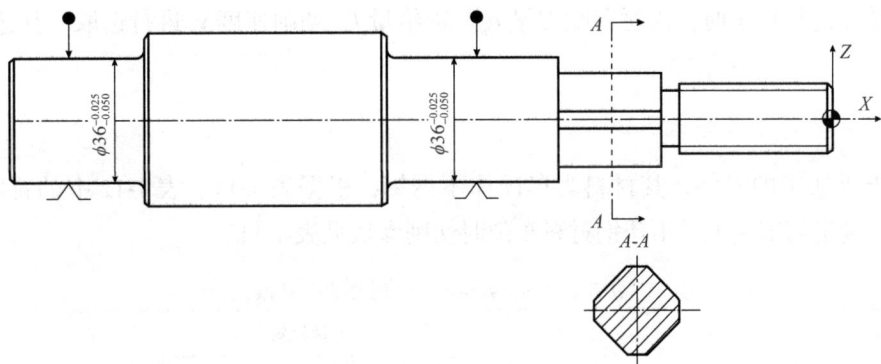

图 1-59　加工右侧外轮廓的精基准

图 1-60　铣削 22×22 方形体的精基准

（4）在铣键槽（长 32× 宽 16× 深 8）、钻孔 $\phi 6$ 时，均以两个 $\phi 36_{-0.050}^{-0.025}$ 外圆为精基准，分别如图 1-61、图 1-62 所示。

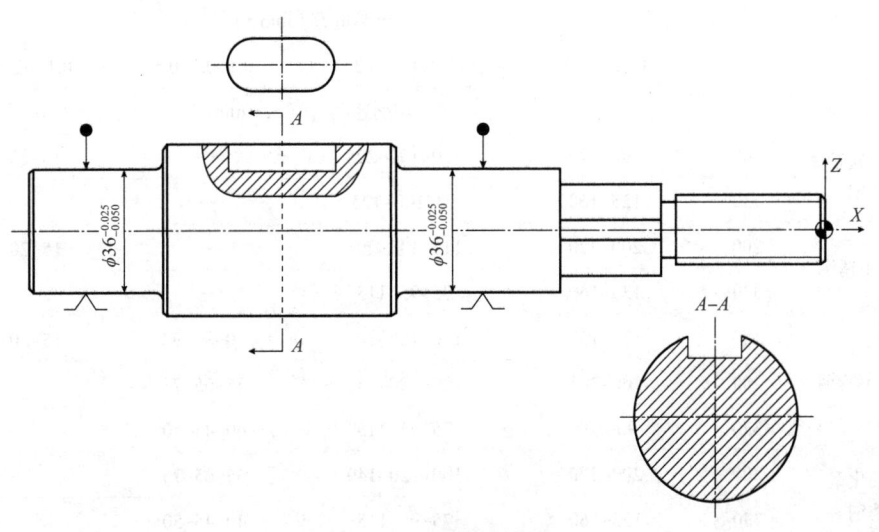

图 1-61　铣键槽的精基准

37

图 1-62 钻孔的精基准

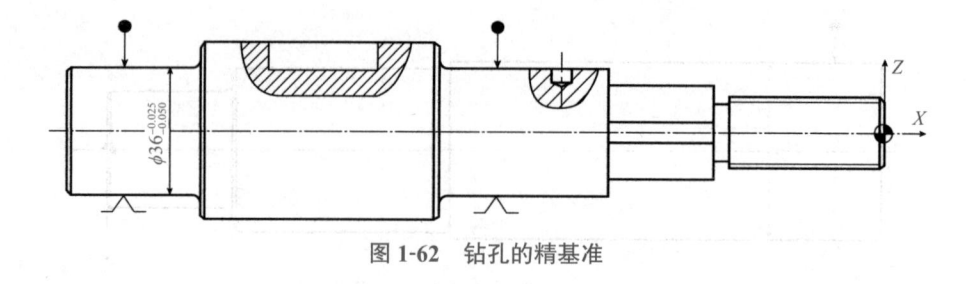

七、加工参数的选取与计算

根据后续加工参数表中铣削加工的切削速度参考值、铣刀每齿进给量参考值、硬质合金车刀粗车外圆及端面的进给量、切削速度参考值、按表面粗糙度选择进给量的参考值等经验值,并结合切削参数的相关计算公式,确定各工序的主轴转速、进给速度、背吃刀量等。

在零件进行加工时,需对背吃刀量 a_p、进给量 f、切削速度 v_c 进行选取。其选取方法如下。

1. 车削加工参数的选取

对于要加工的零件,其材料为奥氏体不锈钢,根据表 1-11、表 1-12 中的背吃刀量、进给量,确定切削速度。不锈钢材料车削时切削参数见表 1-11。

表 1-11 不锈钢材料车削时切削参数

零件材料	布氏硬度/HB	刀具材料			
		钨钴钛硬质合金	钨钴硬质合金 TiAlN 涂层	钨钴硬质合金	高速钢
		背吃刀量 a_p/mm			
		0.25~2-0.5~2-3~10	0.25~2-0.5~2-3~10	0.25~2-0.5~2-3~10	0.25~2-0.5~2-3~10
		进给量 f/(mm·r^{-1})			
		0.05~0.15	0.1~0.2~0.3	0.1~0.3~0.5	0.1~0.2~0.3~0.4
		切削速度 v_c/(m·min^{-1})			
马氏体–铁素体不锈钢	200	200~270	150~190~225	—	15~20~25~30
	330	125~160	90~100~125	—	—
马氏体不锈钢	200	200~270	115~135~205	—	15~20~25~30
	330	125~160	75~95~115	—	—
奥氏体不锈钢	180	135~150	130~165~200	70~80~90	15~20~25~30
	200	100~205	100~120~140	55~65~75	—
	330	90~105	75~95~115	40~45~50	—
沉淀硬化型不锈钢	200	200~270	100~120~140	55~65~75	—
	330	125~160	75~95~115	40~45~50	—

不锈钢材料切断、外圆切槽、切越程槽切削参数见表1-12。

表1-12 不锈钢材料切断、外圆切槽、切越程槽的切削参数

零件材料	布氏硬度/HB	钨钴钛硬质合金	钨钴硬质合金 TiAlN 涂层	钨钴硬质合金 TiCN 涂层	钨钴硬质合金
		背吃刀量 a_p/mm			
		0.25~2-0.5~2	0.25~2-0.5~2	0.25~2-0.5~2	0.25~2-0.5~2
		进给量 f/(mm·r^{-1})			
		0.05~0.5	0.05~0.5	0.05~0.5	0.05~0.5
		切削速度 v_c/(m·min^{-1})			
马氏体-铁素体不锈钢	200	135~190	100~150	75~180	70~90
	330	75~115	60~85	50~140	40~55
马氏体不锈钢	200	100~150	75~115	70~170	55~70
	330	70~100	55~75	50~135	30~45
奥氏体不锈钢	180	100~150	70~105	70~160	55~70
	200	70~100	45~75	60~85	30~55
	330	60~80	45~70	50~70	25~40
沉淀硬化型不锈钢	200	100~150	45~75	60~85	30~55
	330	60~80	45~70	50~70	25~40

硬质合金外圆车刀切削速度参考值见表1-13。

表1-13 硬质合金外圆车刀切削速度参考值

工件材料	热处理状态	a_p = 0.3~2 mm, f = 0.08~0.3 mm/r, v_c/(m·min^{-1})	a_p = 2~6 mm, f = 0.3~0.6 mm/r, v_c/(m·min^{-1})	a_p = 6~10 mm, f = 0.6~1 mm/r, v_c/(m·min^{-1})
低碳钢、易切钢	热扎	140~180	100~120	70~90
中碳钢	热扎	130~160	90~110	60~80
	调质	100~130	70~90	50~70
合金结构钢	热扎	100~130	70~90	50~70
	调质	80~110	50~70	40~60
工具钢	退火	90~120	60~80	50~70
灰铸铁	<190 HBW	90~120	60~80	50~70
	190~225 HBW	80~110	60~80	50~70

主轴转速与切削速度的关系。数控加工编程时一般要输入主轴转速，主轴转速与切削速度的计算公式如下：

$$n = \frac{1\,000v_c}{\pi d} \tag{1-1}$$

式中　n——主轴转速（r/min）；
　　　v_c——切削速度（m/min）；
　　　d——工件加工表面或刀具的最大直径（mm）。

2. 铣削加工参数的选取

（1）背吃刀量（端铣）或侧吃刀量（圆周铣）的选择。背吃刀量或侧吃刀量的选择主要由加工余量和对表面质量的要求决定。

1）工件表面粗糙度 Ra 值为 12.5~25 μm 时，当圆周铣加工余量小于 5 mm、端铣加工余量小于 6 mm 时，粗铣一次进给达到要求；但加工余量较大，工艺系统刚性较差或机床动力不足时，分两次进给。

2）工件表面粗糙度 Ra 值为 3.2~12.5 μm 时，可分为粗铣和半精铣两步进行。粗铣时背吃刀量或侧吃刀量选取同上，粗铣后留 0.5~1.0 mm 余量，在半精铣时切除。

3）工件表面粗糙度 Ra 值为 0.8~3.2 μm 时，可分为粗铣、半精铣、精铣三步进行。半精铣时背吃刀量或侧吃刀量取 1.5~2.0 mm；精铣时圆周铣侧吃刀量取 0.3~0.5 mm，面铣刀背吃刀量取 0.5~1 mm。

（2）进给量的选择。铣削加工时，铣刀每齿进给量的选择按表 1-14 的要求进行选取。

表 1-14　铣刀每齿进给量

工件材料	每齿进给量 f_z/mm			
^	粗铣		精铣	
^	高钢速铣刀	硬质合金铣刀	高速钢铣刀	硬质合金铣刀
钢	0.10~0.15	0.10~0.25	0.02~0.05	0.10~0.15
铸铁	0.12~0.20	0.12~0.20	^	^

刀具齿数 z，当确定进给量时，其进给速度的计算如下：

$$F = f_z \times z \times n \tag{1-2}$$

式中　F——进给速度（mm/min）；
　　　f_z——每齿进给量（mm）；
　　　z——铣刀齿数；
　　　n——主轴转速（r/min）。

（3）切削速度的选择。铣削加工时，其切削速度的选取见表 1-15、表 1-16。

表 1-15 铣削不锈钢材料时切削速度参数

零件材料	布氏硬度/HB	刀具材料			
		钨钴钛硬质合金	钨钴硬质合金	钨钴硬质合金 TiAlN 涂层	钨钴硬质合金 TiCN 涂层
		背吃刀量 a_p/mm			
		0.25~2-0.5~2-3~10	0.25~2-0.5~2-3~10	0.25~2-0.5~2-3~10	0.25~2-0.5~2-3~10
		每齿进给量 f_z/mm			
		0.1~0.15~0.2	0.1~0.2~0.4	0.1~0.2~0.4	0.05~0.1~0.2
		切削速度 v_c/(m·min^{-1})			
马氏体-铁素体不锈钢	200	170~190~210	85~115~140	135~170~190	80~125~160
	330	120~140~155	50~70~80	95~120~130	55~85~105
马氏体不锈钢	200	160~175~200	80~110~130	130~170~190	70~110~140
	330	115~130~145	50~65~75	95~115~130	50~80~100
奥氏体不锈钢	180	155~170~190	80~105~125	130~160~180	70~105~130
	200	130~140~160	50~75~85	100~125~140	60~95~115
	330	110~120~135	40~55~70	85~105~115	50~70~90
沉淀硬化型不锈钢	200	130~140~160	50~75~85	100~125~140	60~95~115
	330	110~120~135	40~55~70	85~105~115	50~70~90

表 1-16 机夹铣刀铣削高温合金材料时切削速度参数

被加工材料	热处理方式	刀具材料			
		钨钴硬质合金 TiAlN 图层	钨钴硬质合金	超细微粒钨钴硬质合金	钨钴硬质合金 TiCN 图层
		切削宽度(mm) ≤ 0.25 × 铣刀有效直径 D			
		切削深度 a_p/mm			
		0.25~2-0.5~2-3~10	0.25~2-0.5~2-3~10	0.25~2-0.5~2-3~10	0.25~2-0.5~2-3~10
		每齿进给量 f_z/mm			
		0.05~0.15~0.2	0.1~0.15~0.2	0.1~0.15~0.2	0.05~0.15~0.25
		切削速度 v_c/(m·min^{-1})			
铁基高温合金	退火或固溶处理	40~45~55	40~45~55	35~40~45	35~45~50
	时效处理或时效+固溶处理	20~30~40	20~30~35	25~30~35	25~30~35
镍基高温合金	退火或固溶处理	40~45~55	40~45~50	30~35~45	35~40~50
	时效处理或时效+固溶处理	25~30~35	20~25~30	20~25~30	20~25~30
	铸造或铸造+时效处理	30~35~40	25~30~35	25~30~35	25~30~35
钴基高温合金	退火或固溶处理	15~20~25	15~20~25	15~20~25	15~20~25
	时效处理或固溶处理	10~15~20	10~15~20	10~15~20	10~15~20
	铸造或铸造+时效处理	10~10~15	15~20	10~10~15	10~15

在用硬质合金钻头钻削不锈钢材料时,其每齿进给量、切削速度见表 1-17。

表 1-17 硬质合金钻头钻削不锈钢材料的切削参数

零件材料	布氏硬度 /HB	切削速度 v_c / (m·min^{-1})	钻头直径 D/mm			
			>3~6	>6~10	>10~14	>14~20
			每齿进给量 f_z/mm			
马氏体-铁素体不锈钢	200	28~48	0.08~0.14	0.1~0.22	0.14~0.28	0.16~0.3
	330	21~36	0.08~0.1	0.08~0.14	0.1~0.18	0.12~0.2
马氏体不锈钢	200	28~48	0.08~0.14	0.1~0.22	0.14~0.28	0.16~0.3
	330	21~36	0.08~0.1	0.08~0.14	0.1~0.18	0.12~0.2
奥氏体不锈钢	180	28~48	0.08~0.14	0.1~0.22	0.14~0.28	0.16~0.3
	200	28~48	0.08~0.14	0.1~0.22	0.14~0.28	0.16~0.3
	330	21~36	0.08~0.1	0.08~0.14	0.1~0.18	0.12~0.2
沉淀硬化型不锈钢	200	28~48	0.08~0.14	0.1~0.22	0.14~0.28	0.16~0.3
	330	21~36	0.08~0.1	0.08~0.14	0.1~0.18	0.12~0.2

在实体材料上加工孔时,其加工方式及加工余量见表 1-18。

表 1-18 在实体材料上的孔加工方式及加工余量

加工孔的直径 /mm	直径 /mm						
	钻		粗加工		半精加工		精加工(H7、H8)	
	第一次	第二次	粗镗	扩孔	粗铰	半精镗	精铰	精镗
3	2.9	—	—	—	—	—	3	—
4	3.9	—	—	—	—	—	4	—
5	4.8	—	—	—	—	—	5	—
6	5.0	—	—	5.85	—	—	6	—
8	7.0	—	—	7.85	—	—	8	—
10	9.0	—	—	9.85	—	—	10	—

3. 切削加工参数的计算

各工序加工参数的计算如下。

"工序 20 固定右侧,车平端面,粗、精车左侧外轮廓,包括左侧外圆 $\phi 36_{-0.050}^{-0.025}$、圆弧 $R3$、$\phi 50_{+0.08}^{-0.08}$、倒角 $C1$"加工参数的确定。

（1）刀具的选用。零件材料：奥氏体不锈钢；刀具材料及规格：钨钴硬质合金，93°外圆车刀。

（2）参数选取与计算。

工步1：左侧车平端面。

查表1-12，背吃刀量的取值范围0.25~2–0.5~2 mm，取0.3 mm；进给量的取值范围0.05~0.5 mm/r，取0.1 mm/r；切削速度的取值范围55~70 m/min，取57 m/min，由式（1-1）可得主轴转速n：

$$n = \frac{1\,000v_c}{\pi d} = \frac{1\,000 \times 57}{3.14 \times 50} = 363.06 \text{（r/min），取整：} n = 360 \text{ r/min}$$

实际切削速度v_c：

$$v_c = \frac{\pi dn}{1\,000} = \frac{3.14 \times 50 \times 360}{1\,000} = 56.52 \text{（m/min）}$$

工步2：粗车左侧外轮廓。

查表1-11，背吃刀量的取值范围0.25~2–0.5~2–3~10 mm，取0.5 mm；进给量的取值范围0.1~0.3~0.5 mm/r，取0.3 mm/r；切削速度的取值范围70~80~90 m/min，取75 m/min，则主轴转速的计算如下：

$$n = \frac{1\,000v_c}{\pi d} = \frac{1\,000 \times 75}{3.14 \times 50} = 477.71 \text{（r/min），取整：} n = 480 \text{ r/min}$$

实际切削速度v_c：

$$v_c = \frac{\pi dn}{1\,000} = \frac{3.14 \times 50 \times 480}{1\,000} = 75.36 \text{（m/min）}$$

工步3：精车左侧外轮廓。

查表1-11，背吃刀量的取值范围0.25~2–0.5~2–3~10 mm，取0.3 mm；进给量的取值范围0.1~0.3~0.5 mm/r，取0.1 mm/r；切削速度的取值范围70~80~90 m/min，取85 m/min，则主轴转速的计算如下：

$$n = \frac{1\,000v_c}{\pi d} = \frac{1\,000 \times 85}{3.14 \times 36} = 751.95 \text{（r/min），取整：} n = 750 \text{ r/min}$$

实际切削速度v_c：

$$v_c = \frac{\pi dn}{1\,000} = \frac{3.14 \times 36 \times 750}{1\,000} = 84.78 \text{（m/min）}$$

"工序30　掉头，车平端面，控制总长240，粗、精车右侧外轮廓，包括M20底圆（ϕ19.8）长度50 mm、外圆ϕ26、外圆$\phi 36_{-0.050}^{-0.025}$、圆弧$R3$，倒角$C1$"加工参数的确定。

（1）刀具的选用。零件材料：奥氏体不锈钢；刀具材料及规格：钨钴硬质合金，90°外圆车刀。

（2）参数选取与计算。

工步 1：右侧车平端面，控制总长 240 mm。

查表 1-12，背吃刀量的取值范围 0.25~2–0.5~2 mm，取 0.3 mm；进给量的取值范围 0.05~0.5 mm/r，取 0.1 mm/r；切削速度的取值范围 55~70 m/min，取 57 m/min，由式（1-1）可得主轴转速 n：

$$n = \frac{1\,000v_c}{\pi d} = \frac{1\,000 \times 57}{3.14 \times 36} = 504.25 \text{（r/min）}，取整：n = 500 \text{ r/min}$$

实际切削速度 v_c：

$$v_c = \frac{\pi d n}{1\,000} = \frac{3.14 \times 36 \times 500}{1\,000} = 56.52 \text{（m/min）}$$

工步 2：粗车右侧外轮廓。

查表 1-11，背吃刀量的取值范围 0.25~2–0.5~2–3~10 mm，取 0.5 mm；进给量的取值范围 0.1~0.3~0.5 mm/r，取 0.3 mm/r；切削速度的取值范围 70~80~90 m/min，取 75 m/min，则主轴转速的计算如下：

$$n = \frac{1\,000v_c}{\pi d} = \frac{1\,000 \times 75}{3.14 \times 36} = 663.48 \text{（r/min）}，取整：n = 660 \text{ r/min}$$

实际切削速度 v_c：

$$v_c = \frac{\pi d n}{1\,000} = \frac{3.14 \times 36 \times 660}{1\,000} = 74.61 \text{（m/min）}$$

工步 3：精车右侧外轮廓。

查表 1-11，背吃刀量的取值范围 0.25~2–0.5~2–3~10 mm，取 0.3 mm；进给量的取值范围 0.1~0.3~0.5 mm/r，取 0.1 mm/r；切削速度的取值范围 70~80~90 m/min，取 85 m/min，则主轴转速的计算如下：

$$n = \frac{1\,000v_c}{\pi d} = \frac{1\,000 \times 85}{3.14 \times 36} = 751.95 \text{（r/min）}，取整：n = 750 \text{（r/min）}$$

实际切削速度 v_c：

$$v_c = \frac{\pi d n}{1\,000} = \frac{3.14 \times 36 \times 750}{1\,000} = 84.78 \text{（m/min）}$$

"工序 40　车槽，宽为 5 mm，确保外圆尺寸 $\phi 16$" 加工参数的确定。

（1）刀具的选用。零件材料：奥氏体不锈钢；刀具材料及规格：钨钴硬质合金，切槽刀（宽 5）。

（2）参数选取与计算。

查表 1-12，进给量的取值范围 0.05~0.5 mm/r，取 0.2 mm/r；切削速度的取值范围 30~55 m/min，取 43 m/min，由式（1-1）可得主轴转速 n：

$$n = \frac{1\ 000v_c}{\pi d} = \frac{1\ 000 \times 43}{3.14 \times 16} = 855.89\ (\text{r/min}),\ 取整：n = 860\ \text{r/min}$$

实际切削速度 v_c：

$$v_c = \frac{\pi dn}{1\ 000} = \frac{3.14 \times 16 \times 860}{1\ 000} = 43.21\ (\text{m/min})$$

"工序 50　车削螺纹 M20"加工参数的确定。

（1）刀具的选用。零件材料：奥氏体不锈钢；刀具材料及规格：钨钴硬质合金，90°螺纹车刀。

（2）参数选取与计算。车螺纹时主轴转速按下式计算：

$$n \leqslant \frac{1\ 200}{P} - k = \frac{1\ 200}{2.5} - 80 = 400\ (\text{r/min})$$

式中　k——保险系数，一般取 80。

"工序 60　粗、精铣 22 mm × 22 mm 的 4 个平面"加工参数的确定。

（1）刀具的选用。零件材料：奥氏体不锈钢；刀具材料及规格：钨钴硬质合金，立铣刀 $\phi 10$，3 齿。

（2）参数选取与计算。

工步 1：粗铣 22 mm × 22 mm 的 4 个平面。

查表 1-15，背吃刀量的取值范围 0.25~2-0.5~2-3~10 mm，取 1 mm；每齿进给量的取值范围 0.1~0.2~0.4 mm，取 0.3 mm；切削速度的取值范围 80~105~125 m/min，取 85 m/min，由式（1-1）可得主轴转速 n：

$$n = \frac{1\ 000v_c}{\pi d} = \frac{1\ 000 \times 85}{3.14 \times 10} = 2\ 707.01\ (\text{r/min}),\ 取整：n = 2\ 700\ \text{r/min}$$

实际切削速度 v_c：

$$v_c = \frac{\pi dn}{1\ 000} = \frac{3.14 \times 10 \times 2\ 700}{1\ 000} = 84.78\ (\text{m/min})$$

由式（1-2）计算进给速度 F：

$$F = f_z \times z \times n = 0.3 \times 3 \times 2\ 700 = 2\ 430\ (\text{mm/min})$$

工步 2：精铣 22 mm × 22 mm 的 4 个平面。

查表 1-15，背吃刀量的取值范围 0.25~2-0.5~2-3~10 mm，取 0.3 mm；每齿进给量的取值范围 0.1~0.2~0.4 mm，取 0.1 mm；切削速度的取值范围 80~105~125 m/min，取 122 m/min，由式（1-1）可得主轴转速 n：

$$n = \frac{1\ 000v_c}{\pi d} = \frac{1\ 000 \times 122}{3.14 \times 10} = 3\ 885.35\ (\text{r/min}),\ 取整：n = 3\ 900\ \text{r/min}$$

实际切削速度 v_c：

$$v_c = \frac{\pi d n}{1\,000} = \frac{3.14 \times 10 \times 3\,900}{1\,000} = 122.46 \text{ (m/min)}$$

由式（1-2）计算进给速度 F：

$$F = f_z \times z \times n = 0.1 \times 3 \times 3\,900 = 1\,170 \text{ (mm/min)}$$

"工序70 粗、精铣键槽，长 32 mm × 宽 16 mm × 深 8 mm" 加工参数的确定。

（1）刀具的选用。零件材料：奥氏体不锈钢；刀具材料及规格：钨钴硬质合金，键槽铣刀 $\phi14$，3齿。

（2）参数选取与计算。

工步1：粗铣键槽。

查表 1-15，背吃刀量的取值范围 0.25~2–0.5~2–3~10 mm，取 2 mm；每齿进给量的取值范围 0.1~0.2~0.4 mm，取 0.1 mm；切削速度的取值范围 80~105~125 m/min，取 85 m/min，由式（1-1）可得主轴转速 n：

$$n = \frac{1\,000 v_c}{\pi d} = \frac{1\,000 \times 85}{3.14 \times 14} = 1\,933.58 \text{ (r/min)}，取整：n = 1\,950 \text{ r/min}$$

实际切削速度 v_c：

$$v_c = \frac{\pi d n}{1\,000} = \frac{3.14 \times 14 \times 1\,950}{1\,000} = 85.72 \text{ (m/min)}$$

由式（1-2）计算进给速度 F：

$$F = f_z \times z \times n = 0.1 \times 3 \times 1\,950 = 585 \text{ (mm/min)}$$

工步2：精铣键槽。

查表 1-15，背吃刀量的取值范围 0.25~2–0.5~2–3~10 mm，取 0.3 mm；每齿进给量的取值范围 0.1~0.2~0.4 mm，取 0.1 mm；切削速度的取值范围 80~105~125 m/min，取 85 m/min，由式（1-1）可得主轴转速 n：

$$n = \frac{1\,000 v_c}{\pi d} = \frac{1\,000 \times 85}{3.14 \times 14} = 1\,933.58 \text{ (r/min)}，取整：n = 1\,950 \text{ r/min}$$

实际切削速度 v_c：

$$v_c = \frac{\pi d n}{1\,000} = \frac{3.14 \times 14 \times 1\,950}{1\,000} = 85.72 \text{ (m/min)}$$

由式（1-2）计算进给速度 F：

$$F = f_z \times z \times n = 0.1 \times 3 \times 1\,950 = 585 \text{ (mm/min)}$$

"工序80 钻孔 $\phi6$，深度 3 mm" 加工参数的确定。

（1）刀具的选用。零件材料：奥氏体不锈钢；刀具材料及规格：钨钴硬质合金，麻花钻$\phi6$，3齿。

（2）参数选取与计算。查表1-16，每齿进给量的取值范围0.1~0.2 mm，取0.1 mm；切削速度的取值范围28~48 m/min，取30 m/min，由式（1-1）可得主轴转速n：

$$n = \frac{1\,000v_c}{\pi d} = \frac{1\,000 \times 30}{3.14 \times 6} = 1\,592.36\,(\text{r/min})，取整：n = 1\,600\,\text{r/min}$$

实际切削速度v_c：

$$v_c = \frac{\pi dn}{1\,000} = \frac{3.14 \times 6 \times 1\,600}{1\,000} = 30.14\,(\text{m/min})$$

由式（1-2）计算进给速度F：

$$F = f_z \times z \times n = 0.1 \times 3 \times 1\,600 = 480\,(\text{mm/min})$$

任务四　无人机输出轴零件工艺路线单与工序卡的设计

工艺路线单与工序卡设计得是否合理，对零件加工顺利开展、质量保证、效率提升及生产现场管理等有着至关重要的作用。

■ 一、工艺路线单的设计

1. 工艺路线单的基本结构

工艺路线单的基本内容应包括零件（产品）名称、材料、加工工种名称、工序内容、所用设备及夹具等相关内容。机械加工工艺路线单见表1-19。

可通过扫描二维码查看、下载本表，便于其他项目填写。

表1-19　机械加工工艺路线单

机械加工工艺路线单					
零件名称		零件材料		零件图号	
毛坯规格		产品名称		生产车间	
工序号	工种	工序内容		夹具	设备名称及型号

续表

工序号	工种	工序内容	夹具	设备名称及型号

| 编制 | | 审核 | | 批准 | | 日期 | | 第 页 | 共 页 |

2. 无人机输出轴零件的工艺路线单

根据工艺路线单的基本内容并结合无人机输出轴零件的加工工艺要求，其工艺路线单见表 1-20。

表 1-20　无人机输出轴零件工艺路线单（已填写的样本）

机械加工工艺路线单					
零件名称	无人机输出轴	零件材料	奥氏体不锈钢	零件图号	A3
毛坯规格	$\phi 55 \times 245$ mm	产品名称	某型无人机	生产车间	数控
工序号	工种	工序内容	夹具	设备名称及型号	
10	车	固定右侧，车平端面，粗、精车左侧外轮廓，包括左侧外圆 $\phi 36_{-0.050}^{-0.025}$、圆弧 $R3$、$\phi 50_{+0.08}^{-0.08}$，倒角 C1	三爪卡盘	数控车床 CK6140	
20	车	掉头，车平端面，控制总长 240 mm，粗、精车右侧外轮廓，包括 M20 底圆（$\phi 19.8$）长度 50 mm、$\phi 26$、$\phi 36_{-0.050}^{-0.025}$、圆弧 $R3$、倒角 C1	三爪卡盘	数控车床 CK6140	
30	铣	粗、精铣 22 mm × 22 mm 的 4 个平面	机用虎钳	数控铣床 VMC850	
40	铣	粗、精铣键槽，长 32 mm× 宽 16 mm× 深 8 mm	机用虎钳	数控铣床 VMC850	
50	铣	钻孔 $\phi 6$，深度 3 mm	专用夹具	钻床	
60	铣	切槽，宽为 5 mm，确保外圆尺寸 $\phi 16$	机用虎钳	数控铣床 VMC850	
70	车	车削螺纹 M20	三爪卡盘	数控车床 CK6140	
80		去毛刺			
90		检验			
100		包装入库			

续表

工序号	工种	工序内容	夹具	设备名称及型号

编制		审核		批准		日期		第　页	共　页

二、工序卡的设计

1. 工序卡的基本结构

工艺路线单设计完成以后，需要对每道工序加工的内容进行具体化，便于指导生产。其内容主要包括工步内容、工艺简图、切削用量、刀具与量具等。设计工序卡表格见表 1-21、表 1-22。

可通过扫描二维码查看、下载本表，便于其他项目填写。

表 1-21　机械加工工序卡（空白页 – 车削）

零件名称		机械加工工序卡	工序号		工序名称	
零件图号						
材料牌号		毛坯状态		机床设备		夹具	

49

续表

工步号	工步内容	刀具	量具	背吃刀量/mm	进给量/(mm·r^{-1})	主轴转速/(r·min^{-1})

编制		审核		批准		日期		第 页	共 页

可通过扫描二维码查看、下载本表，
便于其他项目填写。

表1-22 机械加工工序卡（空白页–铣削）

零件名称		机械加工工序卡		工序号		工序名称	
零件图号							
材料牌号		毛坯状态		机床设备		夹具	

工步号	工步内容	刀具	量具	背吃刀量/mm	进给速度/(mm·r^{-1})	主轴转速/(r·min^{-1})

编制		审核		批准		日期		第 页	共 页

2. 无人机输出轴零件工序卡的填写

根据零件的尺寸、几何公差、表面粗糙度及技术要求,结合工艺方案、工艺简图、参数的选取与计算等,现仅选取两道典型工序(车削、铣削)进行填写示范,其余工序的填写方法相同,具体如下。

可通过扫描二维码查看、下载本表,便于其他项目填写。

(1)"工序20 固定右侧,车平端面,粗、精车左侧,包括左侧外圆 $\phi 36_{-0.050}^{-0.025}$、圆弧 $R3$、$\phi 50_{+0.08}^{-0.08}$、倒角 $C1$"机械加工工序卡(表1-23)。

表1-23 工序20机械加工工序卡(已填写的样本)

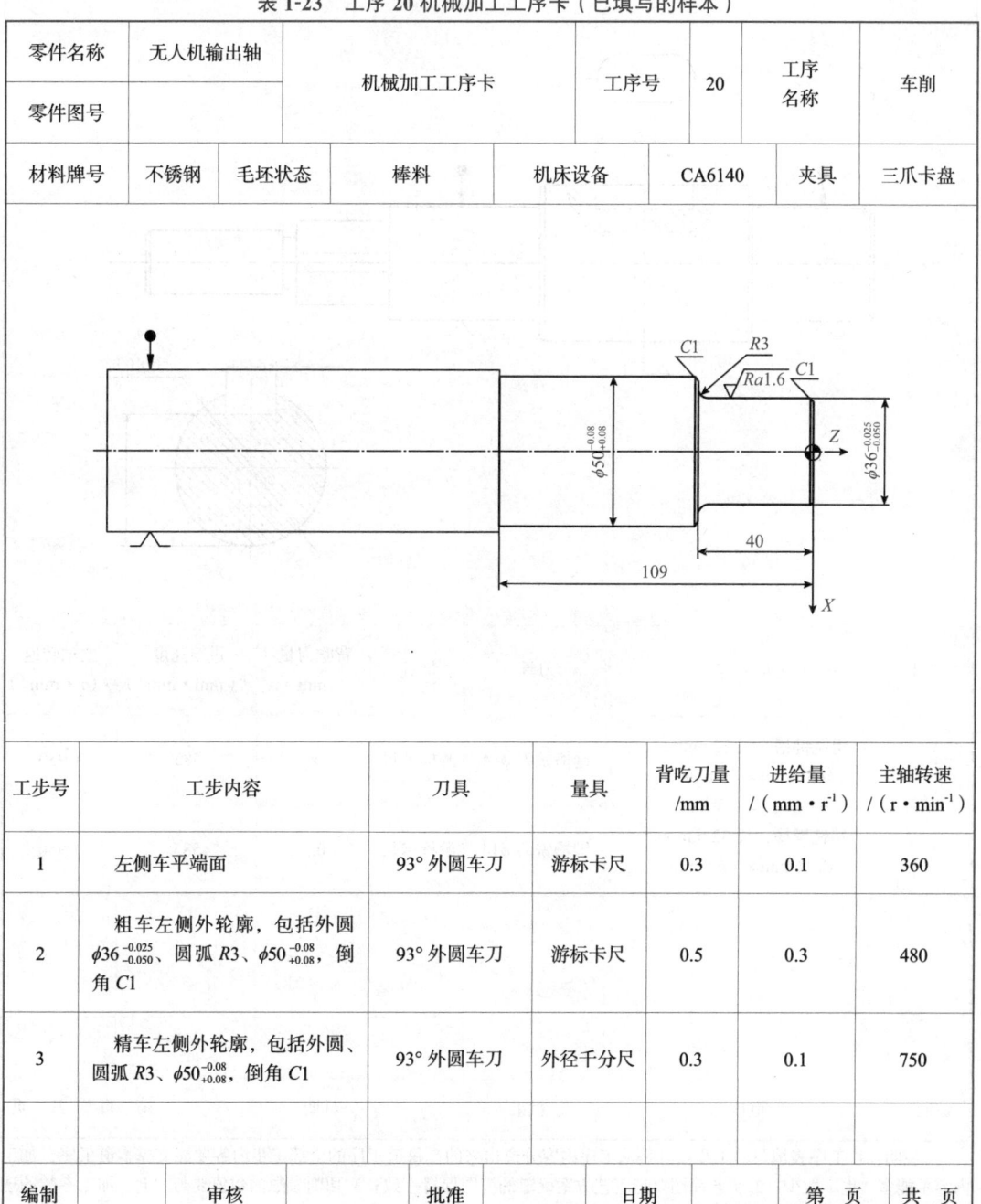

零件名称	无人机输出轴	机械加工工序卡		工序号	20	工序名称	车削
零件图号							
材料牌号	不锈钢	毛坯状态	棒料	机床设备	CA6140	夹具	三爪卡盘

工步号	工步内容	刀具	量具	背吃刀量 /mm	进给量 /(mm·r^{-1})	主轴转速 /(r·min^{-1})
1	左侧车平端面	93°外圆车刀	游标卡尺	0.3	0.1	360
2	粗车左侧外轮廓,包括外圆 $\phi 36_{-0.050}^{-0.025}$、圆弧 $R3$、$\phi 50_{+0.08}^{-0.08}$、倒角 $C1$	93°外圆车刀	游标卡尺	0.5	0.3	480
3	精车左侧外轮廓,包括外圆、圆弧 $R3$、$\phi 50_{+0.08}^{-0.08}$、倒角 $C1$	93°外圆车刀	外径千分尺	0.3	0.1	750
编制		审核		批准		日期		第 页	共 页

（2）"工序70 粗、精铣键槽，长32mm×宽16mm×深8mm"机械加工工序卡（表1-24）。

表1-24 工序70机械加工工序卡（已填写的样本）

零件名称	无人机输出轴	机械加工工序卡		工序号	70	工序名称	铣削
零件图号							
材料牌号	不锈钢	毛坯状态	棒料	机床设备	CA6140	夹具	三爪卡盘

工步号	工步内容	刀具	量具	背吃刀量 /mm	进给速度 /(mm·min^{-1})	主轴转速 /(r·min^{-1})
1	粗铣键槽，长32 mm× 宽16 mm×深8 mm	键槽铣刀ϕ14	游标卡尺	2	585	1 950
2	精铣键槽，长32 mm× 宽16 mm×深8 mm	键槽铣刀ϕ14	游标卡尺	0.3	585	1 950
编制		审核		批准		日期	第 页 共 页

说明：1.工序表填写的工步内容是从工序内容分离出来的，每道工序的全部工步内容要能支撑本道工序，加工内容不能多，也不能少；2.工艺简图要与工艺方案确定的简图保持一致；3.切削参数的数值要与"七、加工参数的选取与计算"相应工序中对应工步的参数内容保持一致。

【项目总结】

通过对无人机输出轴零件的功能、结构、尺寸及技术要求分析，确定了零件的加工工艺方案，并通过毛坯的确定、机床的选择、刀具的选用、参数的计算及工艺路线与工序卡的设计等工艺流程完成了无人机输出轴零件的机械加工工艺项目的学习。

本项目的训练，为后续学习类似叶盘、叶片类零件的多轴加工奠定了良好的知识、技能与素养基础。

【项目拓展】

某传动轴零件如图 1-63 所示，已知材料为镍基高温合金，试根据任务中的相关要求，完成零件的多轴加工工艺设计。

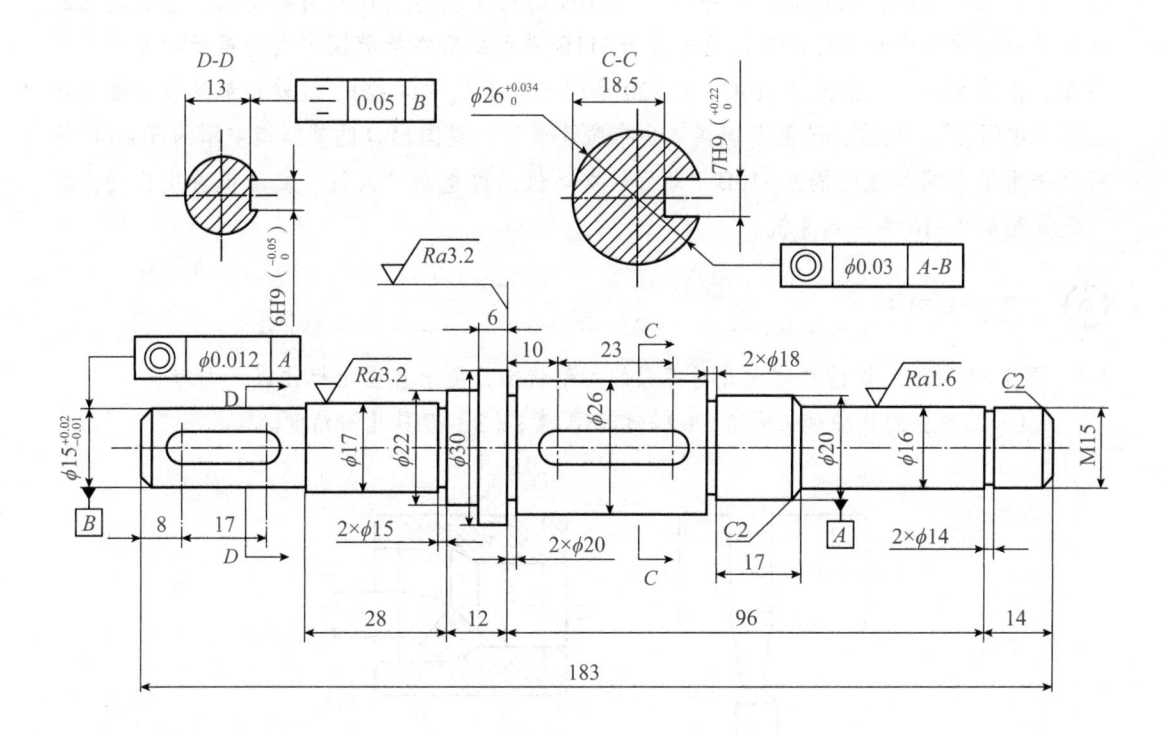

技术要求：
1. 未注倒角为C1，未注公差按GB/T 1804-m级处理；
2. 调质处理硬度为200~250 HB；
3. 去毛刺，表面不得有刮伤、碰伤等。

图 1-63　某传动轴零件图

【知识拓展】

战鹰新动力　强大"中国心"

2021年9月在广东省珠海市举办的第十三届中国国际航空航天博览会中,换装国产航空发动机的歼-20首次公开亮相,并进行了飞行表演,在航展发布会上,空军发言人确认歼-20已经用上"中国心"。本次航空航天博览会中,除国产战斗机集体换上了"中国心"外,国产大型军用运输机"运-20"也换装了国产航空发动机。"运-20"总设计师唐长红就曾宣布,"运-20"已经有两款自主研发的发动机,而且试飞进展比较顺利。换装"中国心"之后,"运-20"的能力将更加强大。

2022年3月,南部战区海军航空兵某旅在南海海域连续展开空战、攻防、低空突击等课目的飞行训练,执行此次任务的歼-11BH的发动机尾喷口有明显变化,显然是已经换装了全新的国产太行发动机,这也是歼-11B系列战机在换装国产发动机后的首次公开亮相。在过去一年,首批歼-10C、歼-20等国产战机及"运-20"运输机都陆续被曝光换上了"中国心"。此前,巴基斯坦媒体公布照片显示,我国出口巴基斯坦空军的歼-10C战机也采用了中国制造的涡扇-10B"太行"发动机,这也是"太行"发动机首次公开,并已批量配备歼-10系列战斗机。

【课后练习】

1-1　图1-64所示为切槽和车内孔时刀具的切削状态,要求在图上标注以下内容。
　　(1)工件上的几种加工表面;(2)切削要素;(3)刀具几何角度。

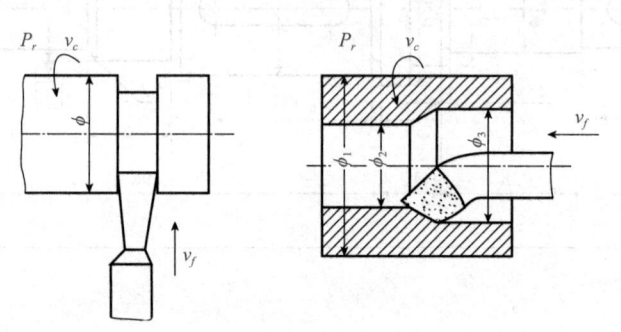

图1-64　练习题1-1

1-2　常用的刀具材料有哪几种?各有何特点?
1-3　试简述前角和主偏角对切削力、切削温度的影响。
1-4　试比较a_p、f对切削力、切削温度的影响。
1-5　什么是刀具的合理几何参数?选择时应考虑哪些因素?
1-6　试说明λ_o、a_o的作用及其选择方法。

1-7　切削液有哪些作用？加工中如何合理选择切削液？

1-8　试简述外圆加工、内孔加工、平面加工的主要方法及特点。

1-9　试说明以下公式中 n、v_c、d 的含义，以及在粗、精加工时如何选取。

$$n = \frac{1\,000 v_c}{\pi d}$$

1-10　用主偏角为 60° 车刀车削外圆，工件加工前直径为 100 mm，加工后直径为 95 mm，工件转速为 500 r/min，车刀的进给速度为 50 mm/min，试求切削速度、进给量、背吃刀量、切削厚度、切削宽度和切削面积。

项目二 02 鼓筒轴零件的机械加工工艺

【知识目标】

1. 掌握典型航空复杂轴类零件车削加工工艺的设计。
2. 熟悉鼓筒轴零件加工机床及刀具的选用方法。
3. 掌握航空鼓筒轴零件车削加工参数的确定与计算。

【能力目标】

1. 能设计典型航空复杂轴类零件车削加工工艺。
2. 能合理选择加工鼓筒轴零件的机床与刀具。
3. 能合理确定并计算多轴零件加工参数。

【素质目标】

1. 具有团队协作、交流沟通能力。
2. 具有航空制造自信的精神动力。
3. 具有注重规范、严谨细致的工作作风。

【项目导读】

涡轮轴发动机的基本组成与应用

涡轮轴发动机（Turbo Shaft Engine）是涡轮燃气发动机的一种。在结构上，涡轮轴发动机与涡轮风扇发动机一样，也有进气道、压气机、燃烧室和尾喷管等燃气发生器等基本结构，但它一般都装有自由涡轮（不带动压气机，专为输出功率用的涡轮），主要用在直升机和垂直/短距起落飞机上。如图2-1所示，前面的两级普通涡轮带动压气机，维持发动机工作，后面的两级是自由涡轮，燃气在涡轮中做功，涡轮通过传动轴带动直升机的旋翼旋转，使直升机升空飞行。

与直升机常用的另一种动力装置——活塞发动机相比，涡轮轴发动机的功率重量比要大得多，一般在2.5以上；而且就功率来说，涡轮轴发动机也大得多，目前使用中的涡轮轴发动机所产生的功率，最高为6 000~10 000马力，而活塞发动机则相差甚远。

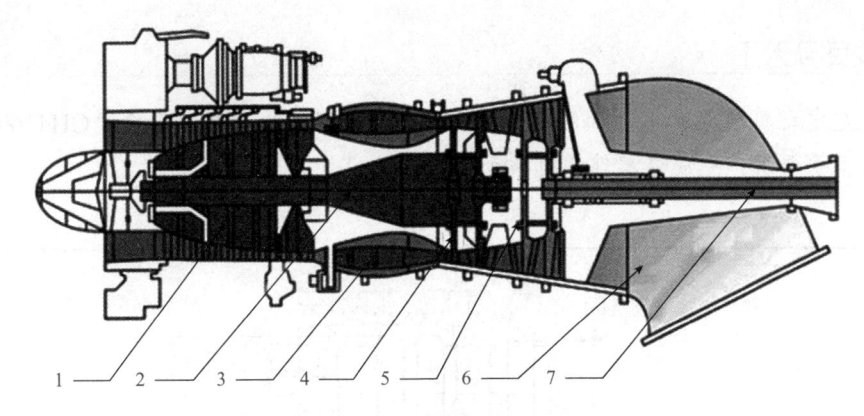

图 2-1 涡轮轴航空发动机基本结构
1—进气道；2—压气机；3—燃烧室；4—普通涡轮；5—自由动力涡轮；6—排气口；7—输出轴

涡轮轴发动机是目前民用、军用直升机的主要核心部件之一，而直升机广泛的应用市场对涡轮轴发动机的需求产生着深远的影响。直升机在民用市场的主要应用如下。

（1）航行。自问世以来，直升机在民用领域获得越来越多的应用。1953年，比利时开辟了世界上第一条直升机国际航线。后来其他国家在一些大城市的机场之间建立了直升机航班，如英国伦敦的希思罗机场和盖特威克机场，日本东京的成田国际机场和羽田机场。

（2）勘探。民用直升机的另一次大发展是围绕开发北海油田展开的，英国、荷兰、挪威有多家直升机公司为北海的油气田探测、海上钻井平台提供后勤服务，运输人员和物资。

自1978年起，我国为适应渤海、黄海、东海和南海等海域开发石油资源的需要，利用直升机提供近海服务，用以向钻井船、钻井平台运送急需物资、技术人员和急救伤病员，接送钻井工人上下班等。

在进行陆上油田和天然气的开发中，地面交通运输工具难以到达的、地形复杂的地区或偏僻地区，利用直升机就可不必开路筑桥和修建铁路，因而可大大节省时间和经费；在海上开发作业中，直升机的速度比船只快、受海况影响小；直升机适合完成人员运输和后勤支援；运送供给品和急需设备及紧急救援；抢救危急伤病人员；当钻井平台一旦起火，可立即搭乘直升机前去灭火等。

（3）农业。据2022年中国国际农机展览会上消息，无人直升机在农业上获得越来越广泛的推广应用。例如，国内由南京国际无人机公司自主研发的螺旋桨植保无人直升机，其发动机采用两冲程水冷航空发动机，该型无人直升机可对农作物进行喷洒、施肥、播种等农业生产；国外雅马哈无人直升机在精准农业上的应用等。

（4）其他。直升机的应用领域还有地质勘探、水电建设、渔汛侦察、交通管理、观光旅游、抢险救灾、新闻采集、影视制作、环境监测、治安巡逻、公安执法等。

【项目导入】

某航空发动机鼓筒轴零件如图 2-2 所示，已知材料为镍基高温合金（GH4169），试根据任务的相关要求，完成该零件的机械加工工艺的设计。

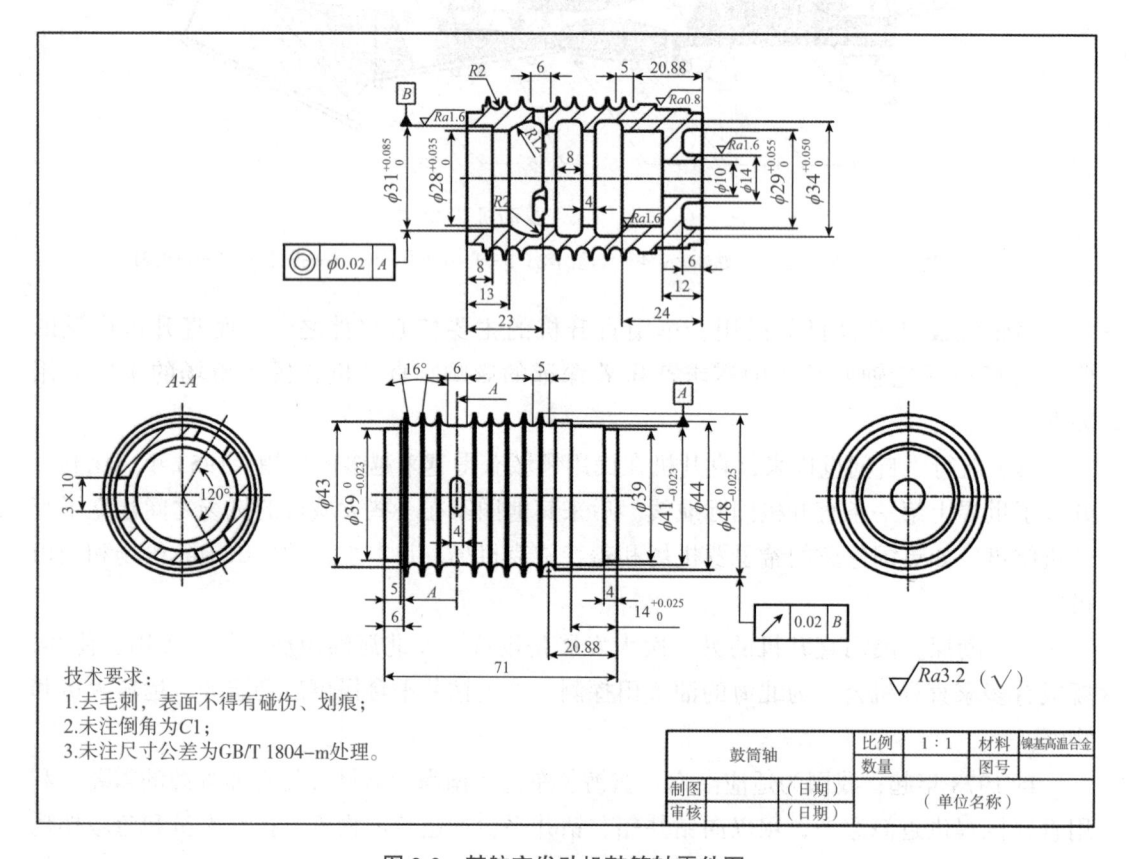

图 2-2 某航空发动机鼓筒轴零件图

【项目实施】

要完成以上航空发动机鼓筒轴零件的机械加工，为确保零件的加工质量，应严格设计其加工工艺。航空发动机鼓筒轴零件加工的流程如下。

零件的分析 → 加工工艺方案的确定 → 加工工艺规程的设计 → 工艺路线单与工序卡的设计

项目实施按照如下四个任务进行。

任务一　鼓筒轴零件的分析

一、零件的功能与结构分析

鼓筒轴是航空发动机连接压气机叶轮和高压涡轮的转动零件并与之一起回转以传递运动、扭矩的机械零件。鼓筒轴零件主要为回转体，轴上有外圆、内孔、径向槽、封严篦齿、圆弧端齿、连接孔等特征。

二、零件的精度分析

查表 1-1 可知，篦齿外圆 $\phi 48_{-0.025}^{0}$ 的尺寸精度为 IT7 级，右侧外圆 $\phi 41_{-0.023}^{0}$ 的尺寸精度处于 IT6~IT7 级，靠近 IT7 级，并且表面粗糙度 Ra 值要求为 0.8 μm；左侧外圆 $\phi 39_{-0.023}^{0}$ 的尺寸精度处于 IT6~IT7 级，靠近 IT7 级；内孔 $\phi 34_{0}^{+0.050}$ 尺寸精度等级处于 IT8~IT9 级；右侧面内孔 $\phi 29_{0}^{+0.055}$ 尺寸精度等级处于 IT8~IT9 级；左侧面内孔 $\phi 31_{0}^{+0.050}$ 尺寸精度等级处于 IT8~IT9 级；左侧内孔 $\phi 28_{0}^{+0.035}$ 尺寸精度等级处于 IT8~IT9 级，靠近 IT8 级。

内孔 $\phi 31_{0}^{+0.050}$ 的中心线相对于外圆 $\phi 41_{-0.023}^{0}$ 中心基准的同轴度为 $\phi 0.02$ mm；篦齿外圆 $\phi 48_{-0.025}^{0}$ 相对于 $\phi 31_{0}^{+0.050}$ 中心基准的跳动度为 0.02 mm。外圆 $\phi 41_{-0.023}^{0}$、内孔 $\phi 31_{0}^{+0.050}$ 的表面粗糙度 Ra 值要求分别为 0.8 μm、1.6 μm，未注表面粗糙度 Ra 值要求为 3.2 μm。

三、零件的工艺性分析

为保证配合面的高尺寸精度、高形状位置要求、高表面粗糙度要求，要特别关注以下几点。

（1）保证篦齿的同轴度和圆度，尽量工序集中。
（2）保证端齿的平行度和基准的配合要求，内孔加工后的壁厚差要求。
（3）注意特殊表面的加工，如两端的圆弧端齿和封严篦齿。

鼓筒轴结构复杂，成型困难，对圆柱度和同轴度有很高的要求。加工时要注意工艺系统的刚性，加工时采用一夹一顶。在加工过程中，特别是热处理后要修正变形。其工艺特点如下。

（1）配合表面多，尺寸精度要求高，形状位置要求高。
（2）结构复杂，有篦齿、槽、孔、圆弧端齿的结构。
（3）有较深的内孔结构。
（4）材料难加工。

鼓筒轴零件主要包括外圆柱面、内圆柱面、内孔型面、腰形槽、扁槽、孔、篦齿和圆弧端齿等形状特征。各个表面应根据精度要求和表面粗糙度要求来选择加工方法，确定加工方案。

鼓筒轴零件以回转体为主，主要结构为外圆柱面 $\phi39$、$\phi41_{-0.023}^{0}$、$\phi44$、$\phi48_{-0.025}^{0}$ 等，内孔 $\phi34_{0}^{+0.050}$、$\phi28_{0}^{+0.035}$、$\phi31_{0}^{+0.050}$，通孔 $\phi10$，侧面孔 $\phi14 \sim \phi29_{0}^{+0.055}$，$R2$ 圆弧等。以上结构可采用车削加工工艺实现，因有尺寸精度、表面粗糙度要求，其车削加工工艺可采用"粗车－精车"或"粗车－半精车－精车"加工工艺；3 个腰形槽可采用铣削加工工艺实现，其铣削加工工艺应采用"粗铣－精铣"加工工艺。

任务二　鼓筒轴零件加工工艺方案的确定

一、加工工艺方案的确定

根据鼓筒轴零件的结构特点、技术要求、尺寸精度、几何精度和表面粗糙度等要求条件，编制该零件的机械加工工艺方案。对于内、外表面的回旋表面（包括内外的圆柱表面、内孔型面），选择数控车床进行加工；采用数控铣削加工腰形孔和扁槽；采用钻、扩加工轴向孔；采用数控车削、磨削加工（喷涂后）篦齿；齿采用专用磨床磨削加工圆弧端齿。机械加工工艺方案参考如下。

工序 10　备料 $\phi54 \times 75$ mm。

工序 20　调质热处理，HB200~220。

工序 30　钻通孔 $\phi10$。

工序 40　车平右端面，粗、精车右侧外圆 $\phi39$、$\phi41_{-0.023}^{0}$、$\phi44$、$\phi48_{-0.025}^{0}$，控制外圆加工到的长度为 50 mm。

工序 50　粗、精车右侧型腔 $\phi14 \sim \phi29_{0}^{+0.055}$ 的区域及圆角 $R2$。

工序 60　粗、精车右侧篦齿。

工序 70　调头，车平左端面，控制总长 71 mm，粗、精车左侧外圆 $\phi39_{-0.023}^{0}$、$\phi43$、$\phi48_{-0.025}^{0}$。

工序 80　粗、精车左侧篦齿。

工序 90　粗、精车内孔 $\phi31_{0}^{+0.050}$、$\phi28_{0}^{+0.035}$，圆弧 $R12$、$R2$ 及两个凹槽 $\phi34_{0}^{+0.050}$ 宽度为 8 mm。

工序 100　粗、精铣 3 个通孔腰形槽，长度 10 mm × 宽度 4 mm。

工序 110　去毛刺。

工序 120　超声波清洗。

工序 130　荧光检验。

工序 140　清洗。

工序 150　包装。

二、工序简图的绘制

按照以上工序的安排，鼓筒轴零件加工工序内容及其简图如图 2-3~图 2-11 所示。

工序 10　备料 $\phi 54 \times 75$ mm（图 2-3）。
工序 20　调质热处理，HB200~220。
工序 30　钻通孔 $\phi 10$（图 2-4）。

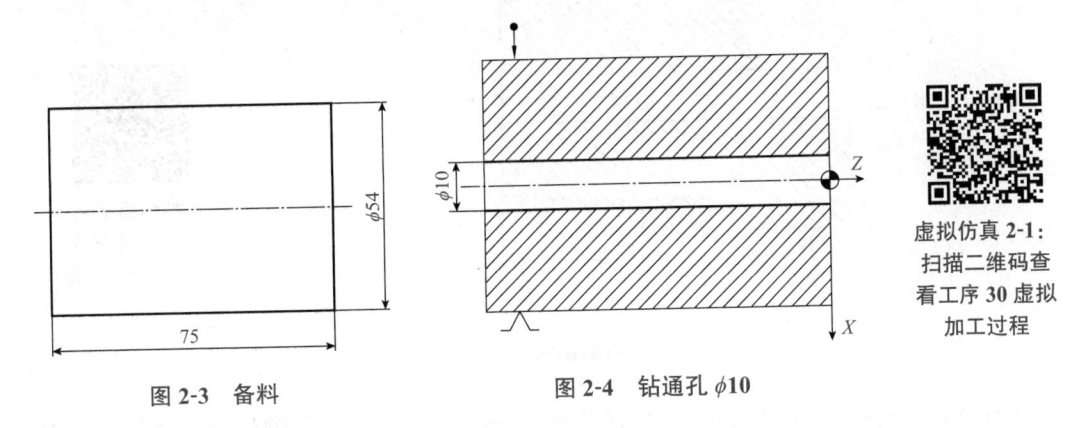

图 2-3　备料

图 2-4　钻通孔 $\phi 10$

虚拟仿真 2-1：
扫描二维码查看工序 30 虚拟加工过程

工序 40　车平右端面，粗、精车右侧外圆 $\phi 39$、$\phi 41_{-0.023}^{0}$、$\phi 44$、$\phi 48_{-0.025}^{0}$，控制外圆加工到的长度 50 mm（图 2-5）。

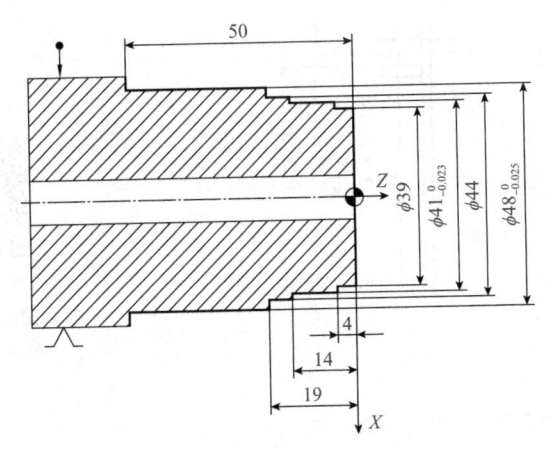

图 2-5　车平右端面及粗、精车右侧外圆

虚拟仿真 2-2：
扫描二维码查看工序 40 虚拟加工过程

工序 50　粗、精车右侧型腔 $\phi 14$~$\phi 29_{0}^{+0.055}$ 的区域及圆角 R2（图 2-6）。

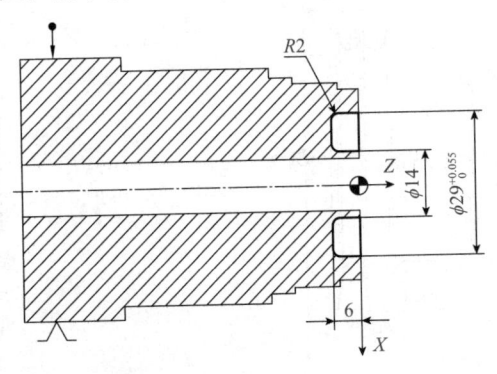

图 2-6　粗、精车右侧型腔

虚拟仿真 2-3：
扫描二维码查看工序 50 虚拟加工过程

61

工序 60　粗、精车右侧篦齿（图 2-7）。

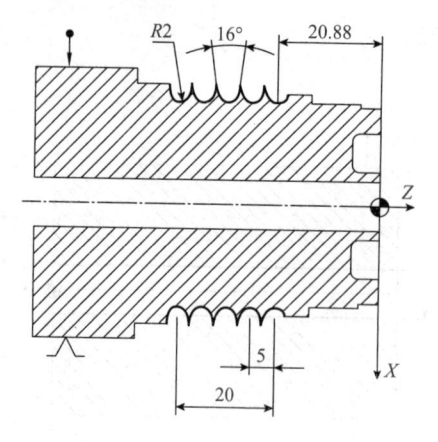

图 2-7　粗、精车右侧篦齿

虚拟仿真 2-4：扫描二维码查看工序 60 虚拟加工过程

工序 70　调头，车平左端面，控制总长 71 mm，粗、精车左侧外圆 $\phi 39_{-0.023}^{\ 0}$、$\phi 43$、$\phi 48_{-0.025}^{\ 0}$（图 2-8）。

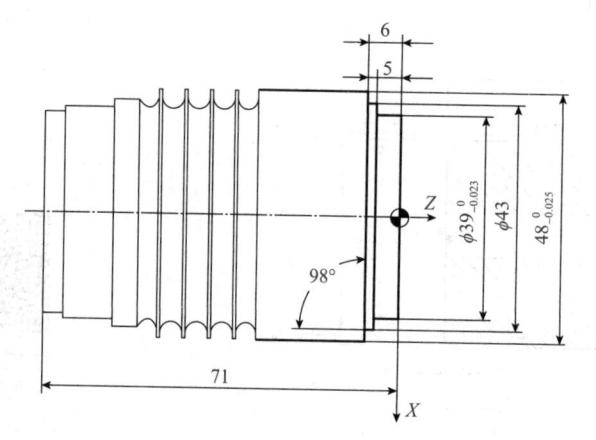

图 2-8　车平左端面及粗、精车左侧外圆

虚拟仿真 2-5：扫描二维码查看工序 70 虚拟加工过程

工序 80　粗、精车左侧篦齿（图 2-9）。

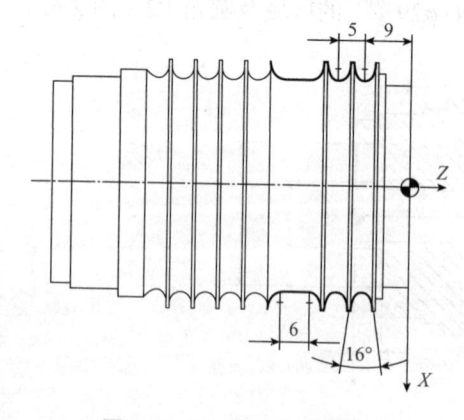

图 2-9　粗、精车左侧篦齿

虚拟仿真 2-6：扫描二维码查看工序 80 虚拟加工过程

工序 90　粗、精车内孔 $\phi31_{\ 0}^{+0.050}$、$\phi28_{\ 0}^{+0.035}$，圆弧 $R12$、$R2$ 及两个凹槽 $\phi34_{\ 0}^{+0.050}$ 宽度为 8 mm（图 2-10）。

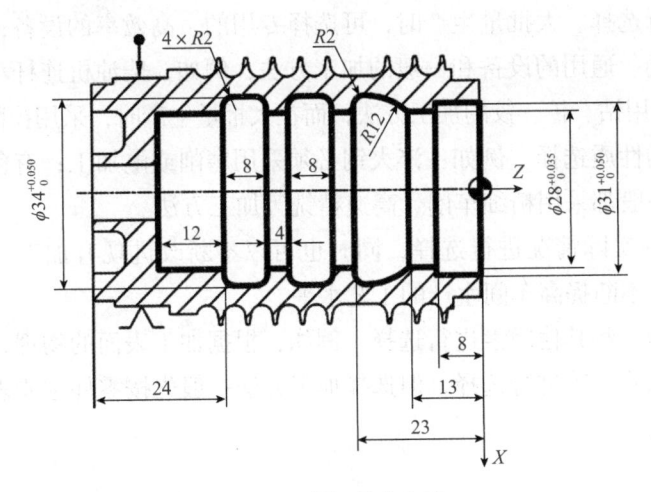

图 2-10　粗、精车内孔

虚拟仿真 2-7：扫描二维码查看工序 90 虚拟加工过程

工序 100　粗、精铣 3 个通孔腰形槽，长度 10 mm × 宽度 4 mm（图 2-11）。

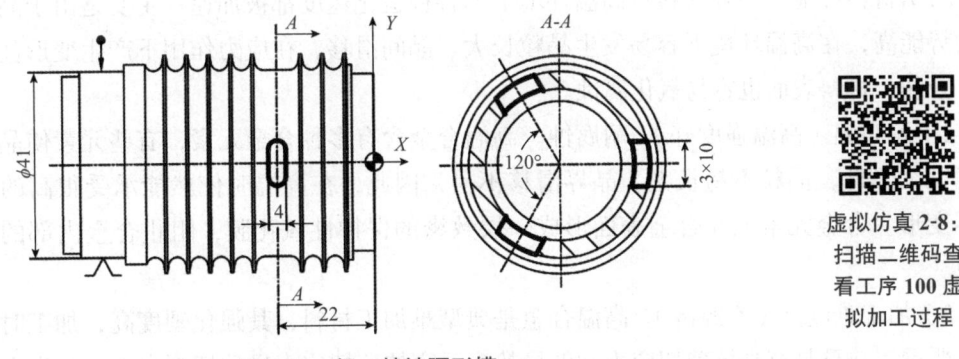

图 2-11　粗、精铣腰形槽

虚拟仿真 2-8：扫描二维码查看工序 100 虚拟加工过程

工序 110　去毛刺。
工序 120　超声波清洗。
工序 130　荧光检验。
工序 140　清洗。
工序 150　包装。

任务三　鼓筒轴零件加工工艺规程的设计

一、加工方法的选择需考虑的因素

加工方法的选取，例如：采用何种加工方法、加工频次、通用设备加工还是专用设备加工、车削加工还是铣削加工等的合理选取，要充分考虑以下因素。

（1）根据加工表面的精度和表面质量要求，选择加工方法，以及加工频次等。

（2）根据生产类型进行选择。大批量生产时，可选择专用的、高效率的设备；单件小批量生产时，可选择常用的、通用的设备和一般的加工方法，例如，柴油机连杆小头孔的加工，在小批量生产时，采用钻、扩、铰的加工方法，而在大批量生产时，采用拉削加工。

（3）根据被加工材料的性质选择。例如：淬火钢必须采用磨削或电加工；有色金属由于磨削时容易堵塞砂轮，一般都采用精细车削、高速精铣等加工方法。

（4）根据工厂或车间的实际情况进行选择，同时也可以不断改进现有加工方法和设备，推广新技术、新工艺，不断提高车间生产的工艺水平。

（5）此外，还可以根据一些其他因素进行选择。例如，根据加工表面的物理、机械性能的特殊要求、工件形状和质量等进行选择，但选择加工方法一般先按零件主要表面的技术要求选定最终的加工方法。

二、鼓筒轴零件常用材料

（1）材料性能。一般材料在高温环境下的各种退化速度都被加速。主要是由于晶体之间的势能高，在高温环境下容易发生晶粒长大、晶间滑移，在应力作用下产生变形甚至裂纹、开裂，材料表面也容易氧化腐蚀。

1）耐高温（高温强度好）、耐腐蚀。高温合金含有多种合金元素，有些元素使晶界的势能大大降低，晶粒不易长大，晶界滑移不易，因此，在高温时依然能承受很高的应力而不变形。合金元素能在合金表面形成一层致密的保护性氧化膜，阻止合金内部的氧化腐蚀。

2）加工难度高（不经济）。高温合金是典型难加工材料，其强化硬度高，加工时硬化现象严重，并且具有高抗剪切应力和低导热率。高抗剪切应力导致切削力大，产生更多的切削热，而低的导热率又进一步提高了切削区域的切削温度，在加工过程中经常出现加工表面质量低、刀具破损非常严重等问题。在一般切削条件下，高温合金表层会产生硬化层、残余应力、白层、黑层、晶粒变形层等问题。

（2）强化工艺。

1）固溶强化。固溶强化是合金元素固溶于基体金属中，造成一定程度的晶格畸变，从而使合金强度提高的现象。融入固溶体中的溶质原子造成晶格畸变，晶格畸变增大了位错运动的阻力，使滑移难以进行，从而使合金固溶体的强度与硬度增加。这种通过融入某种溶质元素来形成固溶体而使金属强化的现象称为固溶强化。

高温合金中加入与基体金属原子尺寸不同的元素（铬、钨、钼等）引起基体金属点阵的畸变，加入能降低合金基体堆垛层错能的元素（如钴）以降低晶界滑移，加入能减缓元素扩散速率的元素（钨、钼等）以强化固溶效果。

2）沉淀强化。通过时效处理，从过饱和固溶体中析出第二相（γ'、γ''、碳化物等），以强化合金。γ'相与基体相同，均为面心立方结构，点阵常数与基体相近，并与晶体共格，因

此 γ' 相在基体中能呈细小颗粒状均匀析出，阻碍位错运动，而产生显著的强化作用。

（3）工程应用。

1）航空航天领域。航空发动机被称为"工业之花"，是航空工业中技术含量最高、难度最大的部件之一。

高温合金是为了满足现代航空发动机对材料的苛刻要求而研制的，至今已成为航空发动机热端部件不可替代的关键材料。在先进的航空发动机中，高温合金用量所占比例已高达 50% 以上。

在航空发动机上，高温合金主要用于燃烧室、涡轮导向叶片、涡轮叶片和涡轮盘四大热段零部件；此外，还用于机匣、环件、加力燃烧室和尾喷口等部件。

2）能源领域。高温合金在能源领域中有着广泛的应用。在煤电用高参数超临界发电锅炉中，过热器和再过热器必须使用抗蠕变性能良好，在蒸汽侧抗氧化性能和在烟气侧抗腐蚀性能优异的高温合金管材；在气电用燃气轮机中，涡轮叶片和导向叶片需要使用抗高温腐蚀性能优良和长期组织稳定的抗热腐蚀高温合金；在核电领域中，蒸汽发生器传热管必须选用抗溶液腐蚀性能良好的高温合金；在煤的气化和节能减排领域，广泛采用抗高温热腐蚀和抗高温磨蚀性能优异的高温合金；在石油和天然气开采，特别是在深井开采中，钻具处于 4~150 ℃ 的酸性环境中，加之 CO_2、H_2S 和泥沙等的存在，必须采用耐蚀、耐磨高温合金。

1. 鼓筒轴材料的认知

（1）鼓筒轴对材料的基本要求。鼓筒轴零件在涡轮轴发动机中连接涡轮和压气机叶轮，起到传动的作用，它的结构为中空结构，两端都有圆弧端齿，分别与涡轮盘和叶轮配合连接。涡轮轴发动机工作时转速高，为 20 000~70 000 r/min。在高转速、变载荷条件下工作，要求零件具有强度高、耐疲劳、缺口敏感性低、耐腐蚀、加工性能良好的特点。具体要求如下：

1）高的屈服强度和强度极限。

2）良好的断裂韧性和低的裂纹扩展速率。

3）良好的高、低周疲劳性能。

4）较小的线膨胀系数和低的缺口敏感性。

5）良好的抗晶间腐蚀性能和耐腐蚀性能。

6）良好的冷、热加工性能。

（2）鼓筒轴常用的材料与特点。航空轴类零件常用的材料主要有不锈钢（如 1Cr11Ni2W2MoV）、结构钢（如 40CrNiMoA）、钛合金（如 TC4）、镍基高温合金（如 GH4169）等（表 2-1）。

由于鼓筒轴的工作温度高，一般常用的材料有钛合金，如 TC4、TC11、TC17 等，还有镍基高温合金（如 GH4169）。随着涡轮轴发动机的工作温度越来越高，现代涡轮轴发动机的鼓筒轴一般以镍基高温合金为主。

本项目采用镍基高温合金（GH4169）材料。

表 2-1 鼓筒轴常用材料及特点

类别	材料牌号	材料特点
钛合金	TC4	钛合金 TC4 的组成为 Ti-6Al-4V，属于（α+β）型钛合金，具有良好的综合力学机械性能，比强度大，但钛合金热导率低，难加工
镍基高温合金	GH4169	镍基高温合金 GH4169 在 650 ℃以下的屈服强度高、塑性好，耐腐蚀性能和抗氧化性能高，在 –253~700 ℃温度下其内部组织性能稳定，该材料在航空发动机上应用最为广泛，但加工性能差，对切削材料的刀具要求高

（3）钛合金的切削特性。钛合金具有强度高、化学活性大、导热系数低、弹性模量小等特点，是典型的难加工材料。其特性如下。

1）切削温度高。钛合金的导热系数很小，约是工业纯钛的一半，是铁的 1/4，是铝的 1/16，小于不锈钢和镍基高温合金。钛合金的导热系数小是其切削温度高的主要原因。

2）切屑与前刀面接触面积小，刀尖应力大。钛合金的切削力虽然只有 45 钢的 2/3~3/4，但是钛合金切屑与前刀面的接触面积更小，只有 45 钢的 1/2~2/3，因此，切削刃承受的应力反而更大，是碳钢的 1.3~1.5 倍，刀尖或切削刃容易磨损甚至损伤。

3）化学活性高。钛合金高温时化学活性很高，能与空气中的氢、氧、氮三种元素发生反应，当温度分别为 300 ℃、500 ℃、600 ℃时，钛合金开始分别强烈吸收氢、氧和氮元素，而这些元素与钛合金化合会生成脆硬层，降低其塑性，并且使切屑与前刀面的接触长度减小，加速刀具磨损；钛合金也容易与刀具材料产生化学作用，或造成刀具材料的扩散，同样也会加速刀具的严重磨损。

4）摩擦系数大，前刀面摩擦速度快。相同条件下，钛合金与刀具材料的摩擦系数大于碳钢，钛合金的切屑变形系数较其他金属材料小，因而钛合金切屑沿前刀面的摩擦速度快，导致摩擦功大，摩擦界面温度高，刀具易磨损。

5）弹性模量小，屈强比大。弹性模量小导致在对工作进行切削过程中已加工表面产生较大的变形回弹，使已加工表面与后刀面接触面积大，摩擦严重。

（4）镍基高温合金的切削特性。镍基高温合金具有优良的高温强度和硬度，加工非常困难，是典型的难加工材料之一。主要表现在以下几个方面。

1）切削力大。镍基高温合金具有高硬度、高强度、原子密度和结合力大、抗断裂韧性强和持久塑性高的特点，在切削过程中切削力大，而且切削力的波动也比切削合金钢要大。

2）切削温度高。镍基高温合金在切削过程中消耗的切削变形功率大，产生的热量多，由于镍基高温合金导热系数小，切削区集中了大量的切削热，形成很高的切削温度。

3）加工硬化倾向大。由于镍基高温合金塑性高、韧性高，强化系数大，在切削力和切削热的作用下产生较大的塑性变形，造成加工硬化；在切削热的作用下，材料吸收周围介质中的氢、氧、氮等元素形成硬脆的表层，给切削带来较大的困难。

4）刀具磨损大。镍基高温合金的切削力大、切削温度高，刀具与切屑之间的摩擦加剧，刀具材料产生亲和作用，加之材料硬质点的存在和严重的加工硬化现象，刀具在切削过程易产生黏结磨损、扩散磨损、磨料磨损、边界磨损和沟纹磨损，使刀具丧失切削能力。

5）切屑难处理。材料的强度高、塑性和韧性大，切削时的切屑呈带头的缠绕切屑。

这样既不安全,又影响切削过程的顺利进行,且不便于处理。

6)切削变形大。镍基高温合金切削在加工过程中切削温度高、塑性大,易产生热变形,因而不易保证精密尺寸和形状。

2. 高温合金的认知与应用

高温合金是指以铁、镍、钴为基,能在600 ℃以上的高温及一定应力作用下长期工作的一类金属材料,具有优异的高温强度、良好的抗氧化和抗热腐蚀性能、良好的疲劳性能、断裂韧性等综合性能,主要应用于航空航天领域和能源领域。高温合金为单一奥氏体组织,在各种温度下具有良好的组织稳定性和使用可靠性。

高温合金的合金化程度较高,又被称为"超合金"。按基体元素来分,高温合金又分为铁基、镍基、钴基等高温合金。铁基高温合金使用温度一般为750~780 ℃,对于在更高温度下使用的耐热部件,则采用镍基和以难熔金属为基的合金。镍基高温合金在整个高温合金领域占有特殊、重要的地位,它广泛地用来制造航空喷气发动机、各种工业燃气轮机最热端部件。

■ 三、鼓筒轴零件毛坯的确定

1. 毛坯的类型

航空发动机轴类零件主要包括高压压气机前轴颈、高压压气机后轴颈、风扇轴颈、整体盘轴结构轴颈、高压涡轮转子轴颈、高压涡轮后轴、涡轮轴、鼓筒轴等。

按照轴的结构特点,可分为薄壁空心长轴、轴颈类轴、鼓筒类轴三种。

鼓筒轴零件离心载荷大而热载荷较小,主要在不是很高的温度下工作,选材相对容易,现代航空发动机鼓筒轴材料一般选用高温合金。

轴类零件的毛坯基本上采用锻造件;批量少的试制件一般采用自由锻或胎模锻毛坯;正式生产大多采用模锻件毛坯。模锻毛坯如图2-12所示。

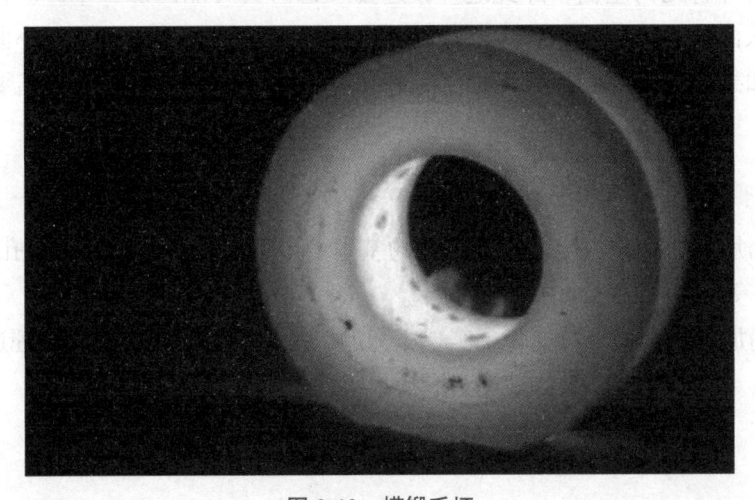

图2-12 模锻毛坯

鼓筒轴毛坯选用模锻件或等温模锻件。锻件毛坯是通过模锻的方法获得的，模锻是指在专用模锻设备上，利用模具使毛坯成型而获得锻件的锻造方法。此方法生产的锻件尺寸精确、加工余量较小、结构比较复杂、生产率高。模锻既可节约材料，又可改善机械加工性能。

2. 鼓筒轴零件毛坯的确定

鼓筒轴零件为鼓筒轴，材料为高温合金（GH4169），可选择锻件毛坯。零件的最大外径ϕ48、最长尺寸71 mm，因此选择毛坯的尺寸规格为ϕ54×75 mm，如图2-13所示。

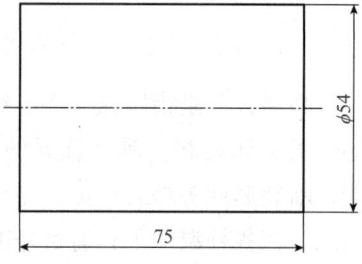

图2-13 鼓筒轴零件毛坯图

■ 四、机床的选择

鼓筒轴零件主要包括外圆柱面、内圆柱面、内孔型面、腰形槽、扁槽、孔、篦齿和圆弧端齿等形状特征。

对于外圆柱面、内孔型面等，粗加工可以选用普通车床或数控车床进行加工；精加工应选择数控车床进行加工。

对于腰形槽、扁槽的铣削，孔的钻、扩加工，可选择数控铣床进行加工；篦齿的磨削可以选用外圆磨床；端齿的磨削加工需采用专用的端齿磨床设备。

■ 五、刀具的选用

整体叶盘零件采用数控铣削加工，其铣刀的选择要考虑诸多因素。选择刀具应根据机床的加工能力、工件的切削性能、切削用量、工序的划分及切削路径的规划等相关因素合理地选取。除要具有优良的切削、断屑、排屑性能外，还要考虑需适应具有凹凸性质的叶盆与叶背几何型面，除此之外，还要考虑刀具可能的加工干涉。首先可根据选择的数控铣床的功率、转速、整体叶盘材料的弹性模量、叶片曲面的最小曲率半径等参数来选择，如果在后续的叶片数控加工过程仿真中发生加工过程干涉就需要加以适当的调整。

1. 车削加工刀具的选用

（1）车削加工的基本内容。车削加工的基本内容主要有车外圆、车内孔、车成型面、车螺纹、钻孔等，基本内容如图2-14所示。

（2）车削加工的常用刀具。为了实现车削加工对应的基本内容，应合理选择相应的车削加工的刀具。常用数控车刀的种类、形状和用途如图2-15所示。

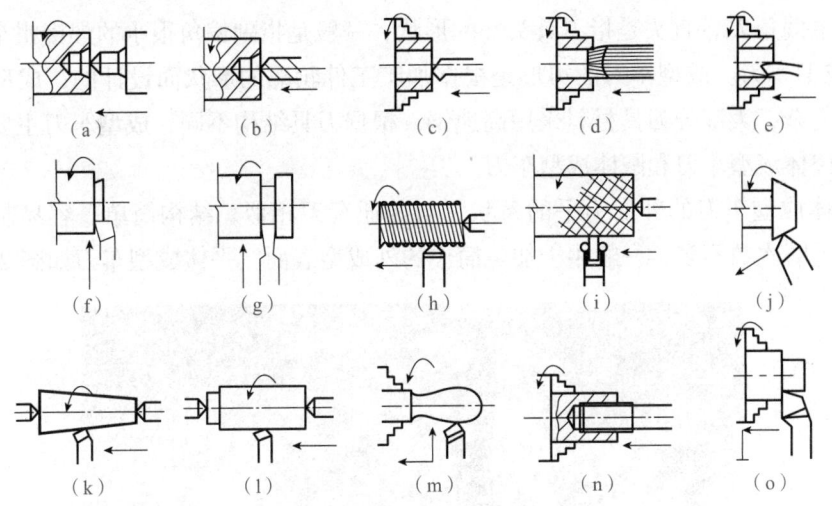

图 2-14 车削加工的基本内容

（a）钻中心孔；（b）钻孔；（c）车内孔；（d）铰孔；（e）车内锥孔；（f）车端面；（g）切断；（h）车外螺纹；（i）滚花；（j）车短外圆锥；（k）车长外圆锥；（l）车外圆；（m）车成型面；（n）攻丝；（o）车台阶

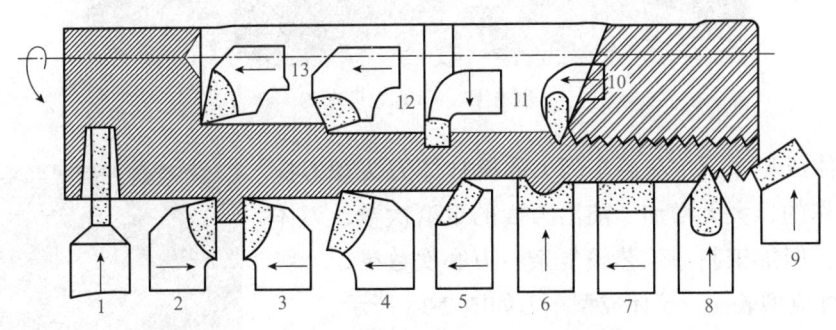

图 2-15 常用数控车刀的种类、形状和用途

1—切断刀；2—左偏刀；3—右偏刀；4—弯头车刀；5—直头车刀；6—成型车刀；7—宽刃精车刀；8—外螺纹车刀；9—端面车刀；10—内螺纹车刀；11—内切槽刀；12—通孔车刀；13—盲孔车刀

（3）车削刀具的基本用途。

1）切断刀。切断刀主要用于外圆的切断或切槽，如图 2-16 所示。

2）左偏刀与右偏刀。

①左偏刀：刀放平时，切削刃在左边。加工时走刀方向，从左向右车削工件外径。

②右偏刀：刀放平时，切削刃在右边。加工时走刀方向，从右向左车削工件外径。

图 2-16 切断刀

3）弯头车刀。弯头车刀主要有内沟槽车刀和 45° 车刀。内沟槽车刀可以在内孔中加工退刀槽、越程槽、内孔等；45° 车刀通用性强，可以车削外圆、内孔、端面、倒角等，且刀头的强度高，可以进行强力车削；缺点是不能清根，且对工件的径向力较大，不适合精车台阶轴或细长轴。

4）直头车刀。直头车刀的刀柄是直的，可配合无角度的刀片。例如，65° 直头车刀是

指刀具的主偏角 K_r，直头是指刀具头部的形状，一般是指副偏角很小的焊接粗车刀。

5）成型车刀。成型车刀的刃形是根据加工工件轮廓的形状而设计的，成型车刀的刃形相对较复杂，大部分刀具材料采用高速钢。根据刀具结构不同，成型车刀主要有平体成型车刀、棱体成型车刀和圆体成型车刀。

①平体成型车刀的外形为平的条状，与普通车刀相似，结构简单、容易制造、成本低，但可重磨次数不多，一般用于加工简单的外成型表面。平体成型车刀如图 2-17 所示。

图 2-17　平体成型车刀

②棱体成型车刀（葫芦车刀）的棱柱体刀头和刀杆是单独制作的，大大增加了前沿刀面的重磨次数，刀体的刚性好，但加工制造工艺较复杂、刃磨次数少，一般用于加工外成型表面。棱体成型车刀如图 2-18 所示。

③圆体成型车刀好似由长长的棱体车刀包在一个圆柱面上而形成的刀体，它磨出了排屑缺口及前刀面，它的重磨次数最多，加工制造比棱体成型车刀容易，可加工内、外成型表面，但是加工精度低于前两种成型车刀。圆体成型车刀如图 2-19 所示。

图 2-18　棱体成型车刀（葫芦车刀）

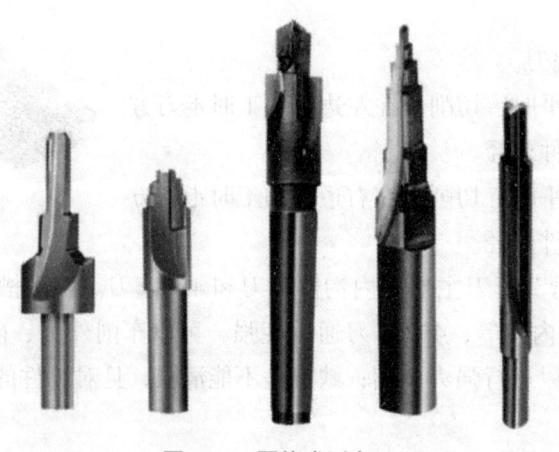

图 2-19　圆体成型车刀

6）宽刃精车刀。宽刃精车刀是用于精加工的车刀，其样式与切断刀相似，但比切断刀要宽，大多用于高速精车，用以降低表面粗糙度的数值，使零件的表面更光滑。

7）外螺纹车刀与内螺纹车刀。外螺纹车刀的形状为直形60°尖刀角（图2-20）；内螺纹车刀为90°直角弯曲形状。

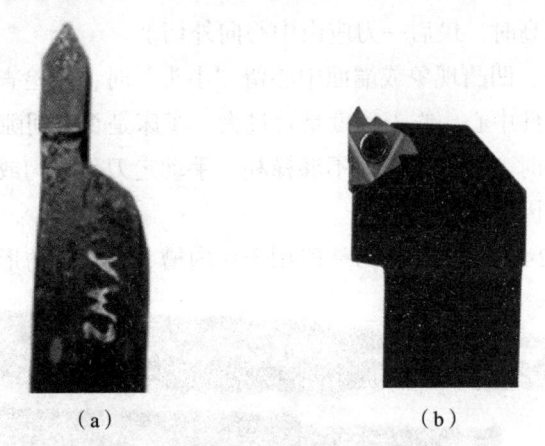

图 2-20 外螺纹车刀

（a）刀片固定式外螺纹车刀；（b）刀片可拆卸的外螺纹车刀

8）端面车刀。对于既车外轮廓（如外圆柱面、外圆锥面、外圆弧面等），又车端面的场合，通常用弯头车刀或偏刀进行端面的车削。弯头车刀是用主切削刃进行端面车削的，适用于车削较大端面的车削加工，如图2-21（a）所示；偏刀由外向里车削端面时，是以主切削刃进行端面车削的，但以副切削刃车削外圆，如图2-21（b）所示；若偏刀副切削刃的前角较小，车削外轮廓曲面可能出现不完整时，则偏刀应由里向外车削端面，但是要求工件必须先有孔方可进行端面加工，如图2-21（c）所示。

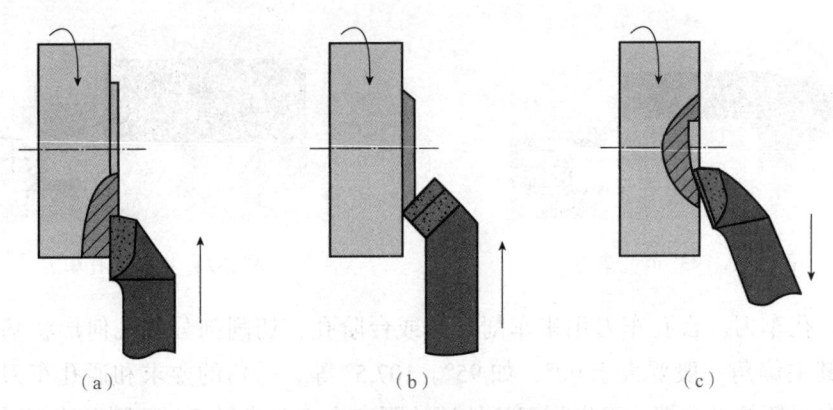

图 2-21 弯头车刀与偏刀车端面示意

（a）弯头车刀由外向内车端面；（b）偏刀由外向内走刀车端面；（c）偏刀由中心向外走刀车端面

使用端面车刀时，还应注意以下几个方面。

①车刀的刀尖应对准工件中心，以免车出的端面中心留有凸台。

②偏刀车端面，当背吃刀量较大时，容易扎刀。为避免扎刀现象，应合理选择背吃刀量 a_p，粗车时选 a_p = 0.2~1 mm，精车时选 a_p = 0.05~0.2 mm。

③端面的直径从外到中心是变化的，切削速度也是变化的，为减小刀具的磨损，计算切削速度应按端面的最大直径进行计算。

④车削直径较大的端面，若出现凹心或凸肚时，应检查车刀和方刀架，以及大拖板是否锁紧，为使车刀横向进给，应将大溜板紧固在床身上，用小刀架调整切削深度。

⑤端面质量要求较高时，最后一刀应由中心向外切削。

⑥当出现端面不平、凹凸现象或端面中心留"小头"时，应检查车刀刃磨或安装是否正确、刀尖是否对准工件中心、吃刀深度是否过大、车床是否有间隙等。

⑦表面粗糙度较差时，一般是车刀不够锋利、手动走刀不均匀或走刀过快、自动走刀切削用量选择不当等原因造成的。

9）内切槽刀（图2-22）。内切槽刀一般用于切内槽、内孔及仿形加工等。

图2-22 内切槽刀

10）通孔车刀。通孔车刀切削部分的几何形状基本上与外圆车刀相似，为了减小径向切削抗力，防止车孔振动，主偏角应取大些，如95°、93°、85°（图2-23、图2-24）。

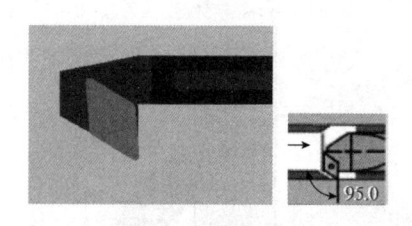

图2-23 95°通孔车刀 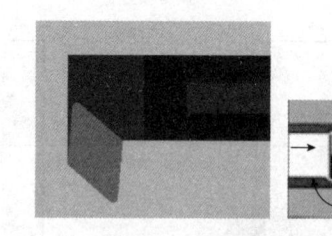　　　　图2-24 85°通孔车刀

11）盲孔车刀。盲孔车刀用来车削盲孔或台阶孔，切削部分的几何形状基本上与偏刀相似，其主偏角一般要大于90°，如95°、107.5°等。后角的要求和通孔车刀一样。盲孔车刀夹在刀杆的最前端，刀尖到刀杆外端的距离小于孔半径R，否则无法车平孔的底面（图2-25、图2-26）。

2.铣削加工刀具的选用

（1）铣削加工的基本内容。铣削加工的基本内容主要有铣平面、铣槽、铣台阶面、铣齿形、铣曲面等。铣削加工的基本内容如图2-27所示。

(a) (b)

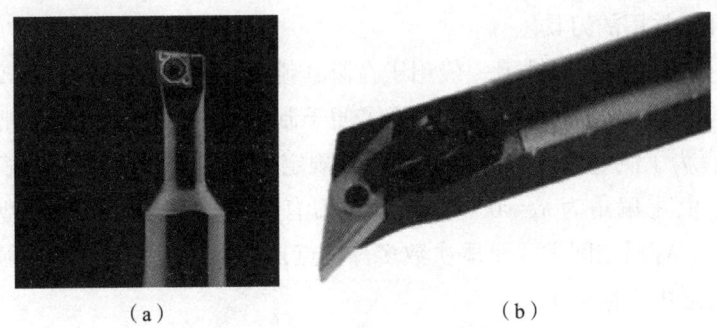

图 2-25 不同主偏角的盲孔车刀

(a) 主偏角 95°；(b) 主偏角 107.5°

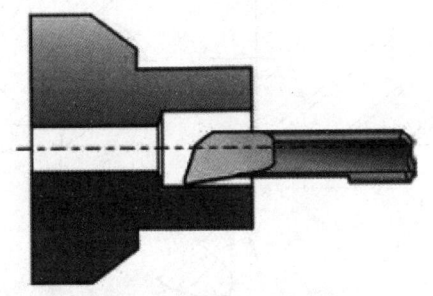

图 2-26 盲孔车刀切削效果

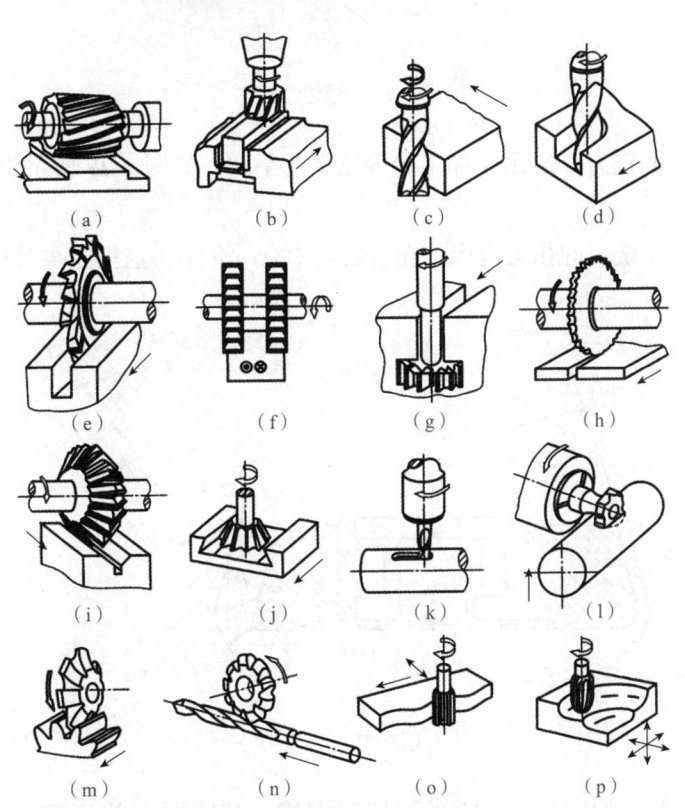

图 2-27 铣削加工的基本内容

(a)、(b)、(c) 铣平面；(d)、(e) 铣沟槽；(f) 铣台阶；(g) 铣T形槽；(h) 切断；
(i)、(j) 铣角度槽；(k)、(l) 铣键槽；(m) 铣齿形；(n) 铣螺旋槽；(o) 铣曲面；(p) 铣立体曲面

（2）铣削加工常用的刀具。

1）圆柱型铣刀。圆柱型铣刀一般用于在卧式铣床上用周铣方式加工较窄的平面，如图 2-28 所示为其工作部分的几何角度。为了便于制造，其切削刃前角通常规定在法平面内，用 γ_n 表示；为了测量和刃磨方便，其后角规定在正交平面内，用 α_o 表示；螺旋角即其刃倾角且 λ_s；其主偏角为 $\kappa_r=90°$。圆柱型铣刀有两种类型：粗齿圆柱型铣刀具有齿数少、刀齿强度高、容屑空间大、重磨次数多等特点，适用于粗加工；细齿圆柱型铣刀齿数多、工作平稳，适用于精加工。

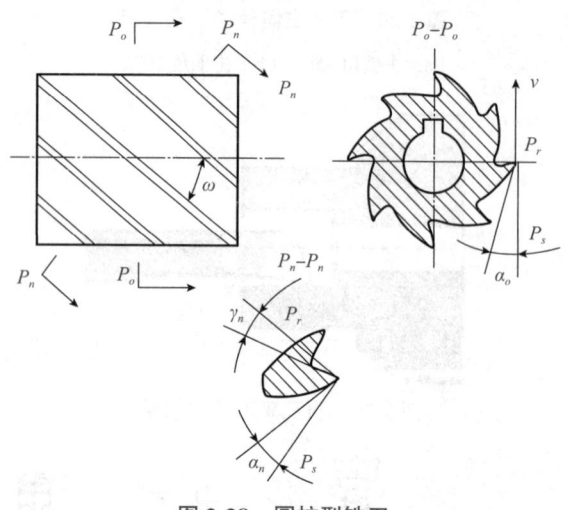

图 2-28 圆柱型铣刀

2）面铣刀。面铣刀一般用于加工中等宽度的平面。如图 2-29 所示为其工作部分的几何角度。

3）立铣刀。立铣刀的相关内容已在项目一中有所介绍，这里不再赘述。

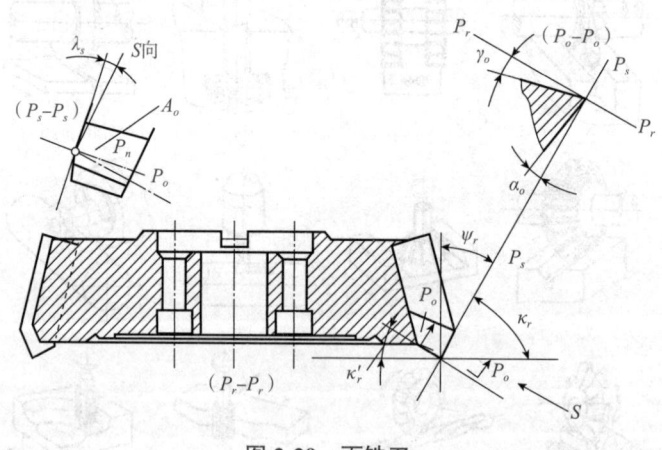

图 2-29 面铣刀

4）键槽铣刀。键槽铣刀一般用于切削键槽，其圆周上的切削刃是副切削刃，端面上的切削刃是主切削刃并且延伸至中心位置，因此，键槽铣刀可以沿铣刀轴线方向进给，如图 2-30 所示。

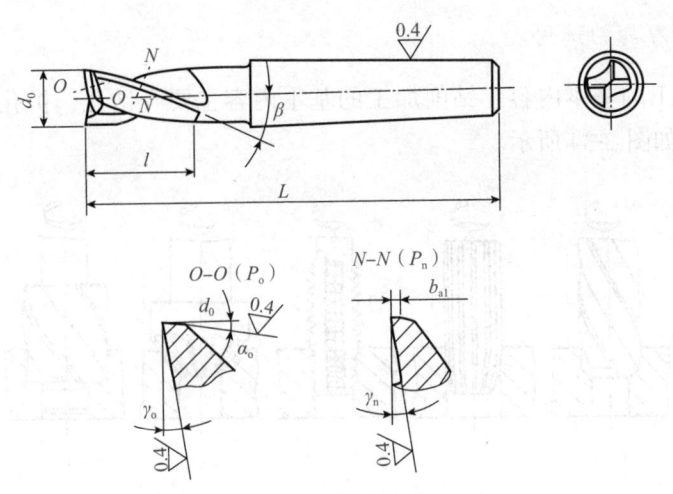

图 2-30 键槽铣刀

5）三面刃铣刀。三面刃铣刀主要用于加工沟槽和阶台面。这类铣刀除圆周表面具有主切削刃外，两侧面也有副切削刃，从而改善了切削条件，提高了切削效率和减小表面粗糙度。三面刃铣刀的刀齿结构可分为直齿、错齿和镶齿三种，如图 2-31 所示。

6）锯片铣刀。如图 2-32 所示为某一薄片的锯片铣刀，它一般用于切槽或切断，这类铣刀仅在圆周方向上有切削刃，厚度由圆周沿径向至中心逐渐变薄。

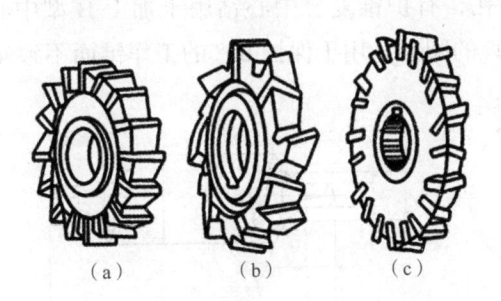

图 2-31 三面刃铣刀
（a）直齿；（b）错齿；（c）镶齿

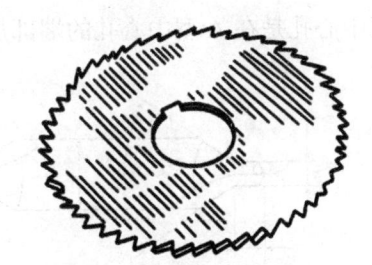

图 2-32 薄片的锯片铣刀

7）成型铣刀。成型铣刀是根据工件的成型表面形状而设计切削刃廓形的专用成型刀具，如图 2-33 所示。

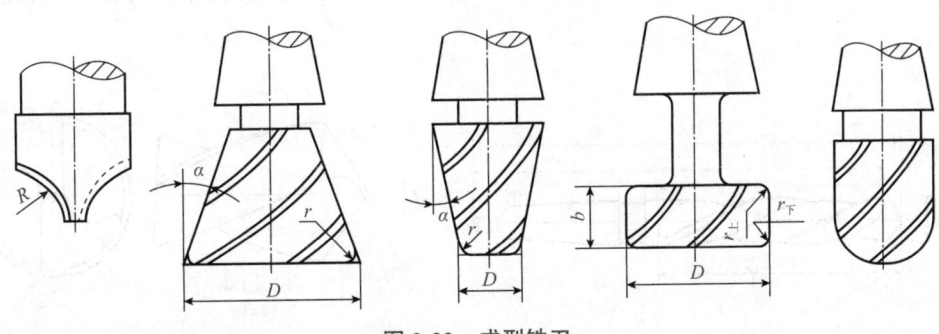

图 2-33 成型铣刀

75

3. 钻削加工刀具的选用

（1）钻削加工的基本内容。钻削加工的基本内容主要有钻孔、扩孔、铰孔、攻螺纹等。其基本内容如图 2-34 所示。

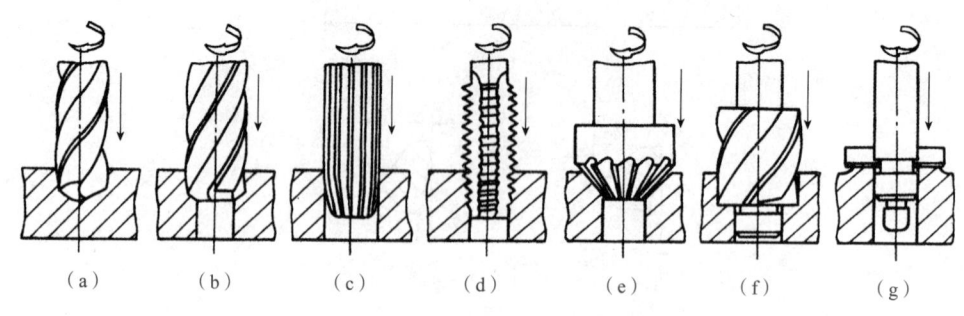

图 2-34 钻削加工的基本内容

（a）钻孔；（b）扩孔；（c）铰孔；（d）攻螺纹；（e）锪锥形沉头孔；
（f）锪圆柱形沉头孔；（g）锪端面

（2）钻削加工的常用刀具。

1）中心钻。中心钻用来加工中心孔，起到引钻定心的作用，经常用在钻孔加工的前一步。中心钻分为无护锥复合中心钻（A 型）和有护锥复合中心钻（B 型）。如图 2-35 所示，无护锥复合中心钻用于加工 A 型中心孔，有护锥复合中心钻用于加工 B 型中心孔。B 型中心孔是在 A 型中心孔的端部加上 120° 的圆锥，用于保护 60° 的工作锥面不致碰伤。

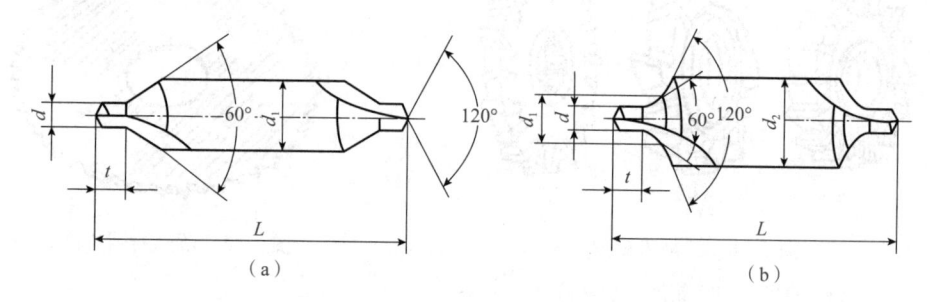

图 2-35 中心钻

（a）A 型中心钻孔；（b）B 型中心钻孔

2）麻花钻。麻花钻主要用于孔的粗加工。麻花钻的结构图如图 2-36 和图 2-37 所示。

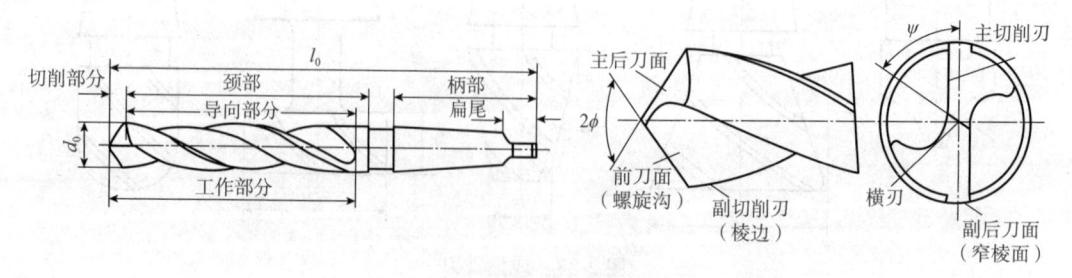

图 2-36 麻花钻结构图

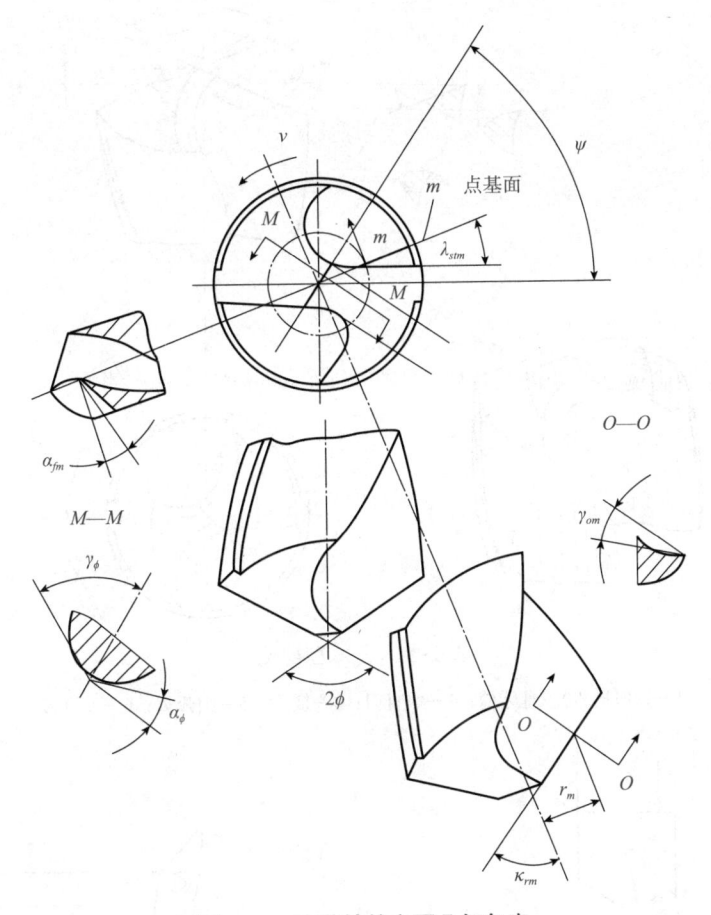

图 2-37　麻花钻的主要几何角度

3）群钻。图 2-38 所示为基本型群钻。其寿命比普通麻花钻高 2~3 倍，进给量高约 3 倍，钻孔效率大大提高。群钻的刃形特点是三尖七刃锐当先，月牙弧槽分两边，一侧外刃开屑槽，横刃磨低窄又尖。

4）铰刀。铰刀的相关内容已在项目一中有所介绍，这里不再赘述。

4. 磨削加工刀具的选用

磨削加工主要包括外圆表面、内孔表面、平面等的磨削加工。其刀具已在项目一中进行了详细说明，这里不再赘述。

5. 鼓筒轴零件加工刀具的选用

高温合金属于难加工材料，选用钨钴类硬质合金刀具、涂层刀具更优。具体的刀具结构形式（机加类）如下。

（1）车削外圆柱面、圆弧面时，可选择 93°外圆车刀，如图 2-39 所示。

（2）车削内孔及型面时，可选择盲孔车刀、切槽刀，如图 2-40、图 2-41 所示。

（3）车削篦齿时，选择圆弧车刀，如图 2-42 所示。

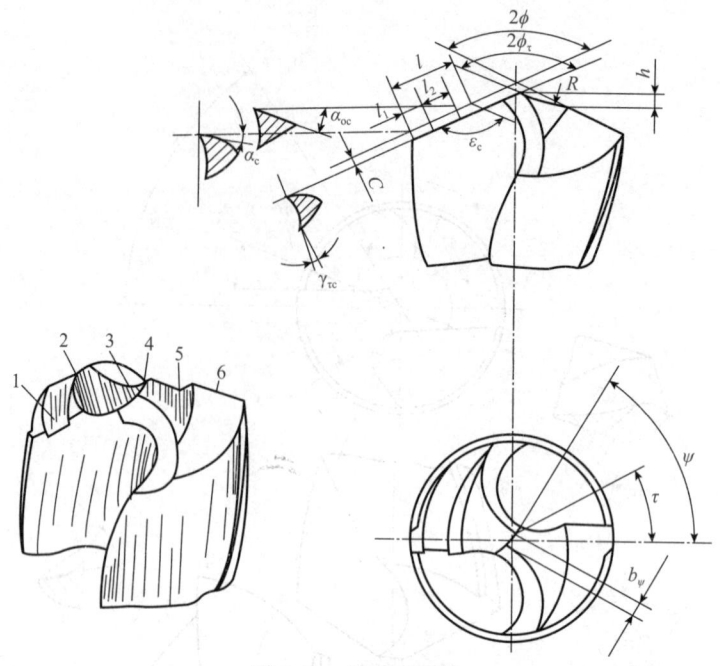

图 2-38 基本型群钻

1—分屑槽；2—月牙槽；3—内直刃；4—横刃；5—圆弧刃；6—外直刃

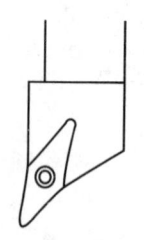

图 2-39 93°外圆车刀

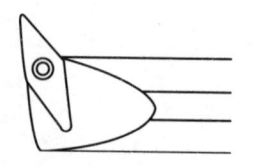

图 2-40 盲孔车刀

图 2-41 切槽刀

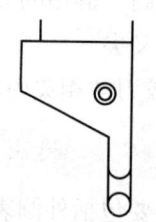

图 2-42 圆弧车刀

（4）加工腰形槽、扁槽时，选择键槽铣刀，如图 2-43 所示。

图 2-43 键槽铣刀

（5）加工轴向通孔时，选择定心钻（图2-44）、麻花钻（图2-45）、扩孔刀（图2-46）。

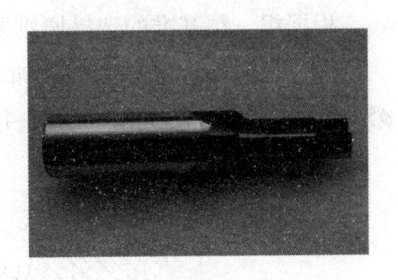

图 2-44　定心钻　　　　　图 2-45　麻花钻　　　　　图 2-46　扩孔刀

根据以上刀具选择的方法，加工平端面、外圆柱面可选择95°外圆车刀、篦齿部位加工可选择切圆弧槽刀（R1）；端面圆槽可选择端面槽刀加工（3 mm）；ϕ10孔可以选择ϕ10钻头加工；内孔可以选择用内孔镗刀加工；内圆弧槽可以选择用内槽刀加工（3 mm）。鼓筒轴零件加工刀具详见表2-2所示的刀具卡。

表 2-2　机械加工刀具卡

序号	刀具号	刀具名称及规格	刀具材料	加工的表面
1	T01	95°外圆车刀	硬质合金	ϕ39、ϕ41、ϕ44、ϕ48、ϕ43、倒角、平端面
2	T02	带R2的圆弧槽刀	硬质合金	R2篦齿
3	T03	端面槽刀 3 mm	硬质合金	右侧端面型腔 ϕ14~ϕ29
4	T04	麻花钻 ϕ10（3齿）	高速钢	孔 ϕ10
5	T05	麻花钻 ϕ25（3齿）	高速钢	ϕ28的底孔 ϕ25
6	T06	107.5°内孔镗刀	硬质合金	ϕ28、ϕ31
7	T07	带R2的圆弧槽刀	硬质合金	ϕ34×8、R2、R12
8	T08	立铣刀 ϕ3（2齿）	硬质合金	通孔腰形槽 10 mm×4 mm

六、定位基准的选择

1. 定位基准的一般选择

定位基准的选择包括粗、精基准的选择，其选择原则已在项目一中有过详细说明，这里不再赘述。

2. 鼓筒轴零件定位基准的选择

根据粗、精基准的选择原则及鼓筒轴零件的形状特点。其粗、精基准的选择如下。

（1）粗基准的选择。车削加工右侧外轮廓、钻扩孔 $\phi 10$、车削 $\phi 14$ 与 $\phi 29$ 侧槽时，以 $\phi 54$ 毛坯外圆为粗基准，如图 2-47 所示。

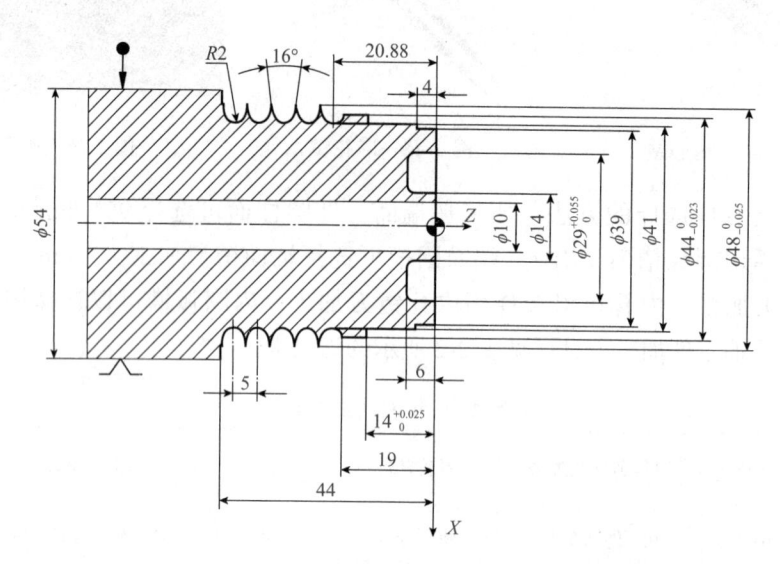

图 2-47 加工右侧外轮廓与钻通孔 $\phi 10$ 的粗基准

（2）调头，车削左侧外轮廓、车削内轮廓、铣 3×10 腰形槽，均选择 $\phi 41$ 外圆为精基准，如图 2-48 ~ 图 2-50 所示。

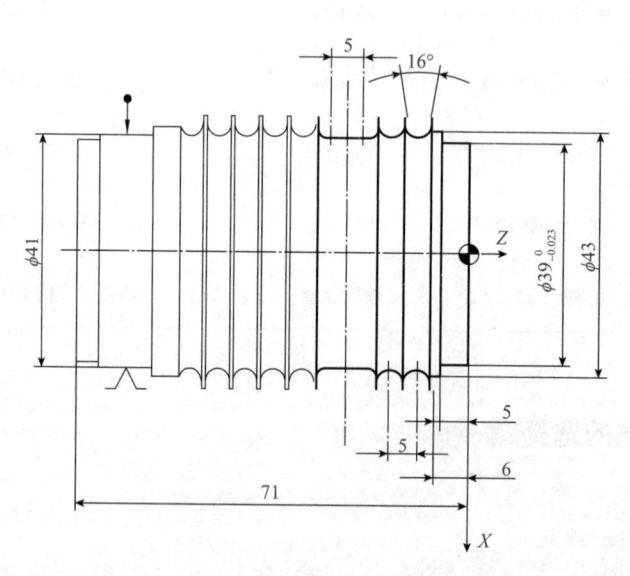

图 2-48 车削左侧外轮廓的精基准

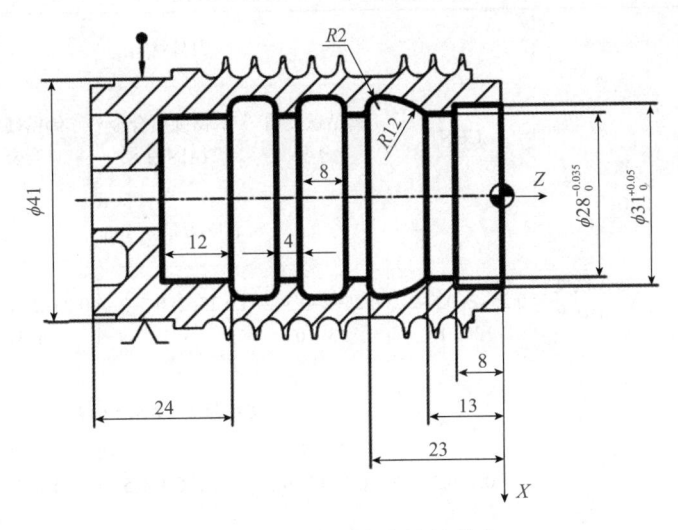

图 2-49　车削内轮廓的精基准

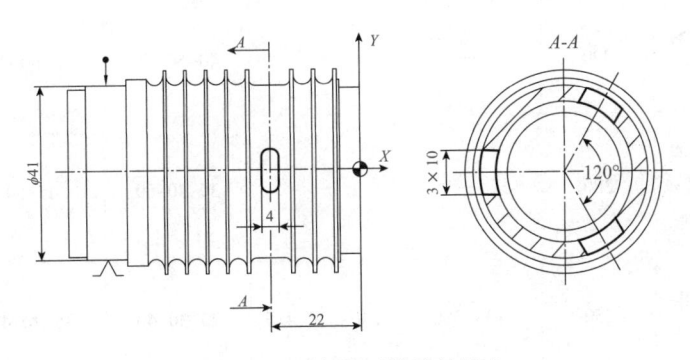

图 2-50　铣削腰形槽的精基准

七、加工参数的选取与计算

根据后续加工参数表中铣削加工的切削速度参考值、铣刀每齿进给量参考值、硬质合金车刀粗车外圆及端面的进给量、切削速度参考值、按表面粗糙度选择进给量的参考值等经验值表，并结合切削参数的相关计算公式，确定各工序的主轴转速、进给速度、背吃刀量等。

对于要加工的零件，其材料为镍基高温合金，需要对背吃刀量 a_p、进给量 f、切削速度 v_c 进行选取。其选取方法如下。

1. 车削加工参数的选取

车削加工时，根据表中的背吃刀量、进给量，确定切削速度，高温合金车削切断、切槽时切削速度参数见表 2-3、表 2-4。

表 2-3 高温合金材料车削时切削速度参数

零件材料	热处理方式	布氏硬度/HB	CBN	钨钴钛硬质合金	钨钴硬质合金 TiAlN 涂层	钨钴硬质合金	高速钢
			背吃刀量 a_p/mm				
			0.25~2-0.5~2-3~10	0.25~2-0.5~2-3~10	0.25~2-0.5~2-3~10	0.25~2-0.5~2-3~10	0.25~2-0.5~2-3~10
			进给量 f/(mm·r^{-1})				
			0.1~0.2	0.1~0.2~0.3	0.1~0.3~0.5	0.1~0.2~0.3	0.1~0.2
			切削速度 v_c/(m·min^{-1})				
铁-1	退火或固溶处理	200	—	—	40~50~65	55~60~70	10~15
	时效处理或时效处理+固溶处理	280	—	—	30~40~50	45~50	10
镍基高温合金	退火或固溶处理	250	135~300	240~330~415	25~30~40	35~40~45	5~10
	时效处理或时效处理+固溶处理	350	115~225	200~260~340	15~25~30	30~35	5~10
	铸造或铸造+时效处理	320	75~150	105~135~165	10~15~20	15~20~25	5
钴基高温合金	退火或固溶处理	200	—	150~190~260	25~30~40	35~40~45	5~10
	固溶处理或时效处理	300	—	130~165~225	15~25~30	30~35	5~10
	铸造或铸造+时效处理	320	—	125~170~215	10~15~20	15~20~25	5

表 2-4 高温合金材料切断、切槽时切削速度参数

零件材料	热处理方式	布氏硬度/HB	切断、外圆切槽、切越程槽				内圆切槽、端面槽		
			刀具材料				刀具材料		
			钨钴硬质合金 TiAlN 涂层	钨钴硬质合金 TiCN 涂层	钨钴硬质合金	Al₂O₃-SiCW	钨钴硬质合金 TiAlN 涂层	钨钴硬质合金 TiCN 涂层	钨钴硬质合金
			背吃刀量 a_p/mm						
			0.25~2- 0.5~2	0.25~2- 0.5~2	0.25~2- 0.5~2	0.25~2- 0.5~2	0.25~2- 0.5~2	0.25~2- 0.5~2	0.25~2- 0.5~2
			进给量 f/(mm·r⁻¹)						
			0.05~0.5			0.05~0.1	0.05~0.5		
			切削速度 v_c/(m·min⁻¹)						
铁基高温合金	退火或固溶处理	200	25~40	25~40	25~40	—	15~30	15~30	15~25
	时效处理或时效处理+固溶处理	280	15~30	25~30	15~30	—	15~25	15~25	10~15
镍基高温合金	退火或固溶处理	250	15~25	15~25	15~25	440	10~15	10~15	10~15
	时效处理或时效处理+固溶处理	350	10~15	10~15	10~15	370	10~15	10~15	10~15
	铸造或铸造+时效处理	320	10~15	10~15	10~15	175	10~15	10~15	10~15
钴基高温合金	退火或固溶处理	200	15~25	15~25	15~25	270~330	10~15	10~15	10~15
	时效处理或时效处理+固溶处理	300	10~15	10~15	10~15	240~280	10~15	10~15	10~15
	铸造或铸造+时效处理	320	10~15	10~15	10~15	230	10~15	10~15	10~15

主轴转速与切削速度的关系。数控加工编程时一般要输入主轴转速，主轴转速与切削速度的计算公式如下：

$$n = \frac{1\,000 v_c}{\pi d} \qquad (2\text{-}1)$$

式中　n——主轴转速（r/min）；

v_c——切削速度（m/min）；

d——工件加工表面或刀具的最大直径（mm）。

2. 铣削加工参数的选择

铣削加工时，切削速度的选择要同时满足背吃刀量和每齿进给量对应的参数条件，方可确定切削速度。铣削高温合金材料切削速度参数见表2-5。

表2-5 铣削高温合金材料切削速度参数

零件材料	热处理方式	布氏硬度/HB	钨钴硬质合金	钨钴硬质合金 TiAlN 涂层	钨钴硬质合金 TiCN 涂层	超细微粒钨钴硬质合金
			背吃刀量 a_p/mm			
			0.25~2-0.5~2-3~10	0.25~2-0.5~2-3~10	0.25~2-0.5~2-3~10	0.25~2-0.5~2-3~10
			每齿进给量 f_z/mm			
			0.05~0.15~0.2	0.1~0.15~0.2	0.1~0.15~0.2	0.05~0.15~0.25
			切削速度 v_c/(m·min^{-1})			
铁基高温合金	退火或固溶处理	200	40~45~50	40~45~55	35~45~50	35~40~45
	时效处理或时效处理+固溶处理	280	20~30~35	20~30~40	25~30~35	25~30~35
镍基高温合金	退火或固溶处理	250	40~45~55	40~45~55	35~40~50	30~35~40
	时效处理或时效处理+固溶处理	350	20~30~35	25~30~35	20~25~30	20~25~30
	铸造或铸造+时效处理	320	25~30~35	30~35~40	25~30~35	25~30~35
钴基高温合金	退火或固溶处理	200	15~20~25	15~20~25	15~20~25	15~20~25
	时效处理或时效处理+固溶处理	300	10~15~20	10~15~20	10~15~20	10~15~20
	铸造或铸造+时效处理	320	10~15~20	10~15	10~15	10~15

3. 钻削加工参数的选择

在用硬质合金钻头钻削高温合金时，其每齿进给量、切削速度见表2-6。

表 2-6 硬质合金钻头钻削高温合金的切削速度参数

零件材料	热处理方式	布氏硬度/HB	刀具材料	切削速度 v_c /(m·min^{-1})	钻头直径 D/mm >3~6	>6~10	>10~14	>14~20
					每齿进给量 f_z/mm			
铁基高温合金	退火或固溶处理	200	钨钴硬质合金 TiCN 涂层、超细微粒钨钴硬质合金	11~28	0.07~0.11	0.09~0.13	0.09~0.13	0.11~0.15
	时效处理或固溶+时效处理	280		10~25	0.06~0.1	0.08~0.12	0.08~0.12	0.1~0.14
镍基高温合金	退火或固溶处理	250		10~25	0.06~0.1	0.08~0.12	0.08~0.12	0.1~0.14
	时效处理或固溶+时效处理	350		8~20	0.05~0.08	0.06~0.1	0.06~0.1	0.08~0.11
	铸造或铸造+时效处理	320		8~20	0.05~0.08	0.06~0.1	0.06~0.1	0.08~0.11
钴基高温合金	退火或固溶处理	200		10~25	0.06~0.1	0.08~0.12	0.08~0.12	0.1~0.14
	固溶+时效处理	300		8~20	0.05~0.08	0.06~0.1	0.06~0.1	0.08~0.11
	铸造或铸造+时效处理	320		8~20	0.05~0.08	0.06~0.1	0.06~0.1	0.08~0.11

在实体材料上加工孔时，其加工方式及加工余量见表 2-7。

表 2-7 在实体材料上的孔加工方式及加工余量

加工孔的直径/mm	直径/mm							
	钻		粗加工		半精加工		精加工（H7、H8）	
	第一次	第二次	粗镗	扩孔	粗铰	半精镗	精铰	精镗
3	2.9	—	—	—	—	—	3	—
4	3.9	—	—	—	—	—	4	—
5	4.8	—	—	—	—	—	5	—
6	5.0	—	—	5.85	—	—	6	—
8	7.0	—	—	7.85	—	—	8	—
10	9.0	—	—	9.85	—	—	10	—

刀具有齿数 z，当确定进给量时，其进给速度的计算公式如下：

$$F = f_z \times z \times n \tag{2-2}$$

式中　F——进给速度（mm/min）；

　　　f_z——每齿进给量（mm）；

　　　z——铣刀齿数；

　　　n——主轴转速（r/min）。

4. 切削加工参数的计算

依据工艺方案、切削参数表等确定，鼓筒轴零件各工序加工参数的相关计算如下。

"工序 30　钻通孔 $\phi 10$"加工参数的确定。

（1）刀具的选用。零件材料：镍基高温合金；刀具材料及规格：钨钴硬质合金，$\phi 10$，3 齿。

（2）参数选取与计算。由前置工序"调质热处理，HB200~220"的要求，查表 2-6 可知，切削速度的取值范围 10~25 m/min，取 15 m/min；每齿进给量的取值范围 0.08~0.12 mm，取 0.1 mm，由式（2-1）可得主轴转速 n：

$$n = \frac{1\,000 v_c}{\pi d} = \frac{1\,000 \times 15}{3.14 \times 10} = 477.71 \text{（r/min）, 取整：} n = 500 \text{ r/min}$$

实际切削速度 v_c：

$$v_c = \frac{\pi d n}{1\,000} = \frac{3.14 \times 10 \times 500}{1\,000} = 15.7 \text{（m/min）}$$

由式（2-2）可得进给速度 F：

$$F = f_z \times z \times n = 0.1 \times 3 \times 500 = 150 \text{（mm/min）}$$

"工序 40　车平右端面，粗、精车右侧外圆 $\phi 39$、$\phi 41_{-0.023}^{0}$、$\phi 44$、$\phi 48_{-0.025}^{0}$，控制外圆加工到的长度 50 mm"加工参数的确定。

（1）刀具的选用。刀具材料及规格：钨钴硬质合金，95° 外圆车刀。

（2）参数选取与计算。

工步 1：车平右端面。

车平右端面的切削参数参照表 2-4，背吃刀量的取值范围 0.25~2–0.5~2 mm，取 0.3 mm；进给量的取值范围 0.05~0.5 mm/r，取 0.1 mm/r；切削速度的取值范围 15~25 m/min，取 22 m/min，由式（2-1）可得主轴转速 n：

$$n = \frac{1\,000 v_c}{\pi d} = \frac{1\,000 \times 22}{3.14 \times 54} = 129.75 \text{（r/min）, 取整：} n = 130 \text{ r/min}$$

实际切削速度 v_c：

$$v_c = \frac{\pi d n}{1\,000} = \frac{3.14 \times 54 \times 130}{1\,000} = 22.04 \text{（m/min）}$$

工步 2：粗车右侧外圆。

查表 2-3 可知，背吃刀量的取值范围 0.25~2–0.5~2–3~10 mm，取 1 mm；进给量的取值范围 0.1~0.2–0.3 mm/r，取 0.2 mm/r；切削速度的取值范围 30~35 m/min，取 30 m/min，由式（2-1）可得主轴转速 n：

$$n = \frac{1\,000 v_c}{\pi d} = \frac{1\,000 \times 30}{3.14 \times 48} = 199.04 \text{（r/min）, 取整：} n = 200 \text{ r/min}$$

实际切削速度 v_c:

$$v_c = \frac{\pi dn}{1\ 000} = \frac{3.14 \times 48 \times 200}{1\ 000} = 30.14\ (\text{m/min})$$

工步 3：精车右侧外圆，控制外圆加工到的长度 50。

查表 2-3 可知，背吃刀量的取值范围 0.25~2-0.5~2-3~10 mm，取 0.3 mm；进给量的取值范围 0.1~0.2~0.3 mm/r，取 0.1 mm/r；切削速度的取值范围 30~35 m/min，取 34 m/min，由式（2-1）可得主轴转速 n：

$$n = \frac{1\ 000v_c}{\pi d} = \frac{1\ 000 \times 34}{3.14 \times 39} = 277.64\ (\text{r/min}),\ 取整：n = 280\ \text{r/min}$$

实际切削速度 v_c:

$$v_c = \frac{\pi dn}{1\ 000} = \frac{3.14 \times 39 \times 280}{1\ 000} = 34.29\ (\text{m/min})$$

"工序 50　粗、精车右侧型腔 $\phi14 \sim \phi29_{0}^{+0.055}$ 的区域及圆角 R2" 加工参数的确定。
（1）刀具的选用。刀具材料及规格：钨钴硬质合金，端面槽刀 3 mm。
（2）参数选取与计算。
工步 1：粗车右侧型腔 $\phi14 \sim \phi29_{0}^{+0.055}$ 的区域及圆角 R2。

查表 2-3 可知，背吃刀量的取值范围 0.25~2-0.5~2-3~10 mm，取 1 mm；进给量的取值范围 0.1~0.2~0.3 mm/r，取 0.2 mm/r；切削速度的取值范围 30~35 m/min，取 30 m/min，式（2-1）可得主轴转速 n：

$$n = \frac{1\ 000v_c}{\pi d} = \frac{1\ 000 \times 30}{3.14 \times 29} = 329.45\ (\text{r/min}),\ 取整：n = 330\ \text{r/min}$$

实际切削速度 v_c:

$$v_c = \frac{\pi dn}{1\ 000} = \frac{3.14 \times 29 \times 330}{1\ 000} = 30.05\ (\text{m/min})$$

工步 2：精车右侧型腔 $\phi14 \sim \phi29_{0}^{+0.055}$ 的区域及圆角 R2。

查表 2-3 可知，背吃刀量的取值范围 0.25~2-0.5~2-3~10 mm，取 0.3 mm；进给量的取值范围 0.1~0.2~0.3 mm/r，取 0.1 mm/r；切削速度的取值范围 30~35 m/min，取 34 m/min，由公式 2-1 可得主轴转速 n：

$$n = \frac{1\ 000v_c}{\pi d} = \frac{1\ 000 \times 34}{3.14 \times 14} = 773.43\ (\text{r/min}),\ 取整：n = 770\ \text{r/min}$$

实际切削速度 v_c:

$$v_c = \frac{\pi dn}{1\ 000} = \frac{3.14 \times 14 \times 770}{1\ 000} = 33.85\ (\text{m/min})$$

"工序 60　粗、精车右侧篦齿"加工参数的确定。

（1）刀具的选用。刀具材料及规格：钨钴硬质合金，带 $R2$ 的圆弧槽刀。

（2）参数选取与计算。

工步 1：粗车右侧篦齿。

查表 2-3 可知，背吃刀量的取值范围 0.25~2–0.5~2–3~10 mm，取 1 mm；进给量的取值范围 0.1~0.2~0.3 mm/r，取 0.2 mm/r；切削速度的取值范围 35~30 m/min，取 30 m/min，由式（2-1）可得主轴转速 n：

$$n = \frac{1\,000 v_c}{\pi d} = \frac{1\,000 \times 30}{3.14 \times 29} = 329.45 \text{（r/min）}, \text{取整：} n = 330 \text{ r/min}$$

实际切削速度 v_c：

$$v_c = \frac{\pi d n}{1\,000} = \frac{3.14 \times 29 \times 330}{1\,000} = 30.05 \text{（m/min）}$$

工步 2：精车右侧篦齿。

查表 2-3 可知，背吃刀量的取值范围 0.25~2–0.5~2–3~10 mm，取 0.3 mm；进给量的取值范围 0.1~0.2~0.3 mm/r，取 0.1 mm/r；切削速度的取值范围 30~35 m/min，取 34 m/min，由式（2-1）可得主轴转速 n：

$$n = \frac{1\,000 v_c}{\pi d} = \frac{1\,000 \times 34}{3.14 \times 14} = 773.43 \text{（r/min）}, \text{取整：} n = 770 \text{ r/min}$$

实际切削速度 v_c：

$$v_c = \frac{\pi d n}{1\,000} = \frac{3.14 \times 14 \times 770}{1\,000} = 33.85 \text{（m/min）}$$

"工序 70　调头，车平左端面，控制总长 71 mm，粗、精车左侧外圆 $\phi 39_{-0.023}^{0}$、$\phi 43$、$\phi 48_{-0.025}^{0}$"加工参数的确定。

（1）刀具的选用。刀具材料及规格：钨钴硬质合金，95° 外圆车刀。

（2）参数选取与计算。

工步 1：车平左端面，控制总长 71 mm。

查表 2-4，背吃刀量的取值范围 0.25~2–0.5~2 mm，取 0.3 mm；进给量的取值范围 0.05~0.5 mm/r，取 0.1 mm/r；切削速度的取值范围 15~25 m/min，取 22 m/min，由式（2-1）可得主轴转速 n：

$$n = \frac{1\,000 v_c}{\pi d} = \frac{1\,000 \times 22}{3.14 \times 54} = 129.75 \text{（r/min）}, \text{取整：} n = 130 \text{ r/min}$$

实际切削速度 v_c：

$$v_c = \frac{\pi d n}{1\,000} = \frac{3.14 \times 54 \times 130}{1\,000} = 22.04 \text{（m/min）}$$

工步 2：粗车左侧外圆。

查表 2-3 可知，背吃刀量的取值范围 0.25~2–0.5~2–3~10 mm，取 1 mm；进给量的取值范围 0.1~0.2~0.3 mm/r，取 0.2 mm/r；切削速度的取值范围 30~35 m/min，取 30 m/min，由式（2-1）可得主轴转速 n：

$$n = \frac{1\,000 v_c}{\pi d} = \frac{1\,000 \times 30}{3.14 \times 48} = 199.04\,（\text{r/min}），取整：n = 200\,\text{r/min}$$

实际切削速度 v_c：

$$v_c = \frac{\pi d n}{1\,000} = \frac{3.14 \times 48 \times 200}{1\,000} = 30.14\,（\text{m/min}）$$

工步 3：精车右侧外圆。

查表 2-3 可知，背吃刀量的取值范围 0.25~2–0.5~2–3~10 mm，取 0.3 mm；进给量的取值范围 0.1~0.2~0.3 mm/r，取 0.1 mm/r；切削速度的取值范围 30~35 m/min，取 34 m/min，由式（2-1）可得主轴转速 n：

$$n = \frac{1\,000 v_c}{\pi d} = \frac{1\,000 \times 34}{3.14 \times 39} = 277.64\,（\text{r/min}），取整：n = 280\,\text{r/min}$$

实际切削速度 v_c：

$$v_c = \frac{\pi d n}{1\,000} = \frac{3.14 \times 39 \times 280}{1\,000} = 34.29\,（\text{m/min}）$$

"工序 80　粗、精车左侧篦齿"加工参数的确定。

（1）刀具的选用。刀具材料及规格：钨钴硬质合金，带 $R2$ 的圆弧槽刀。

（2）参数选取与计算。

工步 1：粗车篦齿。

由零件图可知篦齿的最大尺寸为 $\phi 48$，最小尺寸为 $\phi 44$。

查表 2-4，背吃刀量的取值范围 0.25~2–0.5~2 mm，取 1 mm；进给量的取值范围 0.05~0.5 mm/r，取 0.3 mm/r；切削速度的取值范围 15~25 m/min，取 16 m/min，由式（2-1）可得主轴转速 n：

$$n = \frac{1\,000 v_c}{\pi d} = \frac{1\,000 \times 16}{3.14 \times 48} = 106.16\,（\text{r/min}），取整：n = 110\,\text{r/min}$$

实际切削速度 v_c：

$$v_c = \frac{\pi d n}{1\,000} = \frac{3.14 \times 48 \times 110}{1\,000} = 16.58\,（\text{m/min}）$$

工步 2：精车篦齿。

查表 2-4，背吃刀量的取值范围 0.25~2–0.5~2 mm，取 0.3 mm；进给量的取值范围 0.05~0.5 mm/r，取 0.1 mm/r；切削速度的取值范围 15~25 m/min，取 25 m/min，由

式（2-1）可得主轴转速 n：

$$n = \frac{1\,000 v_c}{\pi d} = \frac{1\,000 \times 25}{3.14 \times 44} = 180.95 \text{（r/min）}, \text{取整}: n = 180 \text{ r/min}$$

实际切削速度 v_c：

$$v_c = \frac{\pi d n}{1\,000} = \frac{3.14 \times 44 \times 180}{1\,000} = 24.87 \text{（m/min）}$$

"工序 90　粗、精车内孔 $\phi 31_{\ 0}^{+0.050}$、$\phi 28_{\ 0}^{+0.035}$，圆弧 $R12$、$R2$ 及两个凹槽 $\phi 34_{\ 0}^{+0.050}$ 宽度为 8 mm"加工参数的确定。

（1）刀具的选用。刀具材料及规格：钨钴硬质合金，107.5°内孔镗刀，加工内孔轮廓；钨钴硬质合金，带 $R2$ 的圆弧槽刀，加工两个凹槽 $\phi 34_{\ 0}^{+0.050}$。

（2）参数选取与计算。

工步 1：粗车内孔 $\phi 31_{\ 0}^{+0.050}$、$\phi 28_{\ 0}^{+0.035}$，圆弧 $R12$、$R2$。

查表 2-3 可知，背吃刀量的取值范围 0.25~2-0.5~2-3~10 mm，取 1 mm；进给量的取值范围 0.1~0.2~0.3 mm/r，取 0.2 mm/r；切削速度的取值范围 30~35 m/min，取 30 m/min，由式（2-1）可得主轴转速 n：

$$n = \frac{1\,000 v_c}{\pi d} = \frac{1\,000 \times 30}{3.14 \times 31} = 308.20 \text{（r/min）}, \text{取整}: n = 310 \text{ r/min}$$

实际切削速度 v_c：

$$v_c = \frac{\pi d n}{1\,000} = \frac{3.14 \times 31 \times 310}{1\,000} = 30.18 \text{（m/min）}$$

工步 2：精车内孔 $\phi 31_{\ 0}^{+0.050}$、$\phi 28_{\ 0}^{+0.035}$，圆弧 $R12$、$R2$。

查表 2-3 可知，背吃刀量的取值范围 0.25~2-0.5~2-3~10 mm，取 0.3 mm；进给量的取值范围 0.1~0.2~0.3 mm/r，取 0.1 mm/r；切削速度的取值范围 30~35 m/min，取 34 m/min，由式（2-1）可得主轴转速 n：

$$n = \frac{1\,000 v_c}{\pi d} = \frac{1\,000 \times 34}{3.14 \times 28} = 386.72 \text{（r/min）}, \text{取整}: n = 380 \text{ r/min}$$

实际切削速度 v_c：

$$v_c = \frac{\pi d n}{1\,000} = \frac{3.14 \times 28 \times 380}{1\,000} = 33.41 \text{（m/min）}$$

工步 3：粗车两个凹槽 $\phi 34_{\ 0}^{+0.050}$。

查表 2-4 可知，背吃刀量的取值范围 0.25~2-0.5~2 mm，取 0.25 mm；进给量的取值范围 0.05~0.5 mm/r，取 0.2 mm/r；切削速度的取值范围 10~15 m/min，取 14 m/min，由式（2-1）可得主轴转速 n：

$$n = \frac{1\ 000v_c}{\pi d} = \frac{1\ 000 \times 14}{3.14 \times 34} = 131.14\ (\text{r/min}),\ 取整：n = 135\ \text{r/min}$$

实际切削速度 v_c：

$$v_c = \frac{\pi dn}{1\ 000} = \frac{3.14 \times 34 \times 135}{1\ 000} = 14.41\ (\text{m/min})$$

工步 4：精车两个凹槽 $\phi 34_{\ 0}^{+0.050}$。

查表 2-4 可知，背吃刀量的取值范围 0.25~2-0.5~2 mm，取 0.25 mm；进给量的取值范围 0.05~0.5 mm/r，取 0.1 mm/r；切削速度的取值范围 15~10 m/min，取 10 m/min，由式（2-1）可得主轴转速 n：

$$n = \frac{1\ 000v_c}{\pi d} = \frac{1\ 000 \times 10}{3.14 \times 34} = 93.67\ (\text{r/min}),\ 取整：n = 95\ \text{r/min}$$

实际切削速度 v_c：

$$v_c = \frac{\pi dn}{1\ 000} = \frac{3.14 \times 34 \times 95}{1\ 000} = 10.14\ (\text{m/min})$$

"工序 100　粗、精铣 3 个通孔腰形槽，长度 10 mm × 宽度 4 mm"加工参数的确定。

（1）刀具的选用。刀具材料及规格：钨钴硬质合金，立铣刀 $\phi 3$（2 齿）。

（2）参数选取与计算。

工步 1：粗铣 3 个通孔腰形槽，长度 10 mm × 宽度 4 mm。

查表 2-5 可知，背吃刀量的取值范围 0.25~2–0.5~2–3~10 mm，取 1 mm；每齿进给量的取值范围 0.05~0.15~0.2 mm，取 0.2 mm；切削速度的取值范围 40~45~55 m/min，取 40 m/min，由式（2-1）可得主轴转速 n：

$$n = \frac{1\ 000v_c}{\pi d} = \frac{1\ 000 \times 40}{3.14 \times 3} = 4\ 246.28\ (\text{r/min}),\ 取整：n = 4\ 300\ \text{r/min}$$

实际切削速度 v_c：

$$v_c = \frac{\pi dn}{1\ 000} = \frac{3.14 \times 3 \times 4\ 300}{1\ 000} = 40.51\ (\text{m/min})$$

进给速度的计算如下：

$$F = f_z \times z \times n = 0.2 \times 2 \times 4\ 300 = 1\ 720\ (\text{mm/min})$$

工步 2：精铣 3 个通孔腰形槽，长度 10 mm × 宽度 4 mm。

腰形槽的部位为通的，精加工时，刀具要超出底部一定的量，即超越量（2~5 mm），测量外径尺寸为 $R21$，内孔尺寸为 $R17$，其距离为 4 mm，因此，背吃刀量的取值范围 6~9 mm，结合表 2-5，背吃刀量的取值范围 0.25~2–0.5~2–3~10 mm，取 7 mm；每齿进给量的取值范围 0.05~0.15~0.2 mm，取 0.1 mm；切削速度的取值范围 40~45~55 m/min，取 54 m/

min，由式（2-1）可得主轴转速 n：

$$n = \frac{1\,000v_c}{\pi d} = \frac{1\,000 \times 54}{3.14 \times 3} = 5\,732.48 \text{（r/min）}, \text{取整：} n = 5\,700 \text{ r/min}$$

实际切削速度 v_c：

$$v_c = \frac{\pi d n}{1\,000} = \frac{3.14 \times 3 \times 5\,700}{1\,000} = 53.69 \text{（m/min）}$$

进给速度的计算如下：

$$F = f_z \times z \times n = 0.1 \times 2 \times 5\,700 = 1\,140 \text{（mm/min）}$$

任务四　鼓筒轴零件工艺路线单与工序卡的设计

工艺路线单与工序卡设计得是否合理，对零件加工的顺利开展、质量保证、效率提升及生产现场管理等有着至关重要的作用。

■ 一、工艺路线单的填写

根据零件名称与材料、毛坯规格、工艺方案等相关内容，参考项目一的填写方法，完成鼓筒轴零件机械加工工艺路线单的填写（表 2-8）。

表 2-8　机械加工工艺路线单

机械加工工艺路线单					
零件名称		零件材料		零件图号	
毛坯规格		产品名称		生产车间	
工序号	工种	工序内容		夹具	设备名称及型号

续表

工序号	工种	工序内容	夹具	设备名称及型号
编制		审核	批准	第 页 共 页

■ 二、鼓筒轴零件工序卡的填写

工艺路线单设计完成以后,需要对每道工序加工的内容进行具体化,工艺路线单可扫描项目一的二维码分别获取车、铣加工工序卡的空白页。

根据零件的尺寸、几何公差、表面粗糙度及技术要求,结合工艺方案、工艺简图、参数的选取与计算等,现仅选取两道典型工序(车削、铣削)进行填写示范,其余工序的填写方法相同,具体如下。

(1)"工序 40 平右端面,粗、精车右侧外圆 $\phi39$、$\phi41_{-0.023}^{0}$、$\phi44$、$\phi48_{-0.025}^{0}$,控制外圆加工到的长度 50"机械加工工序卡(表 2-9)。

表 2-9 工序 40 机械加工工序卡(已填写的样本)

零件名称	鼓筒轴	机械加工工序卡		工序号	40	工序名称	数车
零件图号							
材料牌号	高温合金	毛坯状态	棒料	机床设备	CA6140	夹具	三爪卡盘

93

续表

工步号	工步内容	刀具	量具	背吃刀量/mm	进给量/(mm·r^{-1})	主轴转速/(r·min^{-1})
1	平右端面	93°外圆车刀	游标卡尺	0.3	0.1	130
2	粗车右侧外圆 $\phi39$、$\phi41_{-0.023}^{0}$、$\phi44$、$\phi48_{-0.025}^{0}$	93°外圆车刀	游标卡尺	1	0.2	200
3	精车右侧外圆 $\phi39$、$\phi41_{-0.023}^{0}$、$\phi44$、$\phi48_{-0.025}^{0}$，控制外圆加工到的长度50	93°外圆车刀	外径千分尺	0.3	0.1	280
编制		审核		批准		日期		第 页	共 页

（2）"工序100 粗、精铣3个通孔腰形槽，长度10 mm×宽度4 mm"机械加工工序卡（表2-10）。

表2-10 工序100机械加工工序卡（已填写的样本）

零件名称	鼓筒轴	机械加工工序卡		工序号	100	工序名称	数铣
零件图号							
材料牌号	高温合金	毛坯状态	棒料	机床设备		夹具	三爪卡盘

工步号	工步内容	刀具	量具	背吃刀量/mm	进给速度/(mm·r^{-1})	主轴转速/(r·min^{-1})
1	粗铣3个通孔腰形槽，长度10 mm×宽度4 mm	立铣刀 $\phi3$	游标卡尺	1	1 720	4 300
2	精铣3个通孔腰形槽，长度10 mm×宽度4 mm	立铣刀 $\phi3$	游标卡尺	7	1 140	5 700
编制		审核		批准		日期		第 页	共 页

【项目总结】

通过对航空发动机的典型零件——鼓筒轴的功能、结构、尺寸及技术要求分析，确定了零件的加工工艺方案，并通过毛坯的确定、机床与刀具的选用、参数计算等流程完成鼓筒轴零件的机械加工工艺，规范填写工艺路线单与工序卡。

【项目拓展】

某传动轴零件图如图 2-51 所示，已知零件的材料为马氏体不锈钢，试根据零件的尺寸、几何公差、表面粗糙度及相关技术要求，完成该零件的机械加工工艺。

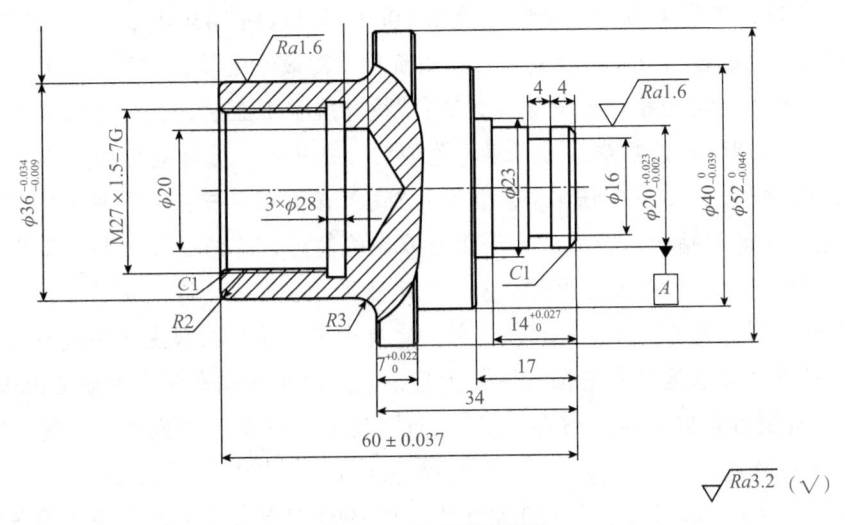

图 2-51 传动轴零件图

【知识拓展】

"航空发动机之父"吴大观"赤子情怀 航空报国"的故事

吴大观（1916 年 11 月 13 日—2009 年 3 月 18 日），原名吴蔚升，江苏扬州人，毕业于西南联合大学航空系，我国航空发动机事业的创始人、奠基人、开拓者，被誉为"中国航空发动机之父"，曾留学美国，1947 年毅然回国，曾任航空工业部科技委员会常委、高级工程师。他一生的奋斗历程和新中国航空发动机事业的许多个"第一"联系在一起：组建第一个航空发动机设计机构，领导研制第一个喷气发动机型号，创建第一个航空发动机试验基地，主持建立第一套有效的航空发动机研制规章制度，建立第一支航空发动机设计研制队伍，主持编制第一部航空发动机研制通用规范……为新中国航空发动机事业的发展奠定了坚实基础。

吴大观受命于国家困难之时，在沈阳筹备组建了新中国的第一个航空发动机设计室，在毫无设计基础和经验的情况下，为探索出中国人自行设计航空发动机的道路，面对国家资金短缺、国外技术封锁、技术力量薄弱、发动机人才奇缺等重重困难，这支当时不到100人的队伍踔厉奋发、忘我工作，以设计室为家，全身心投入我国航空发动机研制工作之中。吴大观带领年轻的航空发动机设计队伍，在条件极其艰苦的情况下，开启了"自力更生、艰苦创业"的奋斗历程，完成了我国第一台喷气教练机发动机的研制并试飞成功。靠着一点一滴的攻关，他带领研制人员不断突破，组织了多型航空发动机的研制工作，制定了比较完整的航空发动机设计、试验标准"八大本"，建立了第一部航空发动机研制的国军标……这一系列开创性的工作，不仅为当时的科研工作拼出了一条血路，更为后来的"昆仑""太行"等国产航空发动机的研制工作奠定了坚实基础。

1978年年底，年过六旬的吴大观从沈阳606所调到西安430厂，他说："我62岁要当26岁来用。"他把自己当成一台发动机，高负荷、高效率运转，学习上分秒必争，工作上严格要求，技术上精心指导。他曾经说道："投身航空工业后，我一天都没有改变过自己努力的方向。"即使在最艰难的日子里，他的初心也从来不曾动摇。1982年，吴大观调到航空工业部科学技术委员会任常委。他说："我有看不完的书、学不完的技术和做不完的事。"他用5年时间钻研新技术，写下上百万字的笔记，总结了几十年的工作心得，提出了很多宝贵的建议，尽心竭力为航空发动机事业思考、谋划。在决定"太行"发动机前途命运的关键时刻，吴大观大声疾呼"我们一定要走出一条中国自主研制航空发动机的道路，否则，战机就会永远没有中国心！"于是，吴大观等9位资深专家联名上书党中央，"太行"发动机项目得以立项，18年后，"太行"发动机终于研制成功，实现了我国航空发动机的历史性跨越。

吴大观从1963年起每月多交100元党费，从1994年起每年多交党费4千多元，为希望工程等捐款9万多元，在生命进入倒计时的日子里交纳最后一次党费10万元。在他病重入院治疗期间，领导指示要送他到最好的医院接受最好的治疗，他拒绝了。他说："不要浪费国家的钱。"当听医生说要请外面医院的专家给他会诊时，他再次拒绝。吴大观对党、对祖国无限忠诚，对航空发动机事业无比热爱，为我国航空发动机事业作出了卓越贡献，为后来者树起了一座永远的精神丰碑。他择一事、终一生，国为重、家为轻，用爱党爱国的赤子之心铸就了护卫祖国蓝天的强大"中国心"。1991年，国务院表彰吴大观为我国航空工程技术事业作出突出贡献的专家；2009年，被追授为"全国优秀共产党员"，同年，入选"100位中华人民共和国成立以来感动中国人物"；2019年9月25日，入选"最美奋斗者"名单；习近平总书记曾评价他"充分展示了中国共产党人的先进性"。

项目三 03 扩压器零件的机械加工工艺

【知识目标】

1. 掌握典型航空扩压器零件车、铣削的加工工艺。
2. 掌握航空扩压器零件车、铣削加工工艺路线的设计方法。
3. 掌握航空典型扩压器零件加工参数的确定与计算方法。

【能力目标】

1. 能设计典型航空扩压器零件车、铣削的加工工艺。
2. 能合理选取航空扩压器零件车、铣削的加工刀具。
3. 能合理确定并计算航空扩压器零件加工参数。

【素质目标】

1. 具有团队协作、交流沟通能力。
2. 具有绿色制造、环境保护意识。
3. 具有精益求精的工匠精神。

【项目导读】

扩压器部件的特性与作用

扩压器是航空发动机燃烧室中的重要零部件,它可对压气机出口的高速气流进行减速增压,降低燃烧室的总压损失,稳定燃烧功能,并提高航空发动机的燃烧效率。

在航空发动机三大核心部件中,燃烧室是位于压气机与涡轮之间的部件,它主要是将航空燃油的化学能稳定地转化为热能,以推动涡轮做功,最后将燃油的化学能转化为发动机装置的机械能,由此可见,扩压器能直接影响航空发动机的性能。对扩压器的要求一般包括流动阻力小、易点火、燃烧稳定及效率高、寿命长、质量小、出口温度高、污染排放低等。

一般情况下,航空发动机压气机出口的空气马赫数为 0.2~0.3,绝对速度为 120~220 m/s。

为了进一步提高压气机增压比，现代航空发动机气流速度要求更高。为了保证发动机稳定可靠地燃烧，在旋流器前一般应将流速减为 40~60 m/s。因此，在设计航空发动机燃烧室时，往往会在压气机出口和火焰筒之间设置扩压器，扩压器在航空发动机中的位置如图 3-1 所示。

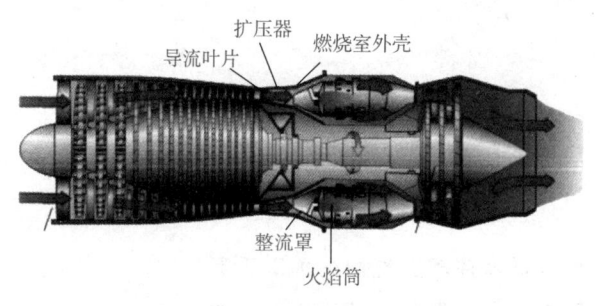

图 3-1 扩压器在航空发动机中的位置

【项目导入】

已知某航空发动机的扩压器零件图，如图 3-2 所示，已知材料为钛合金（TC4），试根据任务中的相关要求，按照单件生产要求，完成零件的加工工艺设计。

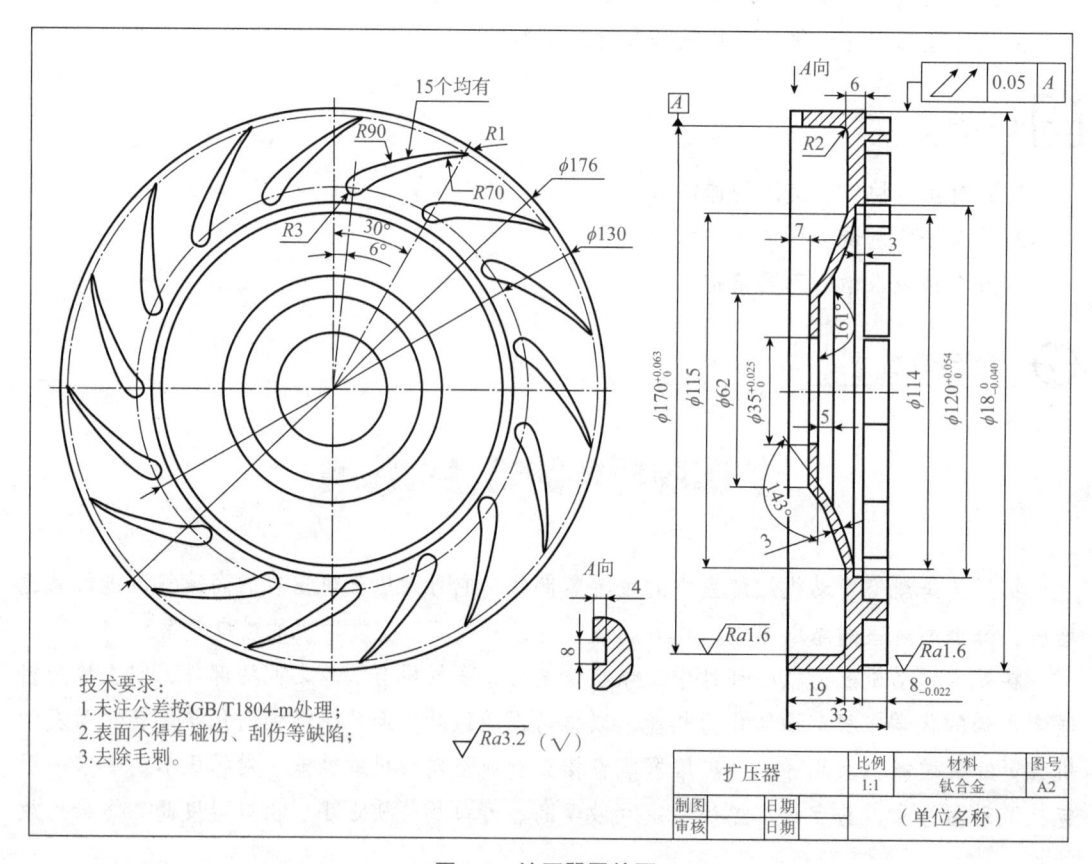

图 3-2 扩压器零件图

【项目实施】

要完成以上航空发动机扩压器零件的机械加工，并确保零件的加工质量，应严格设计其加工工艺，扩压器零件加工的流程如下。

零件的分析 → 加工工艺方案的确定 → 加工工艺规程的设计 → 工艺路线单与工序卡的设计

项目实施按照如下四个任务进行。

任务一　扩压器零件的分析

■ 一、零件的功能与结构分析

扩压器将由压气机出口的高压气流通过扩压调节，控制气流沿行程损失，达到扩压、稳流及提高效率的作用。扩压器广泛应用于航空发动机、汽车发动机增压装置、离心压缩机等领域。

由零件图可知，该扩压器零件主体为回转体，其轴向长度远小于最大直径，是典型的盘类零件，且为薄壁件，其结构主要有外圆、内孔、型腔、凹槽、叶片等形状结构。

■ 二、零件的精度分析

查表 1-1 可知，扩压器零件的外圆柱面 $\phi 180_{-0.040}^{0}$ 尺寸精度为 IT7 级，右侧型腔孔 $\phi 120_{0}^{+0.054}$ 尺寸精度为 IT8 级，左侧型腔孔 $\phi 170_{0}^{+0.063}$ 尺寸精度为 IT8 级，通孔 $\phi 35_{0}^{+0.025}$ 尺寸精度为 IT7 级，叶片高度尺寸 $8_{-0.022}^{0}$ 精度为 IT8 级，其他未注尺寸公差按 GB/T 1804-m 级要求。

外圆柱面 $\phi 180_{-0.040}^{0}$ 相对于型腔孔 $\phi 170_{0}^{+0.063}$ 中心的全跳动度为 0.05 mm。外圆柱面 $\phi 180_{-0.040}^{0}$、型腔孔 $\phi 170_{0}^{+0.063}$ 表面粗糙度 Ra 值要求为 1.6 μm，其余未注表面粗糙度 Ra 值要求为 3.2 μm。

■ 三、零件的工艺性分析

扩压器零件以回转体为主，主要结构为外圆柱面 $\phi 180_{-0.040}^{0}$，型腔孔 $\phi 120_{0}^{+0.054}$、$\phi 170_{0}^{+0.063}$，通孔 $\phi 35_{0}^{+0.025}$，薄壁斜面，$R2$ 圆弧曲面，叶片等。以上部位可通过采用车削加工工艺实现，因有尺寸精度、表面粗糙度要求，其车削加工工艺可采用"粗车－精车"或"粗车－半精车－精车"加工工艺；对于通孔 $\phi 35_{0}^{+0.025}$ 要先进行钻孔，然后再通过车削加工实现；对于 15 个叶片应通过采用铣削加工工艺实现，其铣削加工工艺应采用"粗铣－精铣"加工工艺。

任务二　扩压器零件加工工艺方案的确定

■ 一、加工工艺方案的制订

根据扩压器零件的形状特征、尺寸精度、几何精度和表面粗糙度等要求，加工工艺方案参考如下。

工序 10　备料 $\phi 185 \times 37$ mm。

工序 20　退火，抗拉强度 930~1 030 MPa。

工序 30　通孔 $\phi 35_{0}^{+0.025}$ 的加工（钻孔 $\phi 20$ →粗、精车）。

工序 40　车平右端面，粗、精车右侧外圆 $\phi 180_{-0.040}^{0}$。

工序 50　粗、精车右侧型腔，包括内孔 $\phi 120_{0}^{+0.054}$ 及斜面型腔。

工序 60　调头，车平端面控制总长 33，粗、精车左侧外圆 $\phi 180_{-0.040}^{0}$（与右侧重叠 1 mm）；粗、精车左侧型腔，包括内孔 $\phi 170_{0}^{+0.063}$、圆弧 $R2$、$\phi 115$、$\phi 62$ 及斜面型腔。

工序 70　以内孔 $\phi 120_{0}^{+0.054}$ 为定位基准，固定孔 $\phi 35_{0}^{+0.025}$，粗、精铣定位槽 8×4。

工序 80　以内孔 $\phi 120_{0}^{+0.054}$ 为定位基准，固定孔 $\phi 35_{0}^{+0.025}$，粗、精铣叶片。

工序 90　去毛刺。

工序 100　荧光检验。

工序 110　清洗。

工序 120　包装。

■ 二、工序简图的绘制

按照以上工序的安排，鼓筒轴零件加工工序内容及简图如下。

工序 10　备料 $\phi 185 \times 37$ mm。

工序 20　退火，抗拉强度 930~1 030 MPa。

工序 30　通孔 $\phi 35_{0}^{+0.025}$ 的加工（钻孔 $\phi 20$ →粗、精车），如图 3-3 所示。

工序 40　车平右端面，粗、精车右侧外圆 $\phi 180_{-0.040}^{0}$，如图 3-4 所示。

虚拟仿真 3-1：
扫描二维码查
看工序 30 虚拟
加工过程

虚拟仿真 3-2：
扫描二维码查
看工序 40 虚拟
加工过程

图 3-3　ϕ35 通孔加工　　　　　　　　　图 3-4　粗、精车右侧外圆

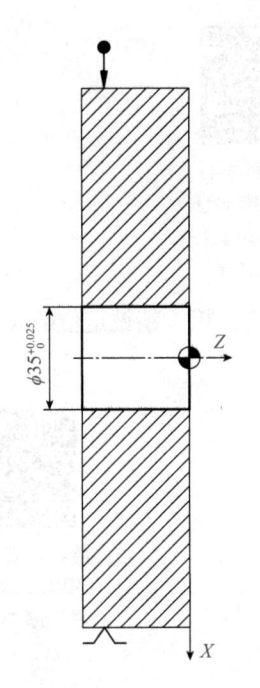

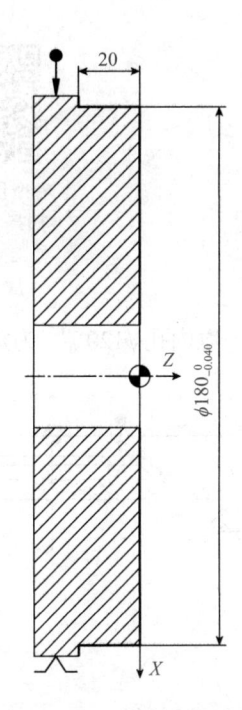

工序 50　粗、精车右侧型腔，包括内孔 $\phi 120_{\ 0}^{+0.054}$ 及斜面型腔，如图 3-5 所示。

工序 60　调头，车平端面控制总长 33，粗、精车左侧外圆 $\phi 180_{-0.040}^{\ 0}$（与右侧重叠 1 mm）；粗、精车左侧型腔，包括内孔 $\phi 170_{\ 0}^{+0.063}$、圆弧 R2、ϕ115、ϕ62 及斜面型腔，如图 3-6 所示。

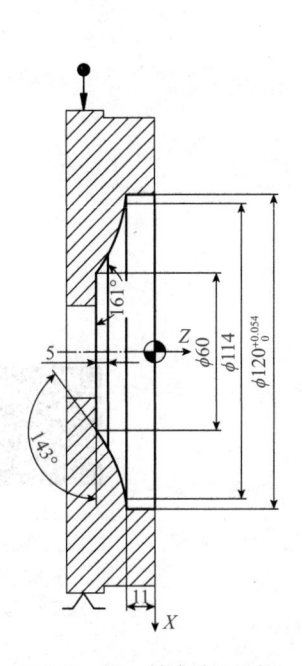

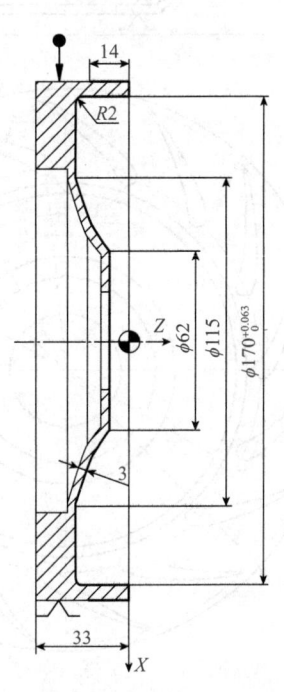

图 3-5　粗、精车右侧型腔　　　　　　　图 3-6　调头，粗、精车左侧外圆及型腔

虚拟仿真 3-3：扫描二维码查看工序 50 虚拟加工过程

虚拟仿真 3-4：扫描二维码查看工序 60 虚拟加工过程

工序 70　以内孔 $\phi 120^{+0.054}_{0}$ 为定位基准，固定孔 $\phi 35^{+0.025}_{0}$，粗、精铣定位槽 8×4（图 3-7）。

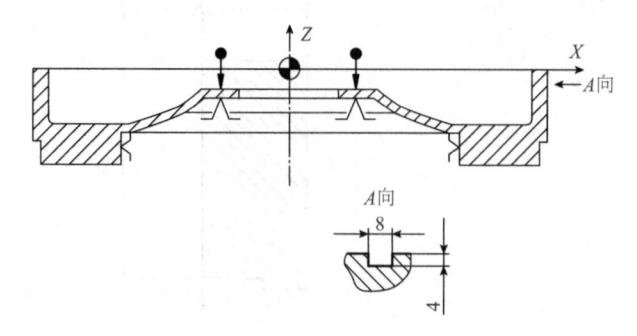

虚拟仿真 3-5：扫描二维码查看工序 70 虚拟加工过程

图 3-7　粗、精铣定位槽 8×4

工序 80　以内孔 $\phi 120^{+0.054}_{0}$ 为定位基准，固定孔 $\phi 35^{+0.025}_{0}$，粗、精铣叶片（图 3-8）。

虚拟仿真 3-6：扫描二维码查看工序 80 虚拟加工过程

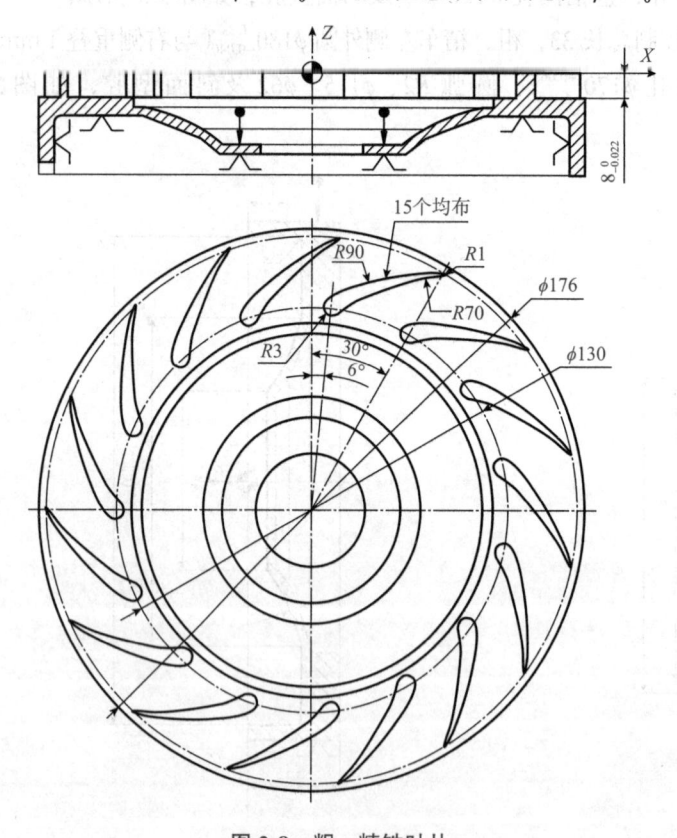

图 3-8　粗、精铣叶片

102

工序 90　去毛刺。

工序 100　荧光检验。

工序 110　清洗。

工序 120　包装。

任务三　扩压器零件加工工艺规程的设计

一、影响加工方法的因素

（1）要考虑加工表面的精度和表面质量要求，根据各加工表面的技术要求，选择加工方法及加工频次。

（2）根据生产类型选择在大批量生产中可专用的高效率设备。在单件小批量生产中则常用通用设备和一般的加工方法。如柴油机连杆小头孔的加工，在小批量生产时，采用钻、扩、铰加工方法，而在大批量生产时采用拉削加工。

（3）要考虑被加工材料的性质，例如，淬火钢必须采用磨削或电加工的方法，而有色金属由于磨削时容易堵塞砂轮，一般都采用精细车削、高速精铣等方法。

（4）要考虑工厂或车间的实际情况，同时不断改进现有加工方法和设备，推广新技术，提高工艺水平。

（5）要考虑一些其他因素，如加工表面物理机械性能的特殊要求、工件形状和质量等。一般按零件主要表面的技术要求来选定最终加工方法。

二、扩压器零件常用材料

1. 扩压器材料的认知

扩压器将由压气机出口的高压气流通过扩压调节，控制气流沿行程损失，达到扩压、稳流及提高效率的作用。扩压器广泛应用于航空发动机、汽车发动机增压装置、离心压缩机等领域。对于航空发动机来说，扩压器是航空发动机燃烧室中的重要零部件，可对压气机出口的高速气流进行减速增压，降低燃烧室的总压损失，稳定燃烧功能，并提高航空发动机的燃烧效率。对于车用扩压器来讲，为了满足车用增压较宽的流量需求，压气机装置大多采用无叶片扩压器。

2. 扩压器常用的材料与特点

扩压器常用的材料有钛合金（TC4）、镍基高温合金（GH4169）等。为确保发动机稳定运行，扩压器主要作用是给发动机提供高压空气混合物，其材料一般采用钛合金，如TC4、TC11、TC17等，或镍基高温合金（如GH4169）。随着发动机涡轮的工作温度越来越高，现代航空发动机的扩压器一般以钛合金、高温合金为主。因为各类整体叶盘的工作环境不同，所以采用的材料也不同，此外，还可采用铝合金、耐热钢。扩压器常用材料牌号及特点见表3-1。

表 3-1 扩压器常用材料牌号及特点

类别	材料牌号	材料特点
铝合金	LD7	属于耐热锻铝。成分和2A80基本相同，但还加入少量的钛，故其组织比2A80细化；因含硅量较少，其热强性也比2A80较高，可热处理强化，工艺性能比2A80稍好，热态下具有高的可塑性；合金不含锰、铬，因而无挤压效应；电阻率、点焊和缝焊性能良好，电弧焊和气焊性差合金的耐腐蚀性尚可，可切削性尚可
钛合金	TC4	具有优良的耐腐蚀性、密度小、高的比强度及较好的韧性和焊接性等一系列优点
耐热钢	1Cr11Ni2W2MoV	具有良好的综合力学性能，已被广泛应用于制造600 ℃以下工作的发动机叶片、叶盘等重要零部件
耐热钢	1Cr12Ni2WMoVNb	具有优秀的综合力学性能。热强度高、耐应力腐蚀性能好、冷热加工性能良好、氩弧焊与点焊裂纹倾向性小
高温合金	GH698	GH698是在GH4033合金基础上补充合金化发展而成的，在500~800 ℃条件下具有高的持久强度和良好的综合性能。该合金广泛应用于制造航空发动机的涡轮盘、压气机盘、导流片、承力环等重要承力零件。工作温度可达750~800 ℃
高温合金	GH901	GH901是早期发展的较成熟的合金，广泛用于制造在650 ℃以下工作的航空及地面燃气涡轮发动机的转动盘形件（涡轮盘、压气机盘、轴颈等）、静结构件、涡轮外环及紧固件等零部件
高温合金	GH4220	GH4220是变形合金中应用温度最高的叶片材料，采用镁微合金化强化了晶界，改善了材料的高温拉伸塑性，提高了持久强度。加工性能较差，但可采用包套轧制工艺生产叶片。然而，随着铸造高温合金和叶片冷却技术的发展，这种合金被替代，未进行工业化生产

3. 扩压器零件材料的选用

本项目选取钛合金 TC4 材料进行任务实施。

4. 钛合金材料的认知与应用

钛是20世纪50年代发展起来的一种重要的结构金属，钛合金因具有强度高、耐腐蚀性好、耐热性高等特点而被广泛用于各个领域。20世纪50~60年代，主要是发展航空发动机用的高温钛合金和机体用的结构钛合金，20世纪70年代开发出一批耐蚀钛合金，20世纪80年代以来，耐蚀钛合金和高强度钛合金得到进一步发展。耐热钛合金的使用温度已从20世纪50年代的400 ℃提高到20世纪90年代的600~650 ℃。A2（Ti_3Al）和TiAl基合金的出现，使钛在发动机的使用部位正由发动机的冷端（风扇和压气机）向发动机的热端（涡轮）方向推进。结构钛合金向高强、高塑、高强高韧、高模量和高损伤容限方向发展。目前，世界上已研制出的钛合金有数百种，最著名的合金有20~30种，如Ti-6Al-

4V、Ti-5Al-2.5Sn、Ti-2Al-2.5Zr、Ti-32Mo、Ti-Mo-Ni、Ti-Pd、SP-700、Ti-6242、Ti-10-5-3、Ti-1023、BT9、BT20、IMI829、IMI834 等。

钛合金是以钛元素为基础加入其他元素组成的合金。钛是同素异构体，它有两种同质异晶体，即 α-钛与 β-钛。α-钛的熔点为 1 668 ℃，在低于 882 ℃时呈密排六方晶格结构；β-钛在 882 ℃以上呈体心立方晶格结构。利用钛的上述两种结构的不同特点，添加适当的合金元素，使其相变温度及组分含量逐渐改变而得到不同组织的钛合金（Titanium Alloys）。

（1）钛合金主要分类。

1）α 钛合金。α 钛合金是 α 相固溶体组成的单相合金，无论是在一般温度下还是在较高的实际应用温度下，均是 α 相，组织稳定，耐磨性高于纯钛，抗氧化能力强。在 500~600 ℃的温度下，仍保持其强度和抗蠕变性能，但不能进行热处理强化，室温强度不高。

2）β 钛合金。β 钛合金是 β 相固溶体组成的单相合金，未热处理即具有较高的强度，淬火、时效后合金得到进一步强化，室温强度可达 1 372~1 666 MPa，但热稳定性较差，不宜在高温下使用。

3）α+β 钛合金。α+β 钛合金是双相合金，具有良好的综合性能，组织稳定性好，有良好的韧性、塑性和高温变形性能，能较好地进行热压力加工，能进行淬火、时效使合金强化。热处理后的强度比退火状态提高 50%~100%；高温强度高，可在 400~500 ℃的温度下长期工作，其热稳定性次于 α 钛合金。

三种钛合金中最常用的是 α 钛合金和 α+β 钛合金。α 钛合金的切削加工性最好；α+β 钛合金次之；β 钛合金最差。α 钛合金代号为 TA；β 钛合金代号为 TB；α+β 钛合金代号为 TC。

（2）钛合金的性能特点。钛是一种新型金属，钛的性能与所含碳、氮、氢、氧等杂质含量有关，最纯的碘化钛杂质含量不超过 0.1%，但其强度低、塑性高。99.5% 工业纯钛的性能为密度 $\rho = 4.5$ g/cm^3，熔点为 1 725 ℃，导热系数 $\lambda = 15.24$ W/（m·K），抗拉强度 $\sigma_b = 539$ MPa，伸长率 $\delta = 25\%$，断面收缩率 $\psi = 25\%$，弹性模量 $E = 1.078 \times 10^5$ MPa，硬度为 HB195。

1）强度高。钛合金的密度一般在 4.51 g/cm^3 左右，仅为钢的 60%，纯钛的强度才接近普通钢的强度，一些高强度钛合金超过了许多合金结构钢的强度。因此，钛合金的比强度（强度/密度）远大于其他金属结构材料，可制出单位强度高、刚性好、质量轻的零部件。目前飞机的发动机构件、骨架、蒙皮、紧固件及起落架等都使用钛合金。

2）热强度高。钛合金的使用温度比铝合金高几百摄氏度，在中等温度下仍能保持所要求的强度，可在 450~500 ℃的温度下长期工作。这两类合金在 150~500 ℃范围内仍有很高的比强度，而铝合金在 150 ℃时比强度明显下降。钛合金的工作温度可达 500 ℃，铝合金则在 200 ℃以下。

3）抗腐蚀好。钛合金在潮湿的大气和海水介质中工作，其抗腐蚀性远优于不锈钢；对点蚀、酸蚀、应力腐蚀的抵抗力特别强；对碱、氯化物、氯的有机物品、硝酸、硫酸等有优良的抗腐蚀能力。但钛对具有还原性氧及铬盐介质的抗腐蚀性差。

4）低温性能好。钛合金在低温和超低温下，仍能保持其力学性能。低温性能好、间隙元素极低的钛合金，如TA7，在 –253 ℃下还能保持一定的塑性。因此，钛合金也是一种重要的低温结构材料。

5）化学活性大。钛的化学活性大，与大气中的 O、N、H、CO、CO_2、水蒸气、氨气等均会产生强烈的化学反应。含碳量大于 0.2% 时，会在钛合金中形成硬质 TiC；温度较高时，与 N 作用也会形成 TiN 硬质表层；在 600 ℃以上时，钛吸收氧形成硬度很高的硬化层；氢含量上升，也会形成脆化层。吸收气体而产生的硬脆表层深度可达 0.1~0.15 mm，硬化程度为 20%~30%。钛的化学亲和性也大，易与摩擦表面产生黏附现象。

6）导热系数小、弹性模量小。钛的导热系数 λ = 15.24 W/(m·K)，约为镍的 1/4，铁的 1/5，铝的 1/14，而各种钛合金的导热系数比钛的导热系数低 50% 左右。钛合金的弹性模量约为钢的 1/2，故其刚性差、易变形，不宜制作细长杆和薄壁件，切削时加工表面的回弹量很大，为不锈钢的 2~3 倍，造成刀具后刀面的剧烈摩擦、黏附、黏结磨损。

（3）钛合金的切削加工性能。钛合金的硬度大于 HB350 时切削加工特别困难，小于 HB300 时则容易出现粘刀现象，也难于切削。钛合金的切削特点如下。

1）变形系数小。变形系数小是钛合金切削加工的显著特点，变形系数小于或接近于 1。切屑在前刀面上滑动摩擦的路程大大增加，加速刀具磨损。

2）切削温度高。钛合金的导热系数很小（只相当于 45 钢的 1/7~1/5），切屑与前刀面的接触长度极短，切削时产生的热量不易传出，集中在切削区和切削刃附近的较小范围内，切削温度高。在相同的切削条件下，切削温度比切削 45 钢高出一倍以上。

3）单位面积上的切削力大。主切削力比切钢时约小 20%，由于切屑与前刀面的接触长度极短，单位接触面积上的切削力大大增加，容易造成崩刃。同时，由于钛合金的弹性模量小，加工时在径向力作用下容易产生弯曲变形，引起振动，加大刀具磨损并影响零件的精度。因此，要求工艺系统应具有较好的刚性。

4）冷硬现象严重。由于钛的化学活性大，在高的切削温度下，很容易吸收空气中的氧和氮形成硬而脆的外皮，同时切削过程中的塑性变形也会造成表面硬化。冷硬现象不仅会降低零件的疲劳强度，而且会加剧刀具磨损，是切削钛合金时的一个重要特点。

5）刀具易磨损。毛坯经过冲压、锻造、热轧等方法加工后，形成硬而脆的不均匀外皮，极易造成崩刃现象，使切除硬皮成为钛合金加工中最困难的工序。另外，钛合金对刀具材料的化学亲和性强，在切削温度高和单位面积上切削力大的条件下，刀具容易产生黏结磨损。当车削钛合金时，有时前刀面的磨损甚至比后刀面更为严重；当进给量 f < 0.1 mm/r 时，磨损主要发生在后刀面上；当进给量 f > 0.2 mm/r 时，前刀面将出现磨损；用硬质合金刀具精车和半精车时，后刀面的磨损以 $VB\mathrm{max}$ < 0.4 mm 较为合适。

（4）切削钛合金对刀具的要求。切削钛合金时，主要考虑降低切削温度和减少黏结两个方面。应选用硬性好、抗弯强度高、导热性能好、与钛合金亲和性差的刀具材料，例如，YG 类硬质合金是比较合适切削钛合金材料的。高速钢的耐热性差，因此应尽量避免选用高速度钢刀具。常用的硬质合金刀具材料有 YG8、YG3、YG6X、YG6A、813、643、

YS2T 和 YD15 等。

涂层刀片和 YT 类硬质合金会与钛合金产生剧烈的亲和作用，加剧刀具的黏结磨损，不宜用来切削钛合金；对于复杂、多刃刀具，可选用高钒高速钢（如 W12Cr4V4Mo）、高钴高速钢（如 W2Mo9Cr4VCo8）或铝高速钢（如 W6Mo5Cr4V2Al、M10Mo4Cr4V3Al）等刀具材料，适于制作切削钛合金的钻头、铰刀、立铣刀、拉刀、丝锥等刀具。

采用金刚石和立方氮化硼制作刀具切削钛合金，可取得显著效果。如用天然金刚石刀具在乳化液冷却的条件下，切削速度可达 200 m/min；若不用切削液，在同等磨损量时，允许的切削速度仅为 100 m/min。

（5）工程应用。钛合金具有强度高而密度小、机械性能好、韧性和抗腐蚀性能很好的特点。但是，钛合金的工艺性能差、切削加工困难，在热加工中，非常容易吸收氢、氧、氮、碳等杂质，而且抗磨性差，生产工艺复杂。钛合金牌号有近 30 种，使用最广泛的钛合金是 Ti-6Al-4V（TC4）、Ti-5Al-2.5Sn（TA7）和工业纯钛（TA1、TA2 和 TA3）。

钛合金主要用于制作飞机发动机压气机部件，其次为火箭、导弹和高速飞机的结构件，还用于制作电解工业的电极、发电站的冷凝器、石油精炼和海水淡化的加热器，以及环境污染控制装置等。钛及其合金已成为一种耐蚀结构材料。此外，它还用于生产贮氢材料和形状记忆合金等。

钛合金是航空航天工业中使用的一种新的重要结构材料，其比重、强度和使用温度介于铝和钢之间，且比强度高并具有优异的抗海水腐蚀性能和超低温性能。1950 年，美国首次在 F-84 战斗轰炸机上将钛合金用于后机身隔热板、导风罩、机尾罩等非承力构件。20 世纪 60 年代开始，钛合金的使用部位从后机身移向中机身、部分代替结构钢制造隔框、梁、襟翼滑轨等重要承力构件。20 世纪 70 年代起，民用机开始大量使用钛合金，如波音 747 客机用钛量在 3 640 kg 以上。马赫数小于 2.5 的飞机用钛主要是为了代替钢，以减小结构质量。又如，美国 SR-71 高空高速侦察机（飞行马赫数为 3，飞行高度为 26 212 m），钛占飞机结构质量的 93%，号称"全钛"飞机。当航空发动机的推重比从 4~6 提高到 8~10，压气机出口温度相应地从 200~300℃ 增加到 500~600℃ 时，原来用铝制造的低压压气机盘和叶片就必须改用钛合金，或用钛合金代替不锈钢制造高压压气机盘和叶片，以减小结构质量。20 世纪 70 年代，钛合金在航空发动机中的用量一般占结构总重量的 20%~30%，主要用于制造压气机部件，如锻造钛风扇、压气机盘和叶片、铸钛压气机机匣、中介机匣、轴承壳体等。航天器主要利用钛合金的高比强度、耐腐蚀和耐低温性能来制造各种压力容器、燃料贮箱、紧固件、仪器绑带、构架和火箭壳体。人造地球卫星、登月舱、载人飞船和航天飞机等均使用钛合金板材焊接件。

三、扩压器零件毛坯的确定

1. 毛坯的类型

航空发动机轴类零件主要有高压压气机前轴颈、高压压气机后轴颈、风扇轴颈、整体盘轴结构轴颈、高压涡轮转子轴颈、高压涡轮后轴、涡轮轴、扩压器等。按照结构特点，轴类零件可分为薄壁空心长轴、轴颈类轴、鼓筒类轴。轴类零件的毛坯基本上采用锻件；批量少的试制件采用自由锻或胎模锻；正式生产多采用模锻件。

（1）扩压器零件在航空发动机中主要起加压作用，其结构多为盘类零件，通常安装在燃烧室的前端，并经过多级加压为航空发动机提供更多可供燃烧的气体，其材料一般有钛合金、镍基高温合金等。扩压器零件工作时处于高速运转状态，对材料的均匀性、强度、刚度等有着更高要求。

（2）扩压器毛坯主要有模锻件、铸造件。

（3）锻件毛坯主要通过模锻的方法获得。模锻是指在专用模锻设备上，利用模具使毛坯成型而获得锻件的方法。该方法生产的锻件其尺寸较精确，加工余量较小，生产率高。

（4）铸件主要采用铸造的方法获得，铸造是将液体金属浇铸到与零件形状相适应的铸造空腔中，待其冷却凝固后，以获得零件或毛坯的方法。对于形状复杂的毛坯采用铸造工艺时，更能显示其经济性。注意：在浇铸的过程中避免表面形成渣孔、气泡等缺陷。该方法获得的铸造件其尺寸精确，加工余量小，结构复杂，生产率高。

2. 扩压器零件毛坯的确定

由扩压器零件的结构形状、尺寸、材料（钛合金）等要求，可选择锻件毛坯；再由零件的最大外径 ϕ180 mm、最大高度 33 mm，确定毛坯的尺寸规格为 ϕ185×37 mm，如图 3-9 所示。

3. 生产类型与生产纲领

毛坯的生产方案见表 3-2。

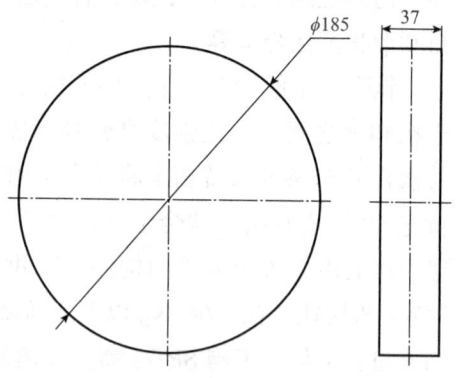

图 3-9 扩压器零件毛坯图

表 3-2 毛坯的生产方案

生产类型		零件年生产纲领 / 件			工作地每月担负的工序数 / 个
		重型机械或重型零件（>100 kg）	中型机械或中型零件（10~100 kg）	小型零件或轻型零件（<10 kg）	
单件生产		≤5	≤10	≤100	不做规定
成批生产	小批生产	>5~100	>10~200	>100~500	>20~40
	中批生产	>100~300	>200~500	>500~5 000	>10~20
	大批生产	>300~1 000	>500~5 000	>5 000~50 000	>1~10
大量生产		>1 000	>5 000	>50 000	1

四、机床的选择

扩压器结构主要为盘类零件，主要包括外圆柱面、内圆柱面、型腔面、内孔、定位槽、叶片等形状特征。对于外圆柱面、内圆柱面、型腔面、内孔等部位应采用车削加工工艺，可选取数控车床进行加工，如 CA6140 数控车床等；对于定位槽、叶片等部位应采用铣削加工工艺，可选取数控铣床进行加工，如 VMC850 数控铣床等。

五、刀具的选用

车削加工的基本内容（车外圆、车内孔、车成型面、车螺纹、钻孔等）、铣削加工的基本内容（铣平面、铣槽、铣台阶面、铣齿形、铣曲面等）及刀具的选取方法，已在项目二进行了详细描述，这里仅根据扩压器零件的结构形状、技术要求等进行具体的选取即可。

钛合金属于难加工材料，当硬度大于 HB350 时，切削加工比较困难，小于 HB300 时容易出现粘刀现象。因此，为了更好地加工钛合金材料，其刀具材料可选用钨钴类硬质合金或钨钴硬质合金涂层刀具。针对本零件，选取的刀具规格如下。

（1）车削外圆柱面时，可选择机夹 93° 外圆车刀，如图 3-10 所示。

（2）车削内轮廓型面时，可选择盲孔车刀，如图 3-11 所示。

（3）加工轴向通孔 ϕ35 时，可选择定心钻、麻花钻、通孔车刀，如图 3-12~图 3-14 所示。

图 3-10　机夹 93° 外圆车刀

图 3-11　主偏角 107.5° 盲孔车刀

图 3-12　定心钻

图 3-13　麻花钻

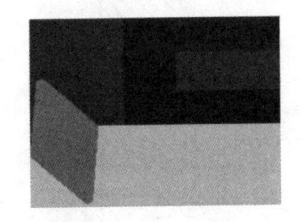

图 3-14　通孔车刀

根据以上分析，加工扩压器零件的刀具见表 3-3。

表 3-3　机械加工刀具卡

序号	刀具号	刀具名称及规格	刀具材料	加工的表面
1	T01	定心钻 $\phi 3$（2齿）	硬质合金	$\phi 35$
2	T02	麻花钻 $\phi 20$（3齿）	硬质合金	$\phi 35$ 的底孔 $\phi 20$
3	T03	93°外圆车刀	硬质合金	$\phi 180$、$\phi 176$、倒角
4	T04	通孔车刀	硬质合金	通孔 $\phi 35$
5	T05	107.5°盲孔车刀	硬质合金	内轮廓型面
6	T06	立铣刀 $\phi 5$（3齿）	硬质合金	定位槽 8×4
7	T07	立铣刀 $\phi 10$（3齿）	硬质合金	叶片

■ 六、定位基准的选择

1. 定位基准的一般选择

定位基准的选择包括粗、精基准的选择，其选择原则已在项目一中有过详细说明，这里不再赘述。

2. 扩压器零件定位基准的确定

根据粗、精基准的选择原则及扩压器零件的形状特点，其粗、精基准的选择如下。

（1）粗基准的选择。通孔 $\phi 35_0^{+0.025}$ 的加工（钻孔→粗、精车通孔）；车平右端面，粗、精车右侧外圆 $\phi 180$；粗、精车右侧型腔时，以 $\phi 185$ 毛坯外圆柱面为粗基准，如图 3-15 所示。

（2）车削左侧内轮廓精基准的选择。调头，车平端面控制总长 33，粗、精车左侧型腔，以侧 $\phi 180$ 外圆为精基准，如图 3-16 所示。

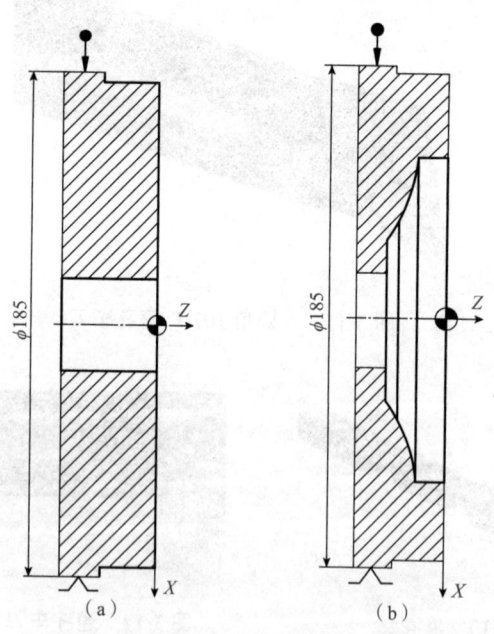

图 3-15　右侧内外轮廓及通孔加工的粗基准
（a）通孔、平端面及外圆加工；（b）右侧型腔加工

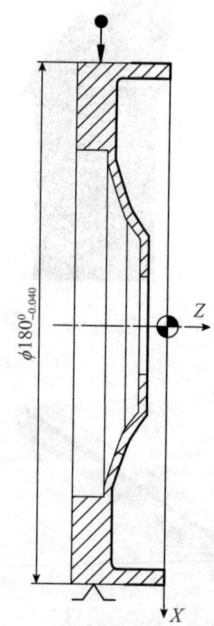

图 3-16　车削左侧内轮廓的精基准

（3）铣削槽 8×4 精基准的选择。铣削固定槽 8×4，选择 $\phi120$ 为定位基准，中间部位的平面为夹紧面，如图 3-17 所示。

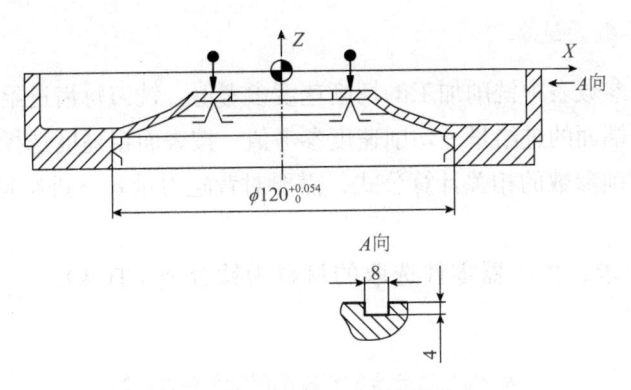

图 3-17　铣削槽 8×4 的精基准

（4）精车外圆 $\phi180_{-0.040}^{0}$ 铣削叶片精基准的选择。精车外圆 $\phi180_{-0.040}^{0}$ 时，选择 $\phi120$ 为定位基准，中间部位的平面为夹紧面，如图 3-18 所示。铣削叶片时，选择 $\phi170$ 为定位基准，选择底部为支靠面，中间部位的平面为夹紧面，如图 3-18 所示。

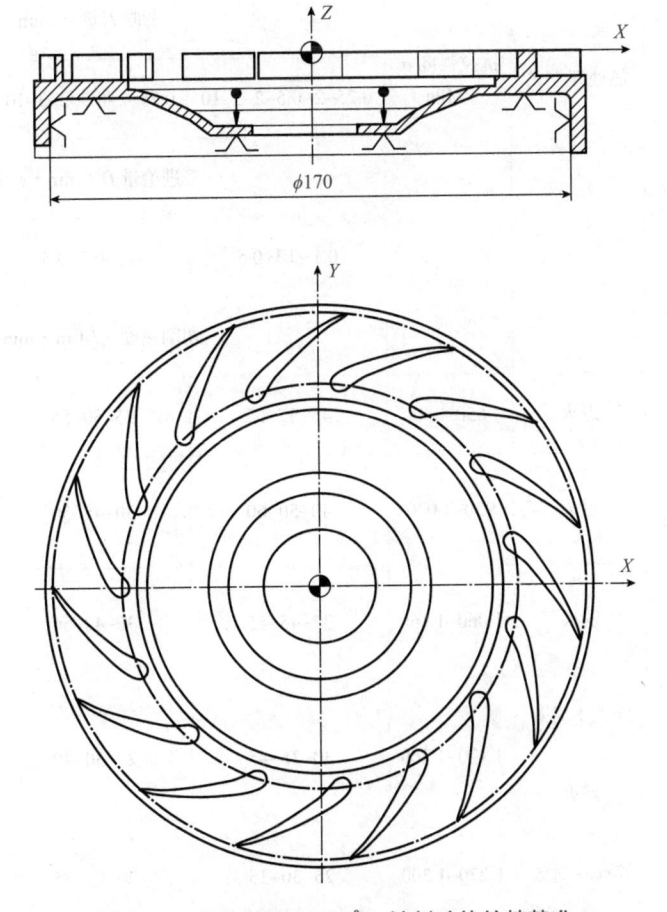

图 3-18　精车外圆 $\phi180_{-0.040}^{0}$ 铣削叶片的精基准

七、加工参数的选取与计算

1. 车削加工参数的选取

根据后续加工参数表中铣削加工的切削速度参考值、铣刀每齿进给量参考值、硬质合金车刀粗车外圆及端面的进给量、切削速度参考值、按表面粗糙度选择进给量的参考值等经验值,并结合切削参数的相关计算公式,需要对背吃刀量 a_p、进给量 f、切削速度 v_c 进行选取。

依据任务的要求,扩压器零件选取的材料为钛合金(TC4),其车削参数的选取见表3-4、表3-5。

表3-4 钛合金材料车削时切削速度参数

零件材料	热处理方式	抗拉强度 σ_b /MPa	钨钴细微粒硬质合金	钨钴硬质合金	钨钴硬质合金 TiAlN 涂层
			背吃刀量 a_p/mm		
			0.25~2–0.5~2–3~10	0.25~2–0.5~2–3~10	0.25~2–0.5~2–3~10
			进给量 f/(mm·r^{-1})		
			0.1~0.3~0.5	0.1~0.3~0.5	0.1~0.3~0.5
			切削速度 v_c/(m·min^{-1})		
TC1、TC2、TA7	退火	650~880	45~55~65	35~50~55	35~50~55
ZTC4、TC4、TC9、TA15、TA11、TA14	退火	930~1 030	40~50~60	30~45~50	30~45~50
TC6、TC8、TC11、TC17、TA19	退火	1 060~1 160	35~45~55	30~40~50	30~40~50
TC4、TA14	淬火+时效	1 170~1 200	30~35~45	20~30~40	20~30~40
TC6	淬火				
TC6、TC11、TC17	淬火+时效	1 270~1 300	25~30~35	20~25~35	20~25~30

表 3-5 钛合金材料切断、切槽切削速度参数

零件材料	热处理方式	抗拉强度 σ_b /MPa	切断、外圆切槽、切越程槽 刀具材料 钨钴硬质合金 TiAlN 涂层	钨钴硬质合金 TiCN 涂层	钨钴硬质合金	内圆切槽、端面槽 刀具材料 钨钴硬质合金 TiAlN 涂层	钨钴硬质合金 TiCN 涂层	钨钴硬质合金
			背吃刀量 a_p/mm					
			0.25~2-0.5~2	0.25~2-0.5~2	0.25~2-0.5~2	0.25~2-0.5~2	0.25~2-0.5~2	0.25~2-0.5~2
			进给量 f/(mm·r^{-1})					
			0.05~0.5			0.05~0.5		
			切削速度 v_c/(m·min^{-1})					
TC1、TC2、TA7	退火	650~880	45~60	60~70	45~60	30~45	35~55	30~45
ZTC4、TC4、TC9、TA15、TA11、TA14	退火	930~1 030	40~55	50~65	40~55	25~40	30~50	25~40
TC6、TC8、TC11、TC17、TA19	退火	1 060~1 160	30~50	50~65	30~50	20~40	30~50	20~30
TC4、TA14	淬火+时效	1 170~1 200	25~45	45~60	25~45	20~35	30~45	20~25
TC6	淬火							
TC6、TC11、TC17	淬火+时效	1 270~1 300	20~40	40~50	20~40	15~30	25~40	15~20

数控加工编程时一般要输入主轴转速，主轴转速与切削速度的计算公式如下：

$$n = \frac{1\,000 v_c}{\pi d} \tag{3-1}$$

式中　n——主轴转速（r/min）；

　　　v_c——切削速度（m/min）；

　　　d——工件加工表面或刀具的最大直径（mm）。

2.铣削加工参数的选取

铣削时，切削速度的选择同时满足背吃刀量、每齿进给量对应的参数条件时，方可确定切削速度。铣削加工切削参数的选取见表 3-6~ 表 3-8。

表 3-6　机夹铣刀铣削钛合金切削速度参数

零件材料	热处理方式	抗拉强度 σ_b /MPa	钨钴硬质合金 TiAlN 涂层	钨钴硬质合金	超细微粒钨钴硬质合金	钨钴硬质合金 TiCN 涂层
			背吃刀量 a_p/mm			
			0.25~2–0.5~2–3~10	0.25~2–0.5~2–3~10	0.25~2–0.5~2–3~10	0.25~2–0.5~2–3~10
			每齿进给量 f_z/mm			
			0.05~0.15~0.2	0.1~0.15~0.2	0.1~0.15~0.2	0.05~0.15~0.25
			切削速度 v_c/(m·min^{-1})			
TC1、TC2、TA7	退火	650~880	50~60~65	50~55~60	45~50~50	45~50~60
ZTC4、TC4、TC9、TA15、TA11、TA14	退火	930~1 030	45~55~60	45~50~55	40~45~45	40~45~55
TC6、TC8、TC11、TC17、TA19	退火	1 060~1 160	40~40~50	35~40~45	30~35~40	35~40~45
TC4、TA14	淬火 + 时效	1 170~1 200	35~35~45	30~35~40	25~30~35	30~35~40
TC6	淬火					
TC6、TC11、TC17	淬火 + 时效	1 270~1 300	30~30~40	25~30~35	20~25~30	25~30~35

在用硬质合金钻头钻削钛合金时，其每齿进给量、切削速度见表 3-7。

表 3-7　硬质合金钻头钻削钛合金的切削速度参数

零件材料	热处理方式	抗拉强度 σ_b /MPa	刀具材料	切削速度 v_c /(m·min^{-1})	>3~6	>6~10	>10~14	>14~20
					钻头直径 D/mm			
					每齿进给量 f_z/mm			
TC1、TC2、TA7	退火	650~880	超细微粒钨钴硬质合金、钨钴硬质合金 TiCN 涂层	17~33	0.06~0.11	0.08~0.17	0.15~0.26	0.17~0.3
ZTC4、TC4、TC9、TA15、TA11、TA14	退火	930~1 030		16~32	0.06~0.1	0.08~0.16	0.14~0.25	0.16~0.28
TC6、TC8、TC11、TC17、TA19	退火	1 060~1 160		15~30	0.06~0.1	0.08~0.15	0.13~0.24	0.15~0.26
TC4、TA14	淬火 + 时效	1 170~1 200		14~28	0.06~0.09	0.07~0.14	0.12~0.22	0.14~0.25
TC6	淬火							
TC6、TC11、TC17	淬火 + 时效	1 270~1 300		13~25	0.06~0.08	0.06~0.13	0.11~0.2	0.13~0.22

在实体材料上加工孔时，其加工方式及加工余量见表3-8。

表3-8 在实体材料上的孔加工方式及加工余量

加工孔的直径/mm	直径/mm							
	钻		粗加工		半精加工		精加工（H7、H8）	
	第一次	第二次	粗镗	扩孔	粗铰	半精镗	精铰	精镗
3	2.9	—	—	—	—	—	3	—
4	3.9	—	—	—	—	—	4	—
5	4.8	—	—	—	—	—	5	—
6	5.0	—	—	5.85	—	—	6	—
8	7.0	—	—	7.85	—	—	8	—
10	9.0	—	—	9.85	—	—	10	—
12	11.0	—	—	11.85	11.95	—	12	—
13	12.0	—	—	12.85	12.95	—	13	—
14	13.0	—	—	13.85	13.95	—	14	—
15	14.0	—	—	14.85	14.95	—	15	—
16	15.0	—	—	15.85	15.95	—	16	—
18	17.0	—	—	17.85	17.95	—	18	—
20	18.0	—	19.8	19.8	19.95	19.90	20	20
22	20.0	—	21.8	21.8	21.95	21.90	22	22
24	22.0	—	23.8	23.8	23.95	23.90	24	24
25	23.0	—	24.8	24.8	24.95	24.90	25	25
26	24.0	—	25.8	25.8	25.95	25.90	26	26
28	26.0	—	27.8	27.8	27.95	27.90	28	28
30	15.0	28.0	29.0	29.8	29.95	29.90	30	30
32	15.0	30.0	31.7	31.75	31.93	31.90	32	32
35	20.0	33.0	34.7	34.75	34.93	34.90	35	35
38	20.0	36.0	37.7	37.75	37.93	37.90	38	38
40	25.0	38.0	39.7	39.75	39.93	39.90	40	40

刀具有齿数 z，当确定进给量时，其进给速度的计算公式如下：

$$F = f_z \times z \times n \tag{3-2}$$

式中 F——进给速度（mm/min）；

f_z——每齿进给量（mm）；

z——铣刀齿数；

n——主轴转速（r/min）。

3. 切削加工参数的计算

依据工艺方案、切削参数表等确定，扩压器零件各工序加工参数的相关计算如下。

"工序 30　通孔 $\phi35_{\ 0}^{+0.025}$ 的加工（钻孔 $\phi20\to$ 粗、精车）"加工参数的确定。

（1）刀具的选用。零件材料为钛合金 TC4，该工序分 3 道工步，刀具见表 3-9。

表 3-9　工序 30 所用的刀具

序号	刀号	刀具材料与规格	加工部位
1	T01	硬质合金，定心钻 $\phi3$（2 齿）	$\phi35$ 的中心孔 $\phi3$
2	T02	硬质合金，麻花钻 $\phi20$（3 齿）	$\phi35$ 的底孔 $\phi20$
3	T04	钨钴硬质合金，通孔车刀	通孔 $\phi35$

（2）参数选取与计算。

工步 1：钻中心孔 $\phi3$。

查表 3-7 可知，每齿进给量的取值范围 0.06~0.1 mm，取 0.06 mm；切削速度的取值范围 16~32 m/min，取 20 m/min，由式（3-1）可得主轴转速 n：

$$n = \frac{1\,000v_c}{\pi d} = \frac{1\,000\times 20}{3.14\times 3} = 2\,123.14\,(\text{r/min})，取整：n = 2\,000\,\text{r/min}$$

实际切削速度 v_c：

$$v_c = \frac{\pi dn}{1\,000} = \frac{3.14\times 3\times 2\,000}{1\,000} = 18.84\,(\text{m/min})$$

由式（3-2）可得进给速度 F：

$$F = f_z\times z\times n = 0.06\times 2\times 2\,000 = 240\,(\text{mm/min})$$

工步 2：钻底孔 $\phi20$。

查表 3-7 可知，每齿进给量的取值范围 0.16~0.28 mm，取 0.2 mm；切削速度的取值范围 16~32 m/min，取 19 m/min，由式（3-1）可得主轴转速 n：

$$n = \frac{1\,000v_c}{\pi d} = \frac{1\,000\times 19}{3.14\times 20} = 302.55\,(\text{r/min})，取整：n = 300\,\text{r/min}$$

实际切削速度 v_c：

$$v_c = \frac{\pi dn}{1\,000} = \frac{3.14\times 20\times 300}{1\,000} = 18.84\,(\text{m/min})$$

由式（3-2）可得进给速度 F：

$$F = f_z\times z\times n = 0.2\times 3\times 300 = 180\,(\text{mm/min})$$

工步 3：粗车通孔 $\phi 35^{+0.025}_{0}$。

查表 3-4 可知，背吃刀量的取值范围 0.25~2–0.5~2–3~10 mm，取 1 mm；进给量的取值范围 0.1~0.3~0.5 mm/r，取 0.3 mm/r；切削速度的取值范围 30~45~50 m/min，取 33 m/min，由式（3-1）可得主轴转速 n：

$$n = \frac{1\,000 v_c}{\pi d} = \frac{1\,000 \times 33}{3.14 \times 35} = 300.27 \text{（r/min）}，取整：n = 300 \text{ r/min}$$

实际切削速度 v_c：

$$v_c = \frac{\pi d n}{1\,000} = \frac{3.14 \times 35 \times 300}{1\,000} = 32.97 \text{（m/min）}$$

工步 4：精车通孔 $\phi 35^{+0.025}_{0}$。

查表 3-4 可知，背吃刀量的取值范围 0.25~2–0.5~2–3~10 mm，取 0.3 mm；进给量的取值范围 0.1~0.3~0.5 mm/r，取 0.1 mm/r；切削速度的取值范围 30~45~50 m/min，取 50 m/min，由式（3-1）可得主轴转速 n：

$$n = \frac{1\,000 v_c}{\pi d} = \frac{1\,000 \times 50}{3.14 \times 35} = 454.96 \text{（r/min）}，取整：n = 450 \text{ r/min}$$

实际切削速度 v_c：

$$v_c = \frac{\pi d n}{1\,000} = \frac{3.14 \times 35 \times 450}{1\,000} = 49.46 \text{（m/min）}$$

"工序 40 车平右端面，粗、精车右侧外圆 $\phi 180^{0}_{-0.040}$" 加工参数的确定。

（1）刀具的选用。刀具材料及规格：钨钴硬质合金，93° 外圆车刀。

（2）参数选取与计算。

工步 1：车平右端面。

车平右端面的切削参数参照表 3-5，背吃刀量的取值范围 0.25~2–0.5~2 mm，取 0.3 mm；进给量的取值范围 0.05~0.5 mm/r，取 0.1 mm/r；切削速度的取值范围 40~55 m/min，取 50 m/min，由式（3-1）可得主轴转速 n：

$$n = \frac{1\,000 v_c}{\pi d} = \frac{1\,000 \times 50}{3.14 \times 180} = 88.46 \text{（r/min）}，取整：n = 90 \text{ r/min}$$

实际切削速度 v_c：

$$v_c = \frac{\pi d n}{1\,000} = \frac{3.14 \times 180 \times 90}{1\,000} = 50.87 \text{（m/min）}$$

工步 2：粗车右侧外圆 $\phi 180$。

查表 3-4 可知，背吃刀量的取值范围 0.25~2–0.5~2–3~10 mm，取 1 mm；进给量的取值范围 0.1~0.3~0.5 mm/r，取 0.3 mm/r；切削速度的取值范围 30~45~50 m/min，取 35 m/min，由公式 3-1 可得主轴转速 n：

$$n = \frac{1\,000v_c}{\pi d} = \frac{1\,000 \times 35}{3.14 \times 180} = 61.92 \text{（r/min）}, \text{取整：} n = 60 \text{ r/min}$$

实际切削速度 v_c：

$$v_c = \frac{\pi dn}{1\,000} = \frac{3.14 \times 180 \times 60}{1\,000} = 33.91 \text{（m/min）}$$

工步 3：精车右侧外圆 $\phi180$。

查表 3-4 可知，背吃刀量的取值范围 0.25~2–0.5~2–3~10 mm，取 0.3 mm；进给量的取值范围 0.1~0.3~0.5 mm/r，取 0.1 mm/r；切削速度的取值范围 30~45~50 m/min，取 48 m/min，由式（3-1）可得主轴转速 n：

$$n = \frac{1\,000v_c}{\pi d} = \frac{1\,000 \times 48}{3.14 \times 180} = 84.93 \text{（r/min）}, \text{取整：} n = 85 \text{ r/min}$$

实际切削速度 v_c：

$$v_c = \frac{\pi dn}{1\,000} = \frac{3.14 \times 180 \times 85}{1\,000} = 48.04 \text{（m/min）}$$

"工序 50 粗、精车右侧型腔，包括内孔 $\phi120^{+0.054}_{\ 0}$ 及斜面型腔"加工参数的确定。

（1）刀具的选用。刀具材料及规格：钨钴硬质合金，93° 外圆车刀。

（2）参数选取与计算。

工步 1：粗车右侧型腔。

查表 3-4 可知，背吃刀量的取值范围 0.25~2–0.5~2–3~10 mm，取 1 mm；进给量的取值范围 0.1~0.3~0.5 mm/r，取 0.3 mm/r；切削速度的取值范围 30~45~50 m/min，取 35 m/min，由式（3-1）可得主轴转速 n：

$$n = \frac{1\,000v_c}{\pi d} = \frac{1\,000 \times 35}{3.14 \times 120} = 92.89 \text{（r/min）}, \text{取整：} n = 95 \text{ r/min}$$

实际切削速度 v_c：

$$v_c = \frac{\pi dn}{1\,000} = \frac{3.14 \times 120 \times 95}{1\,000} = 35.80 \text{（m/min）}$$

工步 2：精车右侧型腔。

查表 3-4 可知，背吃刀量的取值范围 0.25~2–0.5~2–3~10 mm，取 0.3 mm；进给量的取值范围 0.1~0.3~0.5 mm/r，取 0.1 mm/r；切削速度的取值范围 30~45~50 m/min，取 50 m/min，由式（3-1）可得主轴转速 n：

$$n = \frac{1\,000v_c}{\pi d} = \frac{1\,000 \times 50}{3.14 \times 120} = 132.70 \text{（r/min）}, \text{取整：} n = 130 \text{ r/min}$$

实际切削速度 v_c：

$$v_c = \frac{\pi d n}{1\,000} = \frac{3.14 \times 120 \times 130}{1\,000} = 48.98\ (\text{m/min})$$

"工序 60　调头，车平端面控制总长 33，粗、精车左侧外圆 $\phi180_{-0.040}^{0}$（与右侧重叠 1 mm）；粗、精车左侧型腔，包括内孔 $\phi170_{0}^{+0.063}$、圆弧 $R2$、$\phi115$、$\phi62$ 及斜面型腔"加工参数的确定。

（1）刀具的选用。刀具材料及规格：钨钴硬质合金，93° 外圆车刀，用于车平端面、车削外圆；钨钴硬质合金，107.5° 盲孔车刀，用于车削内孔等型腔。

（2）参数选取与计算。

工步 1：车平左端面，控制总长 33。

车平左端面的切削参数参照表 3-5，背吃量的取值范围 0.25~2-0.5~2 mm，取 0.3 mm；进给量的取值范围 0.05~0.5 mm/r，取 0.1 mm/r；切削速度的取值范围 40~55 m/min，取 50 m/min，由式（3-1）可得主轴转速 n：

$$n = \frac{1\,000 v_c}{\pi d} = \frac{1\,000 \times 50}{3.14 \times 180} = 88.46\ (\text{r/min}),\ 取整：n = 90\ \text{r/min}$$

实际切削速度 v_c：

$$v_c = \frac{\pi d n}{1\,000} = \frac{3.14 \times 180 \times 90}{1\,000} = 50.87\ (\text{m/min})$$

工步 2：粗车左侧外圆 $\phi180$。

查表 3-4 可知，背吃量的取值范围 0.25~2-0.5~2-3~10 mm，取 1 mm；进给量的取值范围 0.1~0.3~0.5 mm/r，取 0.3 mm/r；切削速度的取值范围 30~45~50 m/min，取 35 m/min，由式（3-1）可得主轴转速 n：

$$n = \frac{1\,000 v_c}{\pi d} = \frac{1\,000 \times 35}{3.14 \times 180} = 61.92\ (\text{r/min}),\ 取整：n = 60\ \text{r/min}$$

实际切削速度 v_c：

$$v_c = \frac{\pi d n}{1\,000} = \frac{3.14 \times 180 \times 60}{1\,000} = 33.91\ (\text{m/min})$$

工步 3：精车左侧外圆 $\phi180$。

查表 3-4 可知，背吃量的取值范围 0.25~2-0.5~2-3~10 mm，取 0.3 mm；进给量的取值范围 0.1~0.3~0.5 mm/r，取 0.1 mm/r；切削速度的取值范围 30~45~50 m/min，取 48 m/min，由式（3-1）可得主轴转速 n：

$$n = \frac{1\,000 v_c}{\pi d} = \frac{1\,000 \times 48}{3.14 \times 180} = 84.93\ (\text{r/min}),\ 取整：n = 85\ \text{r/min}$$

实际切削速度 v_c：

$$v_c = \frac{\pi dn}{1\ 000} = \frac{3.14 \times 180 \times 85}{1\ 000} = 48.04\ (\text{m/min})$$

说明：本工序的前 3 个工步（车平左端面、粗、精车左侧外圆 ϕ180）的参数确定与计算，其参数值应与工序 40 对应工步的参数值保持一致。

工步 4：粗车内孔 ϕ170、圆弧 R2、ϕ115、ϕ62 及斜面型腔。

查表 3-4 可知，背吃刀量的取值范围 0.25~2–0.5~2–3~10 mm，取 1 mm；进给量的取值范围 0.1~0.3~0.5 mm/r，取 0.3 mm/r；切削速度的取值范围 30~45~50 m/min，取 37 m/min，由式（3-1）可得主轴转速 n：

$$n = \frac{1\ 000 v_c}{\pi d} = \frac{1\ 000 \times 37}{3.14 \times 170} = 69.31\ (\text{r/min}),\ 取整：n = 70\ \text{r/min}$$

实际切削速度 v_c：

$$v_c = \frac{\pi dn}{1\ 000} = \frac{3.14 \times 170 \times 70}{1\ 000} = 37.37\ (\text{m/min})$$

工步 5：精车内孔 ϕ170、圆弧 R2、ϕ115、ϕ62 及斜面型腔。

查表 3-4 可知，背吃刀量的取值范围 0.25~2–0.5~2–3~10 mm，取 0.3 mm；进给量的取值范围 0.1~0.3~0.5 mm/r，取 0.1 mm/r；切削速度的取值范围 30~45~50 m/min，取 50 m/min，由式（3-1）可得主轴转速 n：

$$n = \frac{1\ 000 v_c}{\pi d} = \frac{1\ 000 \times 50}{3.14 \times 170} = 93.67\ (\text{r/min}),\ 取整：n = 90\ \text{r/min}$$

实际切削速度 v_c：

$$v_c = \frac{\pi dn}{1\ 000} = \frac{3.14 \times 170 \times 90}{1\ 000} = 48.04\ (\text{m/min})$$

"工序 70 以内孔 $\phi 120^{+0.054}_{\ 0}$ 为定位基准，固定孔 $\phi 35^{+0.025}_{\ 0}$，粗、精铣定位槽 8×4"加工参数的确定。

（1）刀具的选用。刀具材料及规格：钨钴硬质合金，立铣刀 ϕ5（3 齿）。

（2）参数选取与计算。

工步 1：粗铣定位槽 8 mm（宽度）× 4 mm（深度）。

查表 3-6 可知，背吃刀量的取值范围 0.25~2–0.5~2–3~10 mm，取 1 mm；每齿进给量的取值范围 0.1~0.15~0.2 mm，取 0.15 mm；切削速度的取值范围 45~50~55 m/min，取 46 m/min，由式（3-1）可得主轴转速 n：

$$n = \frac{1\ 000 v_c}{\pi d} = \frac{1\ 000 \times 46}{3.14 \times 5} = 2\ 929.94\ (\text{r/min}),\ 取整：n = 2\ 900\ \text{r/min}$$

实际切削速度 v_c：

$$v_c = \frac{\pi d n}{1\,000} = \frac{3.14 \times 5 \times 2\,900}{1\,000} = 45.53 \text{（m/min）}$$

由式（3-2），进给速度的计算如下：

$$F = f_z \times z \times n = 0.15 \times 3 \times 2\,900 = 1\,305 \text{（mm/min）}$$

工步 2：精铣定位槽 8 mm（宽度）× 4 mm（深度）。

查表 3-6 可知，背吃刀量的取值范围 0.25~2–0.5~2–3~10 mm，取 0.3 mm；每齿进给量的取值范围 0.1~0.15~0.2 mm，取 0.1 mm；切削速度的取值范围 45~50~55 m/min，取 55 m/min，由式（3-1）可得主轴转速 n：

$$n = \frac{1\,000 v_c}{\pi d} = \frac{1\,000 \times 55}{3.14 \times 5} = 3\,503.19 \text{（r/min）}，取整：n = 3\,500 \text{ r/min}$$

实际切削速度 v_c：

$$v_c = \frac{\pi d n}{1\,000} = \frac{3.14 \times 5 \times 3\,500}{1\,000} = 54.95 \text{（m/min）}$$

由式（3-2），进给速度的计算如下：

$$F = f_z \times z \times n = 0.1 \times 3 \times 3\,500 = 1\,050 \text{（mm/min）}$$

"工序 80　以内孔 $\phi 120_{\ 0}^{+0.054}$ 为定位基准，固定孔 $\phi 35_{\ 0}^{+0.025}$，粗、精铣叶片"加工参数的确定。

（1）刀具的选用。刀具材料及规格：钨钴硬质合金，立铣刀 $\phi 10$（3 齿）。

（2）参数选取与计算。

工步 1：粗铣叶片。

查表 3-6 可知，背吃刀量的取值范围 0.25~2–0.5~2–3~10 mm，取 1 mm；每齿进给量的取值范围 0.1~0.15~0.2 mm，取 0.15 mm；切削速度的取值范围 45~50~55 m/min，取 45 m/min，由式（3-1）可得主轴转速 n：

$$n = \frac{1\,000 v_c}{\pi d} = \frac{1\,000 \times 45}{3.14 \times 10} = 1\,433.12 \text{（r/min）}，取整：n = 1\,450 \text{ r/min}$$

实际切削速度 v_c：

$$v_c = \frac{\pi d n}{1\,000} = \frac{3.14 \times 10 \times 1\,450}{1\,000} = 45.53 \text{（m/min）}$$

由公式 3-2，进给速度的计算如下：

$$F = f_z \times z \times n = 0.15 \times 3 \times 1\,450 = 652.5 \text{（mm/min）}$$

工步 2：精铣叶片。

查表 3-6 可知，背吃刀量的取值范围 0.25~2–0.5~2–3~10 mm，取 0.3 mm；每齿进给量的取值范围 0.1~0.15~0.2 mm，取 0.1 mm；切削速度的取值范围 45~50~55 m/min，取

55 m/min，由式（3-1）可得主轴转速 n：

$$n = \frac{1\,000v_c}{\pi d} = \frac{1\,000 \times 55}{3.14 \times 10} = 1\,751.59 \text{（r/min），取整：} n = 1\,750 \text{ r/min}$$

实际切削速度 v_c：

$$v_c = \frac{\pi dn}{1\,000} = \frac{3.14 \times 10 \times 1\,750}{1\,000} = 54.95 \text{（m/min）}$$

由式（3-2），进给速度的计算如下：

$$F = f_z \times z \times n = 0.1 \times 3 \times 1\,750 = 525 \text{（mm/min）}$$

任务四　扩压器零件工艺路线单与工序卡的设计

工艺路线单与工序卡设计得是否合理，对零件加工顺利开展、质量保证、效率提升及生产现场管理等有着至关重要的作用。

■ 一、工艺路线单的填写

根据零件名称与材料、毛坯规格、工艺方案等相关内容，参考项目一的填写方法，完成扩压器零件机械加工工艺路线单的填写（表 3-10）。

表 3-10　机械加工工艺路线单

机械加工工艺路线单					
零件名称		零件材料		零件图号	
毛坯规格		产品名称		生产车间	
工序号	工种	工序内容		夹具	设备名称及型号

续表

工序号	工种	工序内容	夹具	设备名称及型号
编制		审核	批准	第 页 共 页

二、扩压器零件工序卡的填写

工艺路线单设计完成以后，需要对每道工序加工的内容进行具体化，工艺路线单可扫描项目一的二维码分别获取车、铣加工工序卡的空白页。

根据零件的尺寸、几何公差、表面粗糙度及技术要求，结合工艺方案、工艺简图、参数的选取与计算等，现仅选取两道典型工序（车削、铣削）进行填写示范，其余工序的填写方法相同，具体如下。

（1）"工序40 车平右端面，粗、精车右侧外圆 $\phi180_{-0.040}^{0}$" 机械加工工序卡（表3-11）。

表3-11 工序40 机械加工工序卡（已填写的样本）

零件名称	扩压器	机械加工工序卡		工序号	40	工序名称	数车
零件图号							
材料牌号	钛合金	毛坯状态	棒料	机床设备	CA6140	夹具	三爪卡盘

续表

工步号	工步内容	刀具	量具	背吃刀量 /mm	进给量 (mm·r⁻¹)	主轴转速 (r·min⁻¹)
1	车平右端面	93°外圆车刀	游标卡尺	0.3	0.1	90
2	粗车右侧外圆 $\phi180_{-0.040}^{\ 0}$	93°外圆车刀	游标卡尺	1	0.3	60
3	精车右侧外圆 $\phi180_{-0.040}^{\ 0}$	93°外圆车刀	外径千分尺	0.3	0.1	85
编制		审核		批准	日期	第 页 共 页

（2）"工序 80 以内孔 $\phi120_{\ 0}^{+0.054}$ 为定位基准，固定孔 $\phi35_{\ 0}^{+0.025}$，粗、精铣叶片"机械加工工序卡（表 3-12）。

表 3-12 工序 80 机械加工工序卡（已填写的样本）

零件名称	扩压器	机械加工工序卡		工序号	80	工序名称	数铣
零件图号							
材料牌号	钛合金	毛坯状态	棒料	机床设备	VMC850	夹具	专用夹具

工步号	工步内容	刀具	量具	背吃刀量 /mm	进给速度 (mm·min⁻¹)	主轴转速 (r·min⁻¹)
1	粗铣叶片	立铣刀 $\phi10$	游标卡尺	1	652.5	1 450
2	精铣叶片	立铣刀 $\phi10$	三坐标测量机	0.3	525	1 750
编制		审核		批准	日期	第 页 共 页

【项目总结】

通过对扩压器零件的功能、结构、尺寸及技术要求分析,确定了零件的加工工艺方案,并通过毛坯的确定、机床的选择、刀具的选用、参数的计算及工艺路线与工序卡的设计等工艺流程,完成了扩压器零件的车削、铣削加工工艺项目。

通过本项目的训练,为后续类似叶盘、叶片类零件的多轴加工学习奠定了良好的基础。

【项目拓展】

已知某法兰盘零件,如图 3-19 所示,已知材料为马氏体不锈钢,试根据任务中的相关要求,完成零件的加工工艺设计。

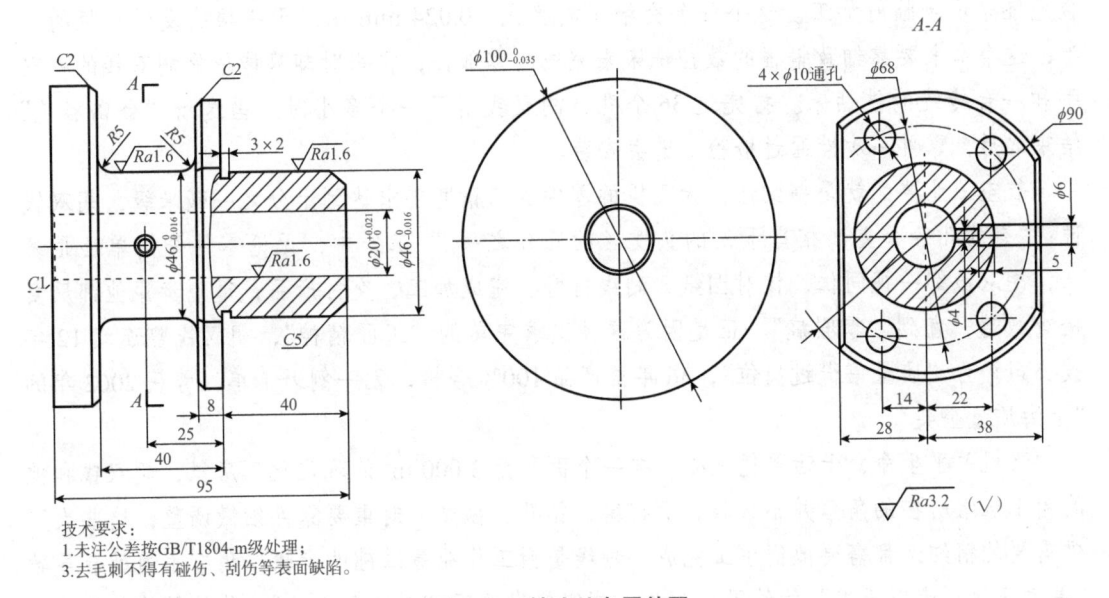

技术要求:
1. 未注公差按GB/T1804-m级处理;
2. 去毛刺不得有碰伤、刮伤等表面缺陷。

图 3-19 某法兰盘零件图

【知识拓展】

"大国工匠"胡双钱精益求精的故事

2022 年 8 月,国产大型客机 C919 完成国内取证试飞。从 1970 年我国自主研制的"运十"飞机立项算起,中国人的"大飞机梦"已经延续了半个多世纪。干线客机市场长期被国外企业垄断,C919 是少有的新来者、真正意义上的竞争者。"我们一定要有自己的大飞机",从立项到总装下线再到首飞、取证试飞,C919 用十几年的稳步前行让世界看到中国大飞机事业的远大目标和最新成果。如今,梦想即将成为现实,22 个省份、200 多家

125

企业、近20万人和几代航空人共同托举、接续奋斗的意义愈发彰显。

胡双钱是中国商飞上海飞机制造有限公司数控机加车间钳工组组长、高级技师，在钳工岗位一干就是30多年，把一生中最宝贵的时光全部奉献给了各式各样的飞机零部件，被称为"航空艺人"，第五届全国道德模范评选中被授予"敬业奉献模范"称号。胡双钱以他"精益求精，追求完美，打造极致"的工匠精神，在平凡的岗位上做出了不平凡的业绩。

36年无差错的"手艺人"。胡双钱出生在上海一个工人家庭，从小就喜欢飞机，制造飞机在他心目中更是一件神圣的事情，也是他从小藏在心底的梦想。1980年，技校毕业的他成为上海飞机制造厂（现上海飞机制造有限公司）的一名钳工。从此，伴随着中国飞机制造业发展的坎坎坷坷，他始终坚守在这个岗位上，发挥着一个"手艺人"的价值。一次，生产急需一个特殊零件，从原厂调配需要几天的时间，为了不耽误工期，只能用钛合金毛坯来现场临时加工。这个任务交给了胡双钱。0.024 mm 相当于一根头发丝直径的一半，这个本来要靠细致编程的数控铣床来完成的零部件，在当时却只能依靠胡双钱的一双手和一台传统的铣钻床。打完这36个孔，胡双钱用了一个多小时。当这场"金属雕花"结束之后，零件一次性通过检验，送去安装。

航空工业要的就是精细活，大飞机的零件加工精度要求达到十分之一毫米级，胡双钱说："有的孔径公差，相当于人的头发丝的三分之一。"工作中，无论零件是简单还是复杂，胡双钱都一视同仁，核对图纸、划线打磨、完成加工、交付产品，每个步骤他都反复检查数遍，直到"零瑕疵"。正是因为这种追求完美的"工匠精神"，胡双钱曾连续12年被公司评为"质量信得过岗位"，36年里产品100%合格，无一例返工单，曾获2002年的"上海质量金奖"。

飞机关乎生命，干活要凭良心。在一个面积为 3 000 m² 的现代化厂房里，胡双钱和他的钳工班组所在的角落并不起眼，而打磨、钻孔、抛光，对重要零件细微调整，这些大飞机需要的精细活都需要他们手工完成。划线是钳工作业最基础的步骤，稍有不慎就会导致"差之毫厘、谬以千里"的结果。为此，胡双钱发明了"对比复查法"，他从最简单的涂淡金水开始，把它当成零件的初次划线，根据图纸零件形状涂在零件上，"好比在一张纸上先用毛笔写一个字，然后用钢笔再在这张纸上同一个地方写同样一个字，这样就可以增加一次复查的机会，减少事故的发生。"胡双钱说。"反向验证法"则是令胡双钱最为珍视的"秘诀"，这也与最基础的划线有关：钳工在划线零件角度时，通常采用万能角度尺划线，那么如何验证划线是否正确？如果采用同样方法复查，很难找出差错。这时，胡双钱就会再用三角函数算出划线长度进行验证。结果一致，继续进行下面的操作；结果不相符，就说明有问题了。这样做，无异于在这一基础环节上做了双倍的工作量，却为保证加工的准确和质量、减少报废等打下基础。胡双钱常说，"飞机零件关乎生命，干活要凭良心"。匠人之所以称为"匠"，是因为他们拥有了某种娴熟的技能，但这个技能可以通过实践的积累"熟能生巧"，蕴藏在技能背后的，还有更深层次的精神内涵。对于胡双钱来说，在这些技术层面的"手艺"之上的，实际上是对生命的"尊重"。

竭力打造一支精品团队。胡双钱的手艺和职业道德，不仅在工作中得到了工友们的钦佩，还获得了各级政府部门的认可。工作36年来，胡双钱先后获得全国劳动模范、全国"五一劳动奖章"、上海市质量金奖等，更在2015年，被授予全国敬业奉献模范称号。现在，胡双钱主要负责ARJ21-700飞机项目的零件生产、C919大型客机项目技术攻关，并承担青年员工的培养工作。"我常常鼓励青年安心型号研制，工作中做到严格按照零件'标准加工方法'加工零件，不多步骤、不漏程序，始终带着感恩、责任和思考做工作。"在培养青年人的方式上，胡双钱有自己的思路，"积极发挥技术技能'双通道'的培养优势，培养青年'一岗多能''一岗多专'。"在胡双钱眼里，个人的荣誉并不重要，自己的活儿少了，说明集体的力量壮大了。他说，"作为'大国工匠'劳模创新工作室的领军人物，我将竭力为中国大飞机事业打造出一支技术创新、攻坚克难、吃苦耐劳、勇于追梦的精品团队。"

项目四 04 机匣件的机械加工工艺

【知识目标】

1. 掌握典型航空机匣件的机械加工工艺的设计方法。
2. 熟悉机匣件加工机床及刀具的选用方法。
3. 掌握机匣件加工参数的确定与计算方法。

【能力目标】

1. 能设计典型航空机匣件的加工工艺。
2. 能合理选取机匣件的加工机床与刀具。
3. 能合理确定并计算机匣件的加工参数。

【素质目标】

1. 具有团队协作、交流沟通能力。
2. 具有吃苦耐劳、不怕困难的精神品质。
3. 具有精益求精、追求卓越的工匠精神。

【项目导读】

机匣件是航空发动机的重要零件之一,它是整个发动机的基座,是航空发动机上的主要承力部件,其外形结构复杂,不同的发动机、发动机不同部位,其机匣形状各不相同,机匣件的功能决定了机匣的形状,但它们的基本特征是由圆筒形或锥形的壳体和支板组成的构件。

机匣件按照设计结构可以分成环形机匣和箱体机匣两大类,具体分类见表4-1。

表4-1 机匣件的结构分类

航空发动机机匣	环形机匣	整体式环形机匣	燃烧室机匣
			涡轮机匣
		对开式环形机匣	压气机机匣
		带整流支板的环形机匣	进气机匣
			中介机匣
			扩散机匣
	箱体机匣	附件机匣	
		双速传动壳体	

1. 整体式环形机匣

整体式环形机匣由机匣壁和前后安装边组成，一般为薄壁的圆锥体或圆柱体，壳体外表面有环形加强筋、环带、凸台；内表面有环形槽、圆柱环带及螺旋槽；圆柱环带上分布有圆周的斜孔；壳体壁上设有径向孔、异形孔及异形槽等。

2. 对开式环形机匣

对开式环形机匣一般带有纵向安装边，呈圆锥体或圆柱体状，内表面具有环槽或T形槽及螺旋槽；外表面具有加强筋、支撑台、限位凸台、各种功能凸台和异形凸台；机匣壁上有安装孔、定位孔、通气孔、径向孔和异形孔等。

3. 带整流支板的环形机匣

带整流支板的环形机匣有铸造结构和焊接结构，一般由外环、内环及空心整流支板组成。内外环壁较厚，设置有径向孔；内环端面有螺栓孔；外环上有定位孔、连接孔；外表面有安装座和平面等。

4. 箱体机匣

箱体机匣结构外形复杂、壁薄、刚性差，壳体表面具有安装孔、平面、结合面、基准面、定位销孔、螺纹孔、油路孔等。图 4-1 所示为某一典型涡扇航空发动机的机匣分布。

图 4-1 航空发动机机匣分布示意

进气机匣、中介机匣和涡轮后机匣为发动机主要承力构件，均为整体结构，如图 4-2 所示。发动机主安装节安置在中介机匣外环上水平中心线两侧，辅助安装节安置在加力筒体承力环上水平线的一侧。

（1）进气机匣。带可变弯度导流叶片的进气机匣由进气机匣前段、整流罩组合件、进气机匣装配组合件及作动筒组合件组成，用于安装支点轴承。进气机匣装配组合件用钛合金制成，是发动机的承力部件。其固定支板是空心的，用超塑成型方法加工而成。

图 4-2　进气机匣（左）和中介机匣（右）

（2）中介机匣。中介机匣是发动机承力系统的主要部件，发动机主安装节安置在中介机匣外环上水平中心线两侧，从低压压气机传来的空气在中介机匣可分为外涵气流和内涵气流。中介机匣是钛合金整体铸造结构，可分为外环、内环、支板及分流环等。

（3）燃烧室机匣。燃烧室机匣是发动机的承力壳体，由外壳体和内壳体构成，如图 4-3 所示。外壳前段和内壳构成扩压器，降低压气机气流速度，外壳和内壳组成环形气流通道，保证气流的稳定性。

图 4-3　燃烧室机匣

扩压器为流线形扩压器，进口有一平直段，一方面防止气流畸变影响出口温度场品质和气流扰动影响压气机性能；另一方面减少叶片尾迹对燃烧室流场的影响。

（4）涡轮后机匣。涡轮后机匣用于安装涡轮，装有导向叶片、定位和非定位扇形件，是处在高温燃气中的工件，如图 4-4 所示。涡轮后机匣安装在燃烧室机匣后面与之相连，涡轮后机匣内装有二级燃气涡轮口，上面装的是导向叶片，机匣后端接的是后支承机匣，里面装有排气装置和尾喷筒。

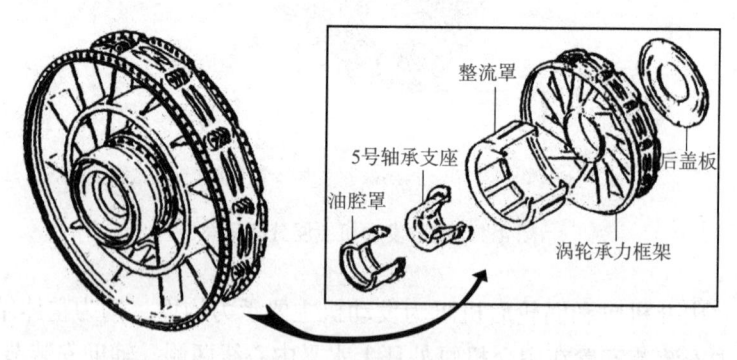

图 4-4　涡轮后机匣

【项目导入】

已知某型航空发动机机匣件如图 4-5 所示，已知材料为铸造高温合金（K423），试根据任务中的相关要求，完成机匣件的加工工艺设计。

图 4-5 某型航空发动机匣件零件图

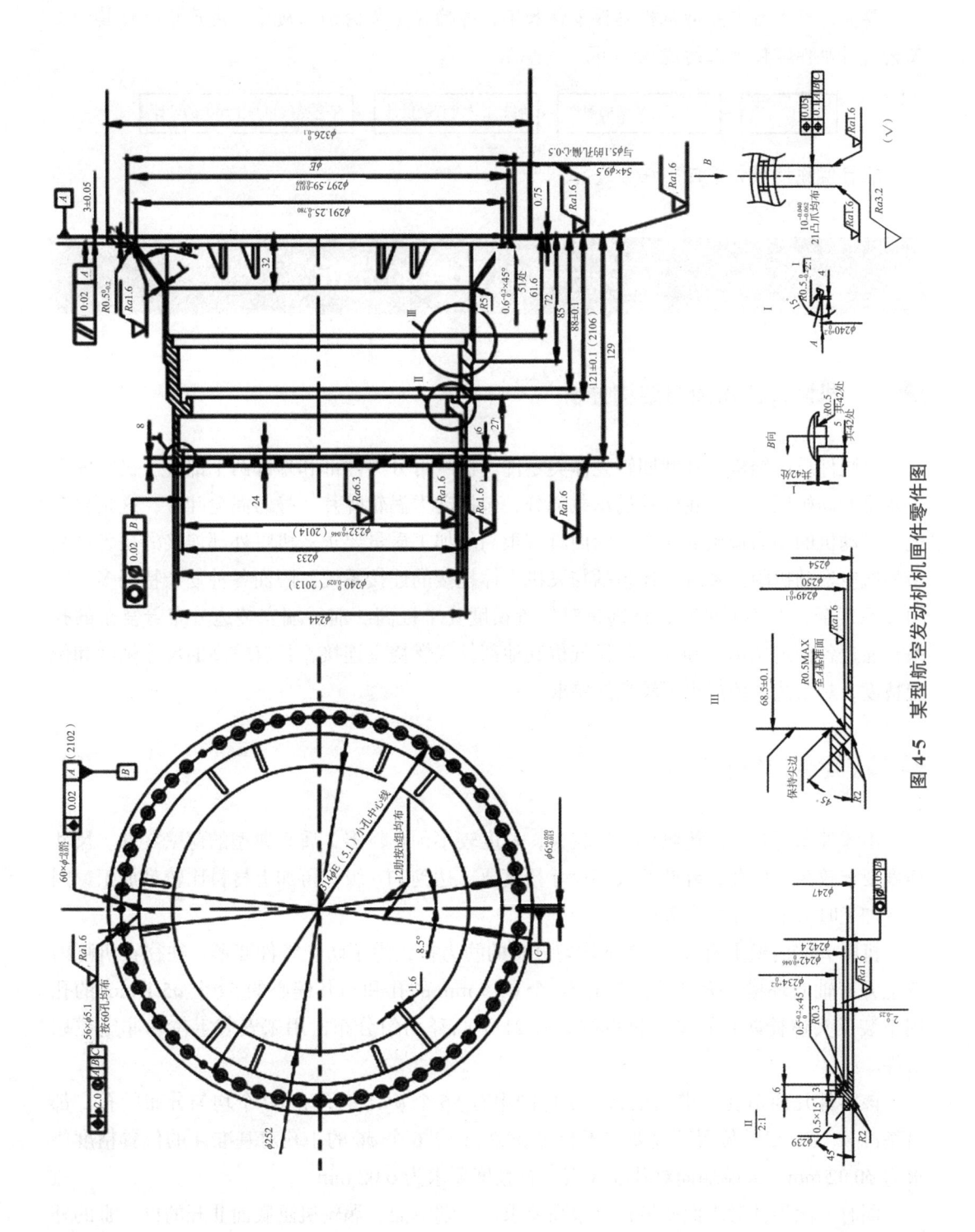

【项目实施】

要完成以上航空发动机机匣件零件加工，并确保零件的加工质量，应严格设计其加工工艺，机匣件零件加工的流程如下。

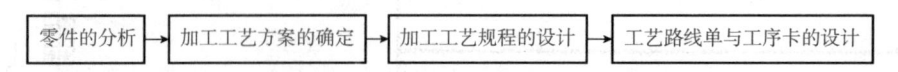

零件的分析 → 加工工艺方案的确定 → 加工工艺规程的设计 → 工艺路线单与工序卡的设计

项目实施按照如下四个任务进行。

任务一 机匣件的分析

一、机匣件的功能与结构分析

机匣件总体结构是环状回转壳体类零件。机匣可分为内部和外部两个部分。机匣内部主要是发动机压气机涡轮叶片的承载部分，包括动力涡轮叶片、静力涡轮叶片，这是整个航空发动机的动力输出的核心，因而具有很高的加工质量要求；机匣外部连接的是各种复杂的航空发动机附件系统，还包括与飞机主体挂接的连接系统，因而各种复杂特征多、空间关系复杂、加工要求高，特别是对位置精度要求极高。前后端安装边分布着复杂的孔系，通过各种定位销钉和螺栓与压气机其他部件或燃烧室连接，具有较高的尺寸精度和位置精度，对工艺系统提出了较高的要求。

二、零件的精度分析

由零件图可知，该机匣件直径较大，长度较小，孔较多，属于典型的薄壁零件。尺寸精度要求较高，内孔、外圆的大多尺寸精度要求达到IT6级，再加上材料比较难加工，因此，加工时一定要注意合理选用刀具。

机匣大端内壁上有 6 组 12 条均匀分布的肋力板，为了防止零件变形，往往在机匣内壁上开有轴向环槽，大端端面带有 54 个 $\phi9.5$ mm 的孔和与其偏心的 54 个 $\phi5.1$ mm 的孔用来装反头螺栓防止转动，机匣端铣有 21 个凸环均匀分布，用来安装定位和非定位扇形件。

该零件几何精度要求也很高，零件图中有 56 个 $\phi5.1$ 的孔和 60 个均匀分布的孔，都对基准 A、B、C 的位置精度要求不超过 $\phi0.2$ mm，6 个 $\phi6$ 的小孔对基准 A 的位置精度要求为 $\phi0.02$ mm，大端端面对基准 A 有平行精度要求为 0.02 mm。

同时，该零件对表面质量也有很高要求，小端端面、涡轮机匣底面Ⅱ开的槽、Ⅲ的外轮廓、B 向都有严格的质量要求，表面粗糙度 Ra 值为 1.6 μm，其余表面粗糙度 Ra 值为 3.2 μm。

三、机匣件的工艺性分析

编制机械加工工艺时，应按粗、精加工分开原则进行编制。先夹住毛坯，粗、精加工左端轮廓，然后掉头夹住 $\phi 244$ mm 的外圆，加工右端轮廓。掉头装夹时，应使 $\phi 244$ mm 外圆右端面紧贴卡爪端面，并用百分表找正，以保证 $\phi 244$ mm 外圆端面的同轴度要求，再加工内孔表面。

（1）内孔表面。通过粗车—半精车—精车—磨削来达到表面粗糙度和尺寸精度。
（2）端面和外圆表面。通过粗车—半精车—精车—磨削来达到要求。
（3）孔的加工。通过钻—扩—铰精镗来保证。
（4）孔的位置精度。主要通过机床来保证。

任务二　机匣件加工工艺方案的确定

一、加工工艺方案的制订

根据零件的形状特征、尺寸精度、几何精度和表面粗糙度等要求，拟订的加工工艺方案如下。

工序 10　备料铸造毛坯。

工序 20　粗车大端平面，小端固定，加工前要找正（12 处筋板上表面）跳动不大于 0.2 mm，保证尺寸 6.2 ± 0.15 和 3.2 ± 0.2，D 面及外圆允许局部不连续车削，凸起部位不超过总圈。

工序 30　粗车小端外圆和内孔，大端支靠定位；加工前找正，外圆"D"跳动不大于 0.3 mm。

工序 40　小端支靠定位夹紧，精车大端端面、外圆、内孔，加工前找圆端面和内孔，加工前找正外圆，跳动不大于 0.1 mm。

工序 50　精车小端端面、外圆、内孔。大端定位支靠压紧，加工前找正内孔，"D"跳动不大于 0.01 mm，对称 4 点跳动不大于 0.001 mm，记录实际值在工序 50、工序 70 中进行相应的处理，目的就是防止变形引起的同轴度误差。

工序 60　大端面的孔系加工。小端定位支靠固定，加工大端面上的孔，注意检查工序 40 有无圆度 0.02 记录，若无记录，加工前找正外圆 D 跳动不大于 0.01，否则找正该处外圆对称 4 点跳动不大于 0.05 mm，找正此外圆主要是为满足零件上对角方向上孔的基准要求。

工序 70　小端面的孔系加工。以大端支靠定位固定，以内孔为定位，A 端面为基准面，先磨基准面 A，尺寸按 3.2 ± 0.02 来保证，再磨面 C 同时保证尺寸 2 ± 0.25，然后加工其余尺寸，加工前找正外圆 D，跳动不大于 0.01 mm，端面 C 跳动不大于 0.05 mm，尺寸需对称检查 8 处合格。

工序 80　小端支靠定位，内孔固定，粗、精车内孔 ϕ249 及环形槽，因为此对精度较高，尺寸较小，采用普通车床加工。

工序 90　大端支靠固定、定位，粗、精车小端头部内圆，该工序重点是保证被车部位与 B 面的基准要求，因此，加工前找正基准"B"，外圆跳动不大于 0.05 mm，并检查外圆"D"跳动不大于 0.02 mm。

工序 100　研磨"B"面。

工序 110　以大端定位支靠固定在内圆磨床上，磨小端头部的内孔圆，加工前找正"D"，跳动不大于 0.01。

工序 120　以大端定位支撑固定在镗床上，6×ϕ6 孔的加工及粗、精镗小端头部内孔 ϕ232，加工前找正"D"，跳动不大于 0.01 mm。

工序 130　以大端定位支撑固定在数控加工中心上，粗、精铣 21 个凸爪，保证尺寸 1±0.1、4±0.1、$5_{-0.2}^{0}$、$10_{-0.060}^{-0.010}$、R0.5±0.2。

工序 140　钳工去毛刺。

工序 150　检验入库。

■ 二、工序简图的绘制

按照以上工序的安排，机匣件加工工序内容及简图绘制如下。

工序 10　备料铸造毛坯，如图 4-6 所示

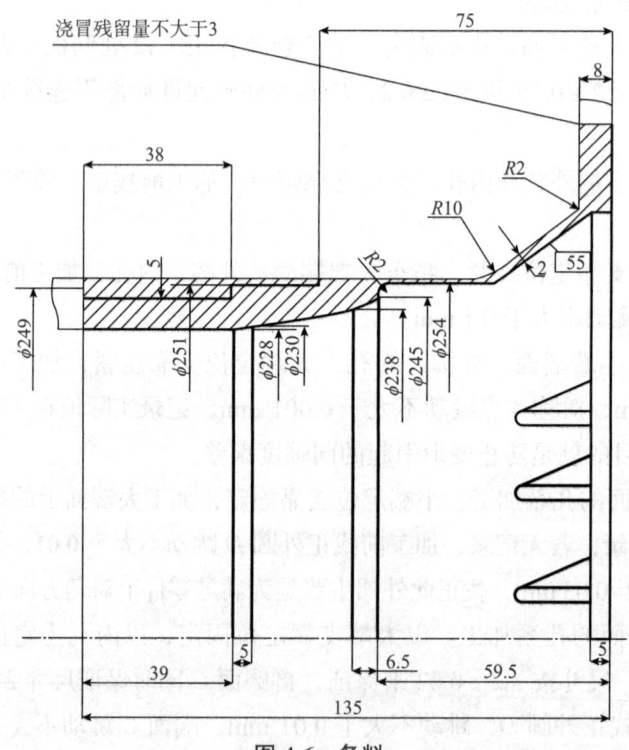

图 4-6　备料

工序 20　粗车大端平面，小端固定，加工前要找正（12 处筋板上表面）跳动不大于 0.2 mm，保证尺寸 6.2±0.15 和 3.2±0.2，D 面及外圆允许局部不连续车削，凸起部位不超过总圈（图 4-7）。

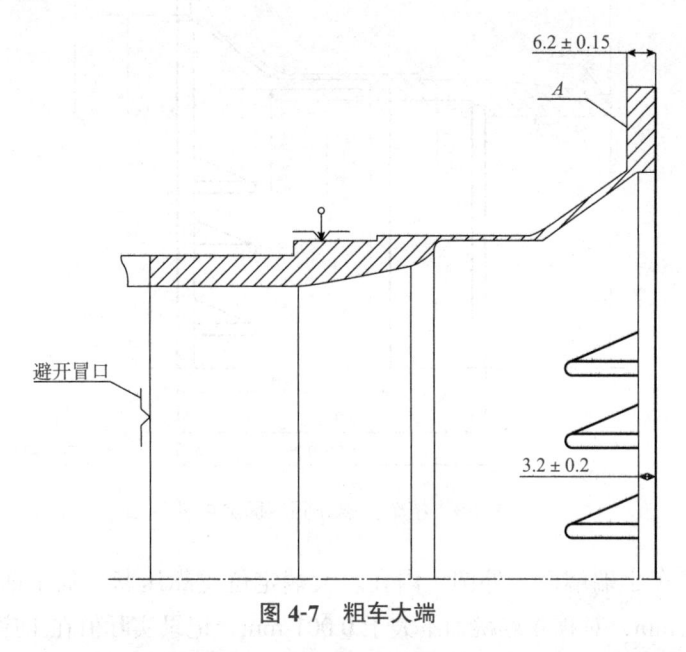

图 4-7　粗车大端

工序 30　粗车小端外圆和内孔，大端支靠定位；加工前找正，外圆"D"跳动不大于 0.3 mm（图 4-8）。

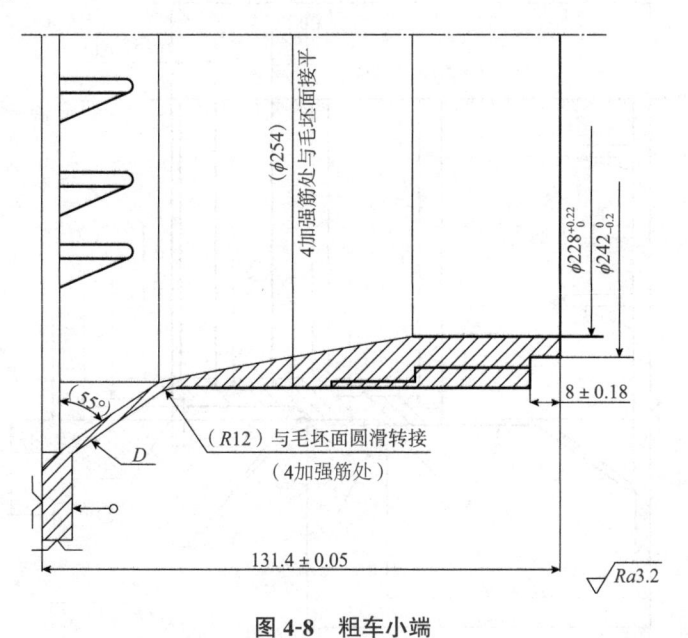

图 4-8　粗车小端

工序 40　小端支靠定位夹紧，精车大端端面、外圆、内孔，加工前找圆端面和内孔，加工前找正外圆，跳动不大于 0.1 mm（图 4-9）。

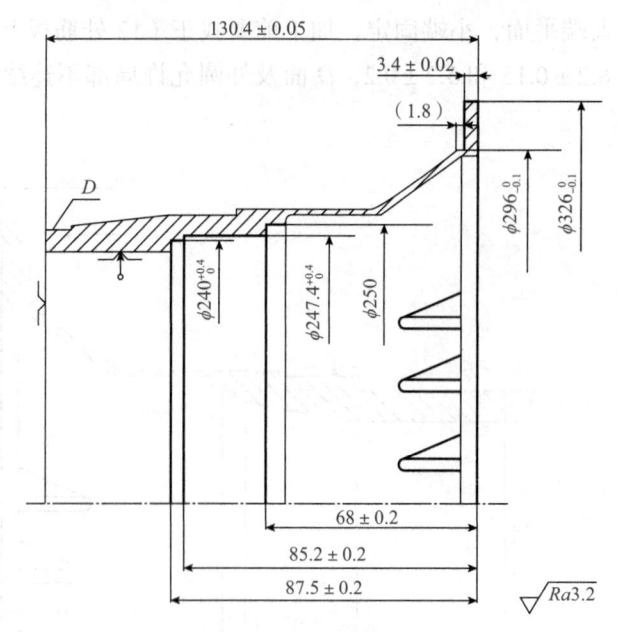

图 4-9 精车大端外圆端面和内孔

工序 50 精车小端端面、外圆、内孔。大端定位支靠压紧，加工前找正内孔，"D"跳动不大于 0.01 mm，对称 4 点跳动不大于 0.001 mm，记录实际值在工序 50、工序 70 中进行相应的处理，目的就是防止变形引起的同轴度误差（图 4-10）。

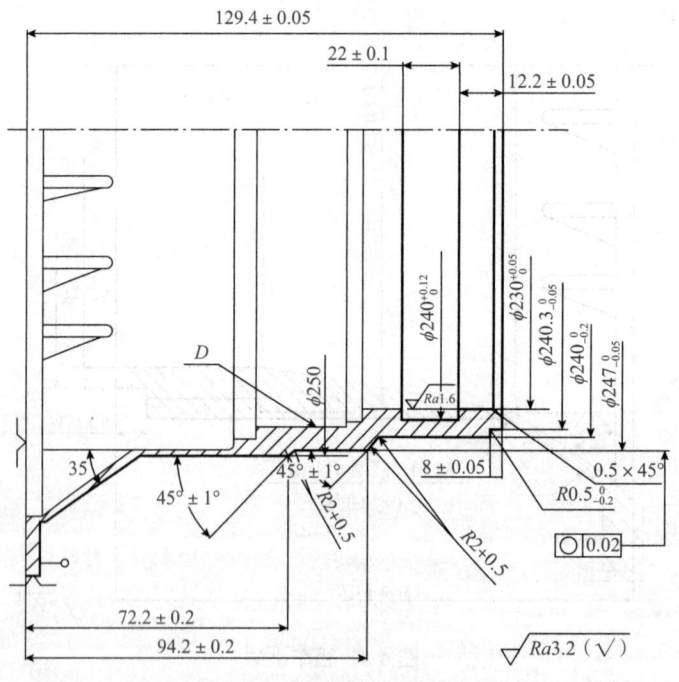

图 4-10 精车小端外圆端面和内孔

工序 60 大端面的孔系加工。小端定位支靠固定，加工大端面上的孔，注意检查工序 40 有无圆度 0.02 记录，若无记录，加工前找正外圆 D 跳动不大于 0.01，否则找正该处外圆对称 4

点跳动不大于 0.05 mm，找正此外圆主要是为满足零件上对角方向上孔的基准要求（图 4-11）。

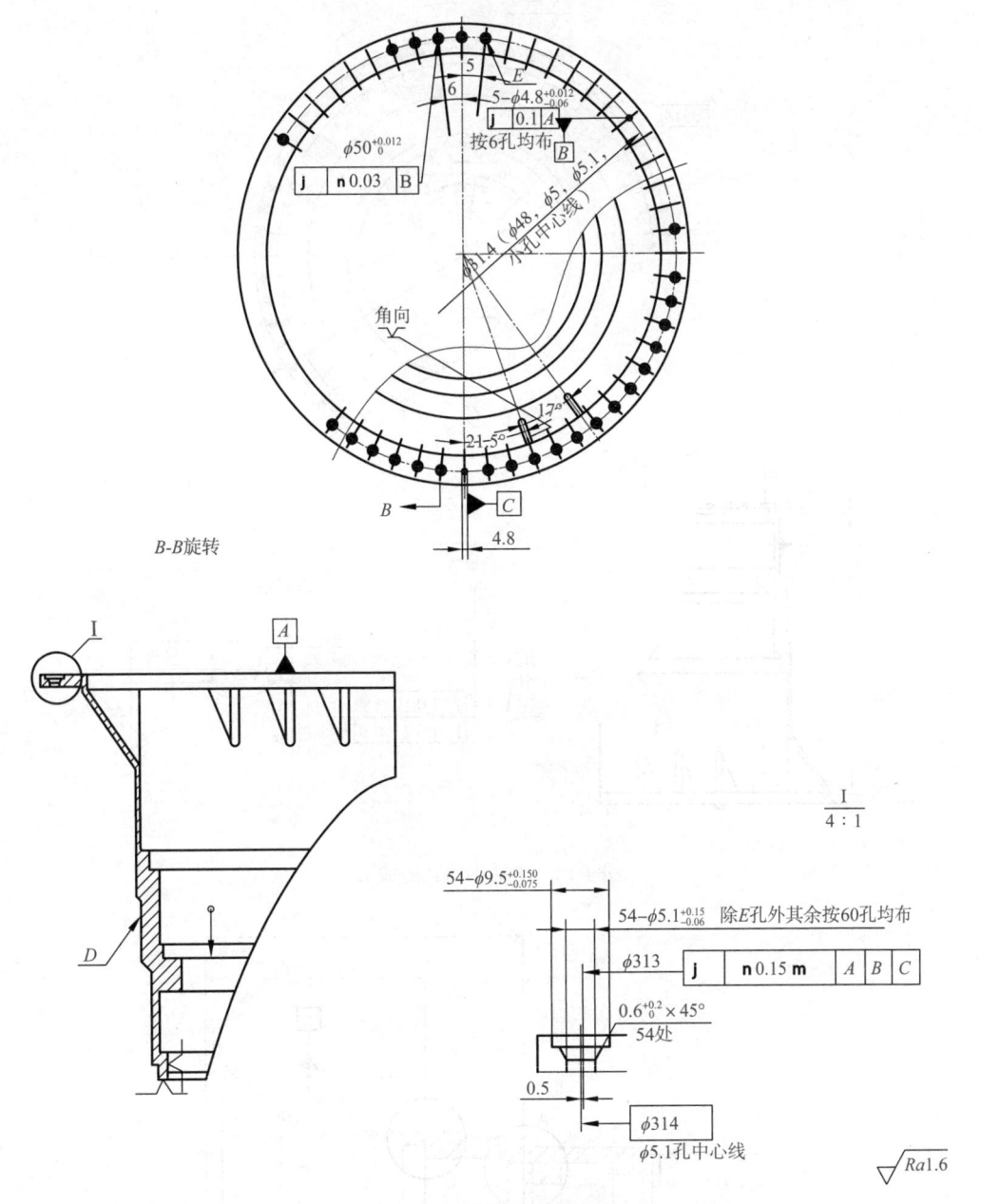

图 4-11 大端端面孔的加工

工序 70　小端面的孔系加工。以大端支靠定位固定，以内孔为定位，A 端面为基准面，先磨基准面 A，尺寸按 3.2 ± 0.02 来保证，再磨面 C 同时保证尺寸 2 ± 0.25，然后加工其余尺寸，加工前找正外圆 D，跳动不大于 0.01 mm，端面 C 跳动不大于 0.05 mm，尺寸需对称检查 8 处合格（图 4-12）。

工序 80　小端支靠定位，内孔固定，粗、精车内孔 $\phi249$ 及环形槽，因为此对精度较高，尺寸较小，采用普通车床加工（图 4-13）。

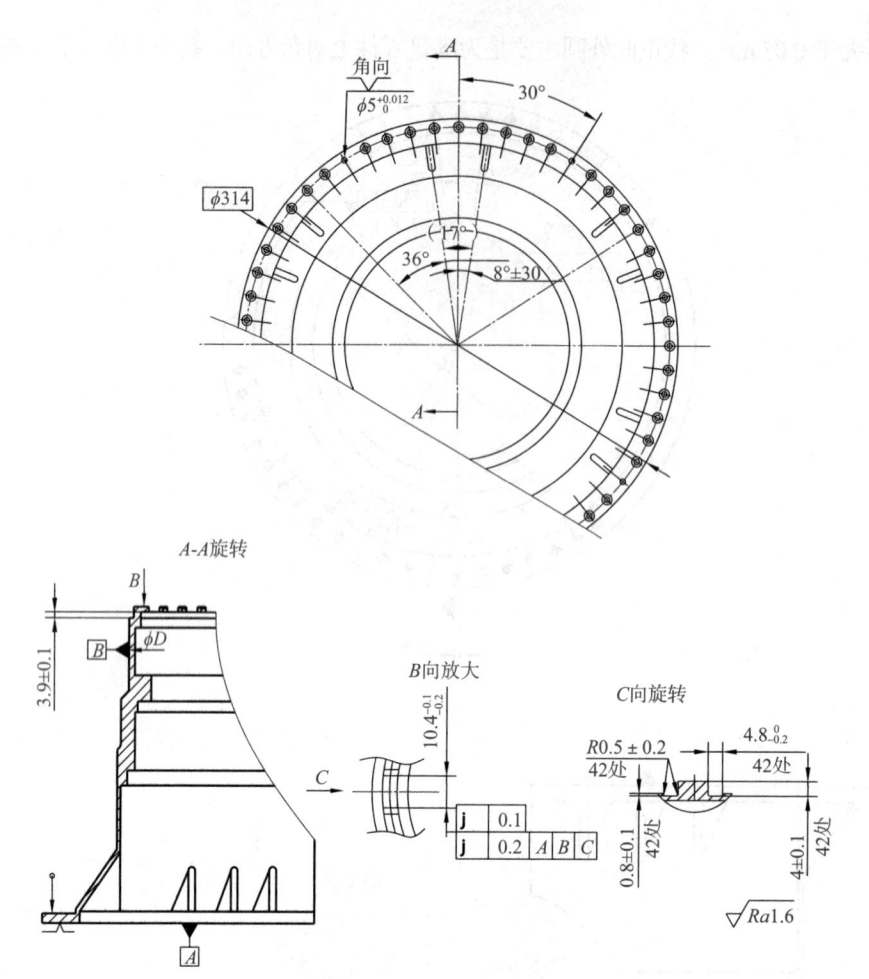

图 4-12 小端端面孔的加工

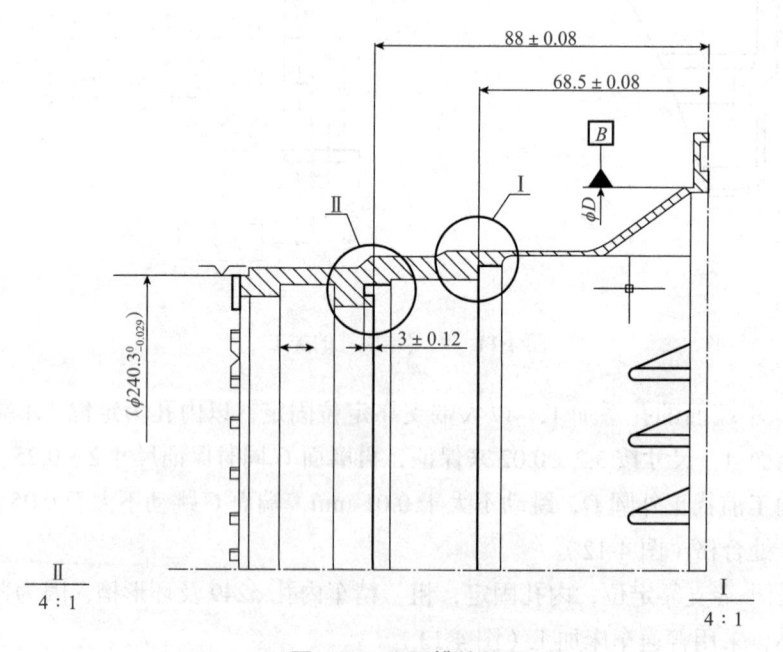

图 4-13 环形槽的加工

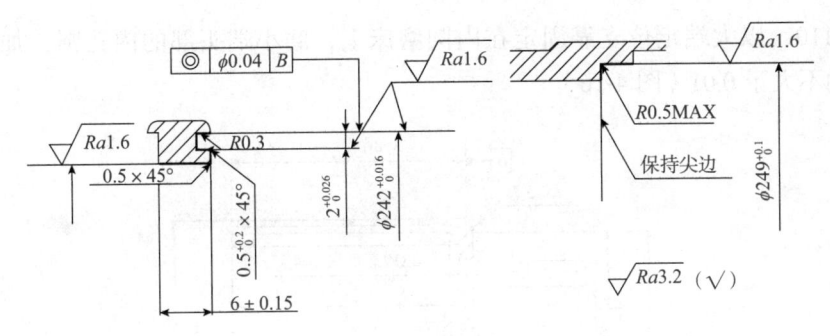

图 4-13 环形槽的加工（续）

工序 90　大端支靠固定、定位，粗、精车小端头部内圆，该工序重点是保证被车部位与 B 面的基准要求，因此，加工前找正基准"B"，外圆跳动不大于 0.05 mm，并检查外圆"D"跳动不大于 0.02 mm（图 4-14）。

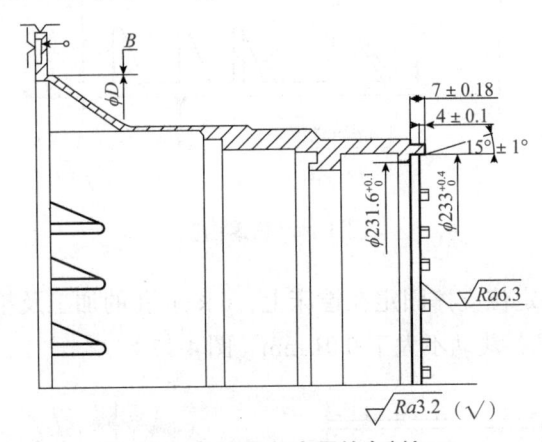

图 4-14　小端头部内圆的车削加工

工序 100　研磨"B"面（图 4-15）。

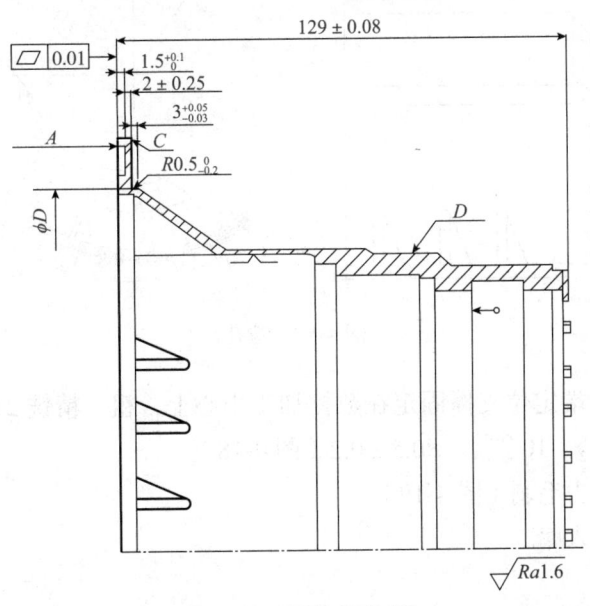

图 4-15　研磨"B"面

工序 110　以大端定位支靠固定在内圆磨床上，磨小端头部的内孔圆，加工前找正"D"，跳动不大于 0.01（图 4-16）。

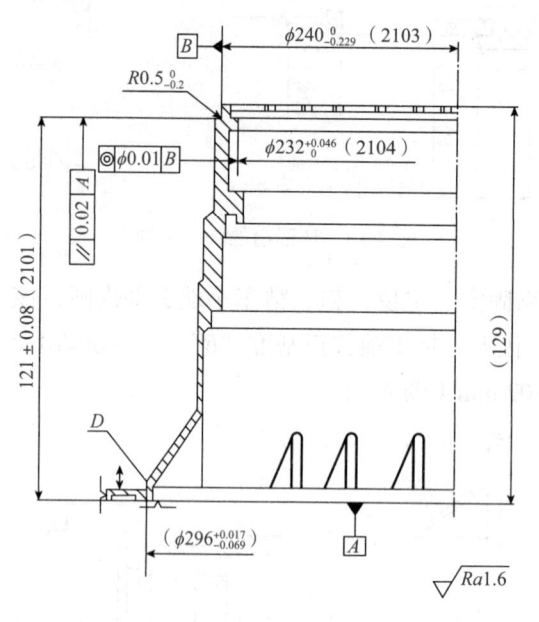

图 4-16　研磨内孔

工序 120　以大端定位支撑固定在镗床上，$6×\phi6$ 孔的加工及粗、精镗小端头部内孔 $\phi232$，加工前找正"D"，跳动不大于 0.01 mm（图 4-17）。

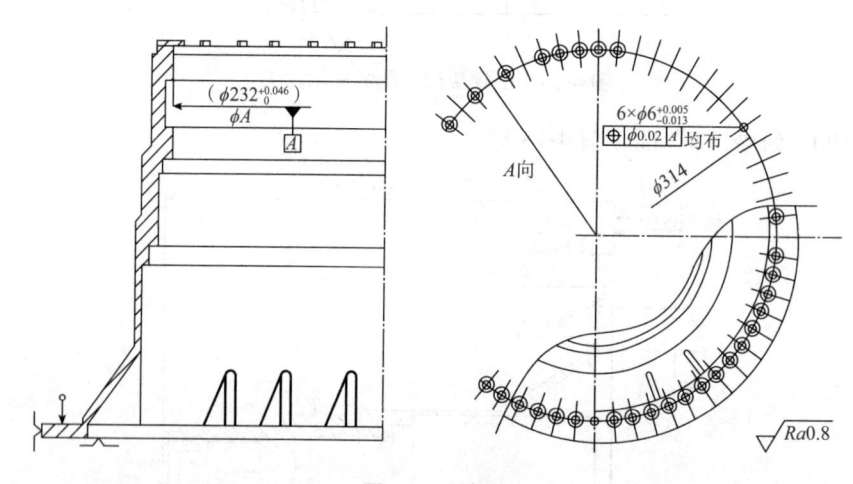

图 4-17　镗孔

工序 130　以大端定位支撑固定在数控加工中心上，粗、精铣 21 个凸爪，保证尺寸 $1±0.1$、$4±0.1$、$5_{-0.2}^{\ 0}$、$10_{-0.060}^{-0.010}$、$R0.5±0.2$（图 4-18）。

工序 140　钳工去毛刺（图 4-19）。

工序 150　检验入库。

图 4-18 铣削凸爪

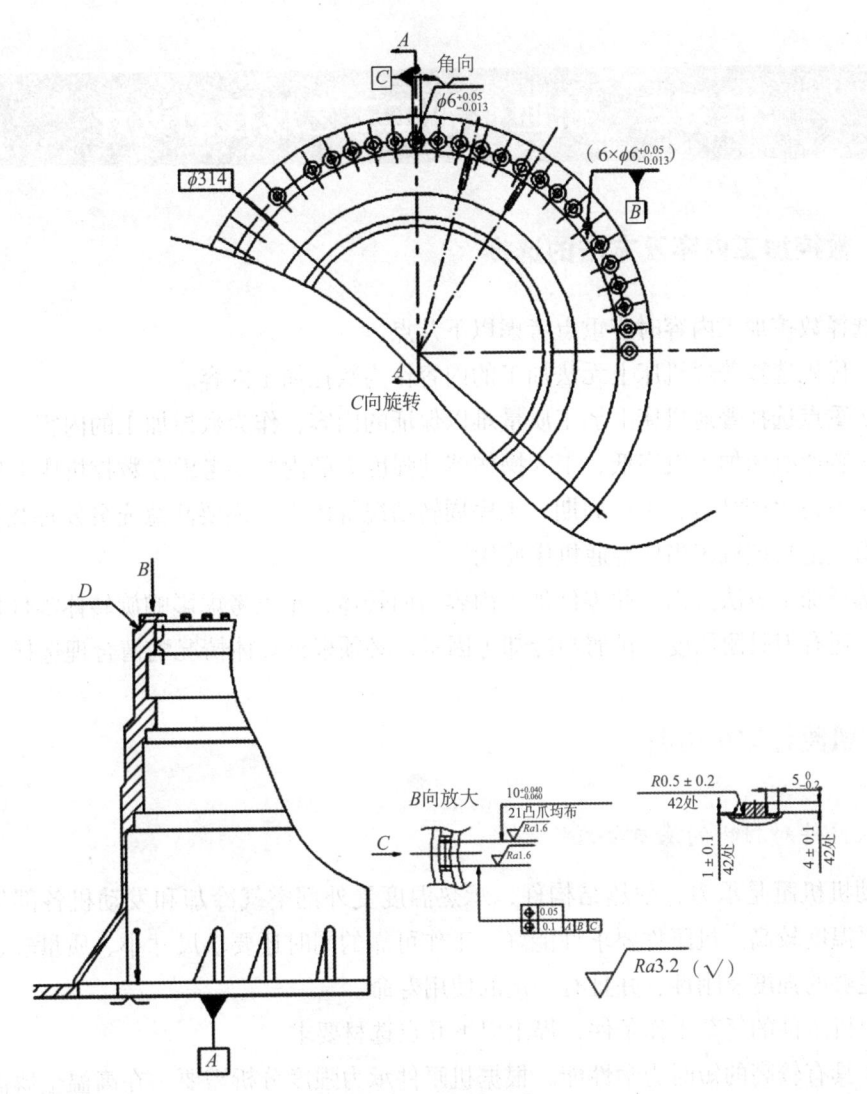

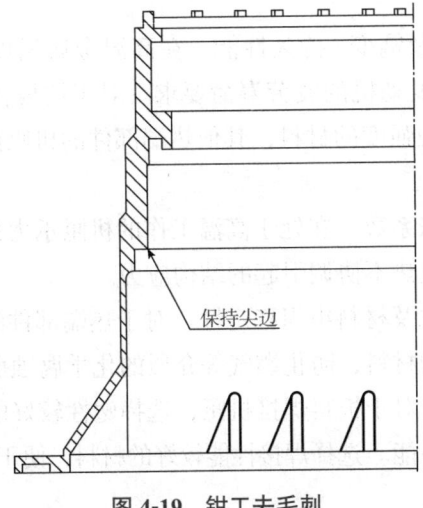

图 4-19 钳工去毛刺

任务三 机匣件加工工艺规程的设计

一、数控加工内容及方法的选择

在选择数控加工内容时应重点考虑以下几点。
（1）优先选择普通机床上无法加工的内容作为数控加工内容。
（2）重点选择普通机床上加工质量难以保证的内容，作为数控加工的内容。
（3）普通机床加工效率低、工人操作劳动强度大的内容要考虑在数控机床上加工。
（4）考虑生产批量、生产周期、工序周转情况等因素，还要注意充分发挥数控机床的效益，防止把数控机床当作普通机床使用。

在选择加工方法方面，此零件加工内容为回转体，重点考虑影响旋转体零件加工质量的原因，还有刀具耐用度、排屑与冷却等因素，必须根据具体情况酌情合理选择。

二、机匣件常用材料

1. 机匣件对材料的基本要求

发动机机匣是承力、耐热结构件，承热温度受外部空气冷却和发动机各部位传热影响，机匣温度较高。机匣件要求性能好、工作可靠的同时还要求尺寸小、质量轻、便于维护、有足够的强度及刚性，并且有一定的使用寿命。

针对机匣件的复杂工作条件，提出以下几点选材要求。

（1）具有较高的短时力学性能。根据机匣件承力强度分析需要，在高温金属温度条件下，力求选取短时力学性能较高的材料，满足机匣件承力强度（应力、刚度、稳定性）及包容性等多项设计要求。

（2）具有较高的疲劳及蠕变/持久性能。在高温金属温度条件下，力求选取较高的疲劳性能的材料，以满足发动机的疲劳寿命要求。对于需要保证封气间隙的热端部件机匣，需要选取具有较高蠕变强度的材料，其他热端部件的机匣则需要选取持久强度较高的材料。

（3）具有较小的线膨胀系数。在处于高温工作的机匣承力件，力求选取线膨胀系数较小的材料，以减小热应力或热不协调引起的结构应力。

（4）具有较好的抗氧化及材料组织稳定性。对于热端部件的机匣，需要选取具有较好抗氧化能力及组织稳定性的材料，防止燃气等介质的化学腐蚀而降低机匣承力件寿命。

（5）具有较好的塑性。对于板料焊接机匣，选择塑性较好的材料，便于冲压成型。

（6）具有较好的焊接性能。选择焊接性能较好的材料，便于保证焊接工艺要求，防止发生焊接裂纹或补焊后变脆等。

2. 机匣件常用的材料与特点

早期机匣材料有结构钢、不锈钢 AISI 410、17-4PH；使用温度提高采用高温合金 A286、IN901、IN718 等；减轻质量采用钛合金 Ti-6Al-4V、Ti-6242、Ti-6Al-6V-25Sn 等；提高发动机效率用控制间隙的低膨胀高温合金 IN909、IN786 等；为了防止钛合金机匣与转动叶片接触产生钛火，可以使用涂层防护或抗燃烧钛合金。机匣可用锻件、精密铸件少余量加工焊接而成。高推重比发动机用高温低膨胀合金及轻质 TiAl 阻燃合金机匣，采用整体风扇机匣和大型薄壁承力机匣结构，用精铸、焊接及热等静压等组合工艺。

各材料牌号及特点见表 4-2。

表 4-2 机匣件常用材料牌号及特点

材料	牌号	特点
钛合金	Ti-6Al-4V	Ti-6Al-4V 属于（$\alpha + \beta$）型钛合金，具有抗腐蚀性好、抗塑性变形能力强、比强度高、在 550 ℃以下抗氧化能力好、钝化能力比较强等优点，且具有良好的综合力学机械性能
变形高温合金	IN909	IN909 是 Fe-Ni-Co 基沉淀硬化型变形高温合金，使用温度在 650 ℃以下。该合金具有高强度、高冷热疲劳抗力、低膨胀系数和恒弹性模量，以及良好的热加工塑性、冷成型和焊接性能
铸造高温合金	K423	K423 是镍基沉淀硬化型等轴晶铸造高温合金，合金在 1 000 ℃以下具有良好的抗氧化性能和抗冷热疲劳性能，化合物含量多，提高了热稳定性，使用温度一般较变形高温合金高 50~100 ℃

3. 机匣件材料的选用

基于以上考虑，机匣件可选用的材料有钛合金、变形高温合金、铸造高温合金等材料。本项目选取铸造高温合金（K423），即镍基高温合金材料。

■ 三、机匣件毛坯的确定

1. 机匣件毛坯的分类

机匣件的毛坯可根据使用要求、生产类型、加工设备等情况，选用锻件、铸件等毛坯形式。

（1）滚扎毛坯。机匣毛坯一般采用扎环工艺生产，可以获得理想的微观组织和力学性能。但对原材料的要求较高，大量依赖进口，并且加工余量较大，材料利用率低。

（2）锻造毛坯。对于钛合金材料的机匣毛坯，通常采用锻造工艺，钛合金的锻造温度很窄，加之其变形抗力受变形温度和变形速度的影响较大，机匣结构复杂，周向分布有多个不均匀凸台，径向加强筋窄而宽，因此，锻造具有一定难度。理想是采用等温锻，可以获得理想的微观组织和力学性能，同时外形尺寸精确，可以提高材料的利用率。

（3）铸造毛坯。对于高温合金材料的机匣毛坯制造，通常采用熔铸工艺，包括真空熔炼技术、熔模铸造工艺和定向凝固技术。

1）真空熔炼技术。真空熔炼技术是在真空条件下进行金属与合金熔炼的特种熔炼。随着现代科学技术的飞跃发展，对金属材料（高级合金钢及合金）的品种、产量，尤其是质量提出了越来越高的要求。真空熔炼技术可显著降低高温合金中有害于力学性能的杂质和气体含量,而且可以精确控制合金成分,使合金性能稳定。

2)熔模铸造工艺。熔模铸造又称失蜡铸造,包括压蜡、修蜡、组树、沾浆、熔蜡、浇铸金属液及后处理等工序。失蜡铸造是用蜡制作所要铸成零件的蜡模,然后蜡模上涂以泥浆,这就是泥模。泥模晾干后,放入热水中将内部蜡模熔化。将熔化完蜡模的泥模取出再焙烧成陶模。一经焙烧蜡模全部熔化流失,只剩陶模。一般制泥模时就留下了浇注口,再从浇注口灌入金属熔液,冷却后,所需的零件就制成了。

3)定向凝固技术。定向凝固又称为定向结晶,是指使金属或合金在熔体中定向生长晶体的一种工艺方法。定向凝固技术是在铸型中建立特定方向的温度梯度,使熔融合金沿着热流相反方向,按要求的结晶取向进行凝固铸造的工艺。它能大幅度地提高高温合金综合性能,该技术的发展使铸造高温合金承温能力大幅度提高约150℃。

2. 毛坯的确定

该涡轮机匣件属于薄壁类零件,选择铸造毛坯。毛坯的尺寸如图4-20所示。

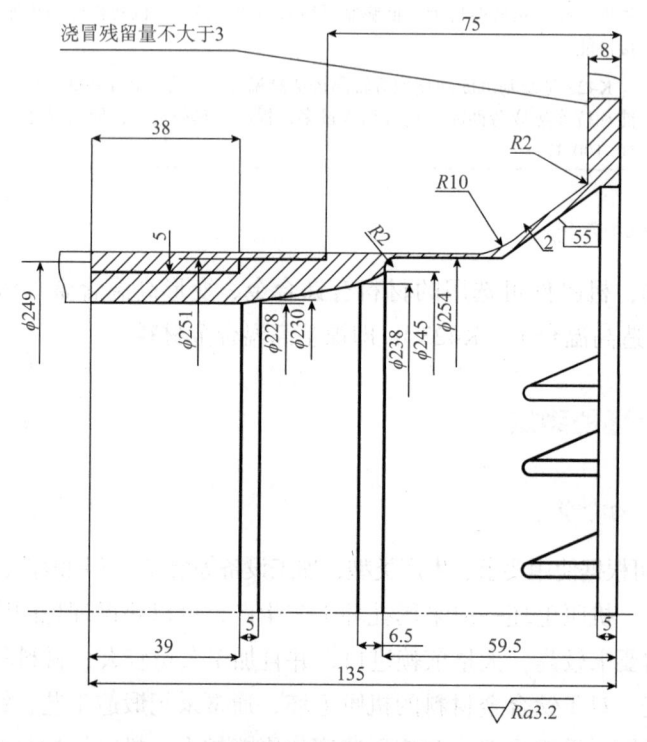

图4-20 机匣件毛坯图

四、机床的选择

机匣类零件主要包括外圆柱面、内圆柱面、端面、孔等形状特征,对于外圆柱面、内圆柱面的车削加工,可选择普通车床和数控车床进行加工,参考车床型号CA6140、CK6143等;对于端面和孔的铣削加工,可选择立式铣床进行加工,参考铣床型号X50

等；对于磨削加工，可选择外圆磨床和内圆磨床，参考磨床型号 M1320-520、M1320-750、MD2110C 等。

五、刀具的选用

数控机床根据编好的程序自动进行加工，主轴转速比普通机床的转速高，因此，合理选择刀具尤为重要。选择数控机床刀具时，通常要考虑机床的加工能力、工序内容、工件材料等因素。一般来说，数控机床刀具应具有较高的耐用度和刚度、刀具材料抗脆性好、良好的断屑性和尺寸稳定性、安装调整方便等特点。

机械加工刀具卡见表 4-3。

表 4-3　机械加工刀具卡

序号	刀具号	刀具名称及规格	刀具材料	加工的表面
1	T01	93°外圆车刀	硬质合金	外轮廓
2	T02	80°内圆车刀	硬质合金	内轮廓
3	T03	切槽刀（宽度 2 mm）	硬质合金	凹槽 2 mm
4	T04	切槽刀（宽度 5 mm）	硬质合金	凹槽 5 mm
5	T05	中心钻 $\phi 3$	硬质合金	钻中心孔
6	T06	麻花钻 $\phi 4.9$	硬质合金	孔 $\phi 5.1$ 的底孔
7	T07	铰刀 $\phi 5.1$	硬质合金	孔 $\phi 5.1$
8	T08	扩孔钻 $\phi 9.5$	硬质合金	孔 $\phi 9.5$
9	T09	麻花钻 $\phi 5$（3 齿）	硬质合金	孔 $\phi 6$ 的底孔
10	T10	铰刀 $\phi 6$（3 齿）	硬质合金	6 个孔 $\phi 6$
11	T11	镗孔刀	硬质合金	孔 $\phi 232$
12	T12	立铣刀 $\phi 10$（3 齿）	硬质合金	21 个凸爪

六、定位基准的选择

（1）粗基准的选择。涡轮机匣为精密铸造件，大部分表面需要加工，只有大端靠近助板的内圆表面和外圆的斜面不需要加工，故选择两表面为粗基准，此外，在铸造时还要考虑到零件变形和加工余量，所以，粗基准更准确地选择在了两表面的中心，具体位置详见工序图。

（2）精基准的选择。根据涡轮机匣的结构特点和零件主要表面间的位置精度、平行精度和同轴精度的要求，可考虑采用基准统一和互为基准相结合的原则。

在外圆加工和内圆加工时，采用互为基准反复加工来达到尺寸精度和形位精度，而 $\phi 5$ mm 的孔作为角向定位孔，在外圆与内圆加工时又都以它作为基准，采用基准统一的原则。

七、加工参数的选取与计算

根据后续加工参数表中铣削加工的切削速度参考值、铣刀每齿进给量参考值、硬质合金车刀粗车外圆及端面的进给量、切削速度参考值、按表面粗糙度选择进给量的参考值等经验值，并结合切削参数的相关计算公式，需要对背吃刀量 a_p、进给量 f、切削速度 v_c 进行选取，其选取方法如下。

1. 车削加工参数的选择

要加工的零件材料为镍基高温合金，根据表4-4、表4-5中的背吃刀量、进给量，确定切削速度。

表4-4 高温合金材料车削时切削速度参数

零件材料	热处理方式	布氏硬度/HB	刀具材料 CBN	钨钴钛硬质合金	钨钴硬质合金 TiAlN 涂层	钨钴硬质合金	高速钢
			背吃刀量 a_p/mm				
			0.25~2~0.5~2~3~10	0.25~2~0.5~2~3~10	0.25~2~0.5~2~3~10	0.25~2~0.5~2~3~10	0.25~2~0.5~2~3~10
			进给量 f/(mm·r^{-1})				
			0.1~0.2	0.1~0.2~0.3	0.1~0.3~0.5	0.1~0.2~0.3	0.1~0.2
			切削速度 v_c/(m·min^{-1})				
铁基高温合金	退火或固溶处理	200	—	—	40~50~65	55~60~70	10~15
	时效处理或时效处理+固溶处理	280	—	—	30~40~50	45~50	10
镍基高温合金	退火或固溶处理	250	135~300	240~330~415	25~30~40	35~40~45	5~10
	时效处理或时效处理+固溶处理	350	115~225	200~260~340	15~25~30	30~35	5~10
	铸造或铸造+时效处理	320	75~150	105~135~165	10~15~20	15~20~25	5
钴基高温合金	退火或固溶处理	200	—	150~190~260	25~30~40	35~40~45	5~10
	固溶处理或时效处理	300	—	130~165~225	15~25~30	30~35	5~10
	铸造或铸造+时效处理	320	—	125~170~215	10~15~20	15~20~25	5

表 4-5 高温合金材料切断、切槽切削速度参数

零件材料	热处理方式	布氏硬度/HB	切断、外圆切槽、切越程槽 刀具材料 钨钴硬质合金 TiAlN 涂层	钨钴硬质合金 TiCN 涂层	钨钴硬质合金	Al_2O_3-SiCW	内圆切槽、端面槽 刀具材料 钨钴硬质合金 TiAlN 涂层	钨钴硬质合金 TiCN 涂层	钨钴硬质合金
			背吃刀量 a_p/mm						
			0.25~2-0.5~2	0.25~2-0.5~2	0.25~2-0.5~2	0.25~2-0.5~2	0.25~2-0.5~2	0.25~2-0.5~2	0.25~2-0.5~2
			进给量 f/(mm·r^{-1})						
			0.05~0.5			0.05~0.1	0.05~0.5		
			切削速度 v_c/(m·min^{-1})						
铁基高温合金	退火或固溶处理	200	25~40	25~40	25~40	—	15~30	15~30	15~25
	时效处理或时效处理+固溶处理	280	15~30	25~30	15~30	—	15~25	15~25	10~15
镍基高温合金	退火或固溶处理	250	15~25	15~25	15~25	440	10~15	10~15	10~15
	时效处理或时效处理+固溶处理	350	10~15	10~15	10~15	370	10~15	10~15	10~15
	铸造或铸造+时效处理	320	10~15	10~15	10~15	175	10~15	10~15	10~15
钴基高温合金	退火或固溶处理	200	15~25	15~25	15~25	270~330	10~15	10~15	10~15
	时效处理或时效处理+固溶处理	300	10~15	10~15	10~15	240~280	10~15	10~15	10~15
	铸造或铸造+时效处理	320	10~15	10~15	10~15	230	10~15	10~15	10~15

主轴转速与切削速度的关系。数控加工编程时一般要输入主轴转速。主轴转速与切削速度的计算公式如下：

$$n = \frac{1\,000v_c}{\pi d} \tag{4-1}$$

式中　　n——主轴转速（r/min）；

　　　　v_c——切削速度（m/min）；

　　　　d——工件加工表面或刀具的最大直径（mm）。

2. 铣削加工参数的选择

在用机夹铣刀铣削高温合金时，根据表4-6中的切削深度、每齿进给量，确定切削速度。

表4-6　机夹铣刀铣削高温合金切削参数表

被加工材料	热处理方式	刀具材料			
		钨钴硬质合金 TiAlN图层	钨钴硬质合金	超细微粒钨钴硬质合金	钨钴硬质合金 TiCN图层
		切削宽度 d_n（mm）≤ 0.25 × 铣刀有效直径 D			
		切削深度 a_p/mm			
		0.25~2–0.5~2–3~10	0.25~2–0.5~2–3~10	0.25~2–0.5~2–3~10	0.25~2–0.5~2–3~10
		每齿进给量 f_z/mm			
		0.05~0.15~0.2	0.1~0.15~0.2	0.1~0.15~0.2	0.05~0.15~0.25
		切削速度 v_c/（m·min^{-1}）			
铁基高温合计	退火或固溶处理	40~45~55	40~45~55	35~40~45	35~45~50
	时效处理或时效+固溶处理	30~20~40	20~30~35	25~30~35	25~30~35
镍基高温合金	退火或固溶处理	40~45~55	40~45~50	30~35~45	35~40~50
	时效处理或时效+固溶处理	25~30~35	20~25~30	20~25~30	20~25~30
	铸造或铸造+时效处理	30~35~40	25~30~35	25~30~35	25~30~35
钴基高温合金	退火或固溶处理	15~20~25	15~20~25	15~20~25	15~20~25
	时效处理或固溶处理	10~15~20	10~15~20	10~15~20	10~15~20
	铸造或铸造+时效处理	10~15	10~15~20	10~15	10~15

3. 钻削加工参数的选择

用硬质合金钻头钻削高温合金时，其每齿进给量、切削速度见表4-7。

表 4-7 硬质合金钻头钻削高温合金的切削参数

零件材料	热处理方式	布氏硬度 /HB	刀具材料	切削速度 /(m·min⁻¹)	钻头直径 D/mm ≥3~6	>6~10	>10~14	>14~20
					每齿进给量 f_z/mm			
铁基高温合金	退火或固溶处理	200	钨钴硬质合金 TiCN 涂层、超细微粒钨钴硬质合金	11~28	0.07~0.11	0.09~0.13	0.09~0.13	0.11~0.15
	时效处理或固溶+时效处理	280		10~25	0.06~0.1	0.08~0.12	0.08~0.12	0.1~0.14
镍基高温合金	退火或固溶处理	250	钨钴硬质合金 TiCN 涂层、超细微粒钨钴硬质合金	10~25	0.06~0.1	0.08~0.12	0.08~0.12	0.1~0.14
	时效处理或固溶+时效处理	350		8~20	0.05~0.08	0.06~0.1	0.06~0.1	0.08~0.11
	铸造或铸造+时效处理	320		8~20	0.05~0.08	0.06~0.1	0.06~0.1	0.08~0.11
钴基高温合金	退火或固溶处理	200		10~25	0.06~0.1	0.08~0.12	0.08~0.12	0.1~0.14
	固溶+时效处理	300		8~20	0.05~0.08	0.06~0.1	0.06~0.1	0.08~0.11
	铸造或铸造+时效处理	320		8~20	0.05~0.08	0.06~0.1	0.06~0.1	0.08~0.11

在实体材料上加工孔时,其加工方式及加工余量见表 4-8。

表 4-8 在实体材料上的孔加工方式及加工余量

加工孔的直径 /mm	直径 /mm 钻 第一次	第二次	粗加工 粗镗	扩孔	半精加工 粗铰	半精镗	精加工（H7、H8）精铰	精镗
3	2.9	—	—	—	—	—	3	—
4	3.9	—	—	—	—	—	4	—
5	4.8	—	—	—	—	—	5	—
6	5.0	—	—	5.85	—	—	6	—
8	7.0	—	—	7.85	—	—	8	—
10	9.0	—	—	9.85	—	—	10	—

刀具有齿数 z,当确定每齿进给量 f_z 时,其进给速度 F 的计算公式如下:

$$F = f_z \times z \times n \quad (4-2)$$

式中　　F——进给速度（mm/min）；

　　　　f_z——每齿进给量（mm）；

　　　　z——铣刀齿数；

　　　　n——主轴转速（r/min）。

4. 切削加工参数的计算

依据工艺方案、切削参数表等，机匣件各工序加工参数的相关计算如下。

"工序 20　粗车大端平面，小端固定"加工参数的确定。

（1）刀具的选用。零件材料：镍基高温合金；刀具材料及规格：钨钴硬质合金，93°外圆车刀。

（2）参数选取与计算。平端面的切削参数参照表4-5，进给量的取值范围0.05~0.5 mm/r，取 0.2 mm/r；切削速度的取值范围 15~25 m/min，取 16 m/min，由式（4-1）可得主轴转速 n：

$$n = \frac{1\,000v_c}{\pi d} = \frac{1\,000 \times 16}{3.14 \times 326} = 15.63 \text{（r/min）}，取整：n = 15 \text{ r/min}$$

实际切削速度 v_c：

$$v_c = \frac{\pi d n}{1\,000} = \frac{3.14 \times 326 \times 15}{1\,000} = 15.36 \text{（m/min）}$$

"工序 30　粗车小端外圆和内孔，大端支靠定位"加工参数的确定。

（1）刀具的选用。刀具材料及规格：钨钴硬质合金，93° 外圆车刀；钨钴硬质合金，80° 内圆车刀。

（2）参数选取与计算。

工步 1：粗车小端平面。

平端面的切削参数参照表4-5，背吃刀量的取值范围 0.25~2–0.5~2 mm，取 0.3 mm；进给量的取值范围 0.05~0.5 mm/r，取 0.1 mm/r；切削速度的取值范围 15~25 m/min，取 16 m/min，由式（4-1）可得主轴转速 n：

$$n = \frac{1\,000v_c}{\pi d} = \frac{1\,000 \times 16}{3.14 \times 254} = 20.06 \text{（r/min）}，取整：n = 20 \text{ r/min}$$

实际切削速度 v_c：

$$v_c = \frac{\pi d n}{1\,000} = \frac{3.14 \times 254 \times 20}{1\,000} = 15.95 \text{（m/min）}$$

工步 2：粗车小端外圆。

查表 4-4，背吃刀量的取值范围 0.25~2–0.5~2–3~10 mm，取 1 mm；进给量的取值范围 0.1~0.2–0.3 mm/r，取 0.2 mm/r；切削速度的取值范围 35~40~45 m/min，取 36 m/min，由式（4-1）可得主轴转速 n：

$$n = \frac{1\ 000v_c}{\pi d} = \frac{1\ 000 \times 36}{3.14 \times 254} = 45.14 \ (\text{r/min}),\ 取整：n = 45\ \text{r/min}$$

实际切削速度 v_c：

$$v_c = \frac{\pi dn}{1\ 000} = \frac{3.14 \times 254 \times 45}{1\ 000} = 35.89 \ (\text{m/min})$$

工步 3：粗车小端内孔。

查表 4-4，背吃刀量的取值范围 0.25~2–0.5~2–3~10 mm，取 1 mm；进给量的取值范围 0.1~0.2~0.3 mm/r，取 0.2 mm/r；切削速度的取值范围 35~40~45 m/min，取 36 m/min，由式（4-1）可得主轴转速 n：

$$n = \frac{1\ 000v_c}{\pi d} = \frac{1\ 000 \times 36}{3.14 \times 228} = 50.29 \ (\text{r/min}),\ 取整：n = 50\ \text{r/min}$$

实际切削速度 v_c：

$$v_c = \frac{\pi dn}{1\ 000} = \frac{3.14 \times 228 \times 50}{1\ 000} = 35.80 \ (\text{m/min})$$

"工序 40　小端支靠定位夹紧，精车大端端面、外圆、内孔" 加工参数的确定。

（1）刀具的选用。刀具材料及规格：钨钴硬质合金，93° 外圆车刀；钨钴硬质合金，80° 内圆车刀。

（2）参数选取与计算。

工步 1：精车大端端面。

平端面的切削参数参照表 4-5，进给量的取值范围 0.05~0.5 mm/r，取 0.1 mm/r；切削速度的取值范围 15~25 m/min，取 22 m/min，由式（4-1）可得主轴转速 n：

$$n = \frac{1\ 000v_c}{\pi d} = \frac{1\ 000 \times 22}{3.14 \times 326} = 21.49 \ (\text{r/min}),\ 取整：n = 22\ \text{r/min}$$

实际切削速度 v_c：

$$v_c = \frac{\pi dn}{1\ 000} = \frac{3.14 \times 326 \times 22}{1\ 000} = 22.52 \ (\text{m/min})$$

工步 2：精车大端外圆。

查表 4-4，背吃刀量的取值范围 0.25~2–0.5~2–3~10 mm，取 0.3 mm；进给量的取值范围 0.1~0.2~0.3 mm/r，取 0.1 mm/r；切削速度的取值范围 35~40~45 m/min，取 42 m/min，由式（4-1）可得主轴转速 n：

$$n = \frac{1\ 000v_c}{\pi d} = \frac{1\ 000 \times 42}{3.14 \times 326} = 41.03 \ (\text{r/min}),\ 取整：n = 41\ \text{r/min}$$

实际切削速度 v_c：

$$v_c = \frac{\pi d n}{1\,000} = \frac{3.14 \times 326 \times 41}{1\,000} = 41.97 \text{（m/min）}$$

工步 3：精车大端内孔。

查表 4-4，背吃刀量的取值范围 0.25~2–0.5~2–3~10 mm，取 0.3 mm；进给量的取值范围 0.1~0.2~0.3 mm/r，取 0.1 mm/r；切削速度的取值范围 35~40~45 m/min，取 42 m/min，由式（4-1）可得主轴转速 n：

$$n = \frac{1\,000 v_c}{\pi d} = \frac{1\,000 \times 42}{3.14 \times 240} = 55.73 \text{（r/min），取整：} n = 55 \text{ r/min}$$

实际切削速度 v_c：

$$v_c = \frac{\pi d n}{1\,000} = \frac{3.14 \times 240 \times 55}{1\,000} = 41.45 \text{（m/min）}$$

"工序 50　精车小端端面、外圆、内孔"加工参数的确定。

（1）刀具的选用。刀具材料及规格：钨钴硬质合金，93°外圆车刀；钨钴硬质合金，80°内圆车刀。

（2）参数选取与计算。

工步 1：精车小端端面。

平端面的切削参数参照表 4-5，进给量的取值范围 0.05~0.5 mm/r，取 0.1 mm/r；切削速度的取值范围 15~25 m/min，取 22 m/min，由式（4-1）可得主轴转速 n：

$$n = \frac{1\,000 v_c}{\pi d} = \frac{1\,000 \times 22}{3.14 \times 247} = 28.37 \text{（r/min），取整：} n = 28 \text{ r/min}$$

实际切削速度 v_c：

$$v_c = \frac{\pi d n}{1\,000} = \frac{3.14 \times 247 \times 28}{1\,000} = 21.72 \text{（m/min）}$$

工步 2：精车小端外圆。

查表 4-4，背吃刀量的取值范围 0.25~2–0.5~2–3~10 mm，取 0.3 mm；进给量的取值范围 0.1~0.2~0.3 mm/r，取 0.1 mm/r；切削速度的取值范围 35~40~45 m/min，取 42 m/min，由式（4-1）可得主轴转速 n：

$$n = \frac{1\,000 v_c}{\pi d} = \frac{1\,000 \times 42}{3.14 \times 244} = 54.82 \text{（r/min），取整：} n = 55 \text{ r/min}$$

实际切削速度 v_c：

$$v_c = \frac{\pi d n}{1\,000} = \frac{3.14 \times 244 \times 55}{1\,000} = 42.14 \text{（m/min）}$$

工步 3：精车小端内孔。

查表 4-4，背吃刀量的取值范围 0.25~2~0.5~2~3~10 mm，取 0.3 mm；进给量的取值范围 0.1~0.2~0.3 mm/r，取 0.1 mm/r；切削速度的取值范围 35~40~45 m/min，取 42 m/min，由式（4-1）可得主轴转速 n：

$$n = \frac{1\,000 v_c}{\pi d} = \frac{1\,000 \times 42}{3.14 \times 230} = 58.16 \text{（r/min）}，取整：n = 60 \text{ r/min}$$

实际切削速度 v_c：

$$v_c = \frac{\pi d n}{1\,000} = \frac{3.14 \times 230 \times 60}{1\,000} = 43.33 \text{（m/min）}$$

"工序 60　大端面的孔系加工"加工参数的确定。

（1）刀具的选用。刀具材料及规格：钨钴硬质合金，中心钻 $\phi 3$（3 齿）；钨钴硬质合金，麻花钻 $\phi 4.9$（3 齿）；钨钴硬质合金，铰刀 $\phi 5.1$（3 齿）；钨钴硬质合金，沉孔钻 $\phi 9.5$（3 齿）。

（2）参数选取与计算。

工步 1：钻中心孔 $\phi 3$。

查表 4-7，每齿进给量的取值范围 0.06~0.1 mm，取 0.06 mm；切削速度的取值范围 10~25 m/min，取 15 m/min，由式（4-1）可得主轴转速 n：

$$n = \frac{1\,000 v_c}{\pi d} = \frac{1\,000 \times 15}{3.14 \times 3} = 1\,592.36 \text{（r/min）}，取整：n = 1\,600 \text{ r/min}$$

实际切削速度 v_c：

$$v_c = \frac{\pi d n}{1\,000} = \frac{3.14 \times 3 \times 1\,600}{1\,000} = 15.07 \text{ m/min}$$

由式（4-2），进给速度的计算如下：

$$F = f_z \times z \times n = 0.06 \times 3 \times 1\,600 = 288 \text{（mm/min）}$$

工步 2：钻孔 $\phi 4.9$。

查表 4-7，每齿进给量的取值范围 0.06~0.1 mm，取 0.1 mm；切削速度的取值范围 10~25 m/min，取 12 m/min，由式（4-1）可得主轴转速 n：

$$n = \frac{1\,000 v_c}{\pi d} = \frac{1\,000 \times 12}{3.14 \times 4.9} = 779.93 \text{（r/min）}，取整：n = 780 \text{ r/min}$$

实际切削速度 v_c：

$$v_c = \frac{\pi d n}{1\,000} = \frac{3.14 \times 4.9 \times 780}{1\,000} = 12.00 \text{（m/min）}$$

由式（4-2），进给速度的计算如下：

$$F = f_z \times z \times n = 0.1 \times 3 \times 780 = 234 \text{（mm/min）}$$

工步 3：铰孔 $\phi5.1$。

查表 4-7，每齿进给量的取值范围 0.06~0.1 mm，取 0.06 mm；切削速度的取值范围 10~25 m/min，取 20 m/min，由式（4-1）可得主轴转速 n：

$$n = \frac{1\,000v_c}{\pi d} = \frac{1\,000 \times 20}{3.14 \times 5.1} = 1\,248.91\ (\text{r/min})，取整：n = 1\,200\ \text{r/min}$$

实际切削速度 v_c：

$$v_c = \frac{\pi dn}{1\,000} = \frac{3.14 \times 5.1 \times 1\,200}{1\,000} = 19.22\ (\text{m/min})$$

由式（4-2），进给速度的计算如下：

$$F = f_z \times z \times n = 0.06 \times 3 \times 1\,200 = 216\ (\text{mm/min})$$

工步 4：钻沉头孔 $\phi9.5$。

查表 4-7，每齿进给量的取值范围 0.06~0.1 mm，取 0.08 mm；切削速度的取值范围 10~25 m/min，取 20 m/min，由式（4-1）可得主轴转速 n：

$$n = \frac{1\,000v_c}{\pi d} = \frac{1\,000 \times 20}{3.14 \times 9.5} = 670.47\ (\text{r/min})，取整：n = 670\ \text{r/min}$$

实际切削速度 v_c：

$$v_c = \frac{\pi dn}{1\,000} = \frac{3.14 \times 9.5 \times 670}{1\,000} = 19.99\ (\text{m/min})$$

由式（4-2），进给速度的计算如下：

$$F = f_z \times z \times n = 0.08 \times 3 \times 670 = 160.8\ (\text{mm/min})$$

"工序 70　小端面的孔系加工"加工参数的确定。

小端面孔系加工请参照前一工序的参数确定方法，在此不再赘述。

"工序 80　粗、精车内孔 $\phi249$ 及环形槽"加工参数的确定。

（1）刀具的选用。刀具材料及规格：钨钴硬质合金，80°内圆车刀；钨钴硬质合金，切槽刀（宽度 2 mm）。

（2）参数选取与计算。

工步 1：粗车内孔 $\phi249$。

查表 4-4，背吃刀量的取值范围 0.25~2–0.5~2–3~10 mm，取 0.5 mm；进给量的取值范围 0.1~0.2~0.3 mm/r，取 0.2 mm/r；切削速度的取值范围 35~40~45 m/min，取 36 m/min，由式（4-1）可得主轴转速 n：

$$n = \frac{1\,000v_c}{\pi d} = \frac{1\,000 \times 36}{3.14 \times 249} = 46.04\ (\text{r/min})，取整：n = 46\ \text{r/min}$$

实际切削速度 v_c：

$$v_c = \frac{\pi dn}{1\,000} = \frac{3.14 \times 249 \times 46}{1\,000} = 35.97\,(\text{m/min})$$

工步 2：精车内孔 ϕ249。

查表 4-4，背吃刀量的取值范围 0.25~2–0.5~2–3~10 mm，取 0.3 mm；进给量的取值范围 0.1~0.2~0.3 mm/r，取 0.1 mm/r；切削速度的取值范围 35~40~45 m/min，取 45 m/min，由式（4-1）可得主轴转速 n：

$$n = \frac{1\,000 v_c}{\pi d} = \frac{1\,000 \times 45}{3.14 \times 249} = 57.56\,(\text{r/min})，取整：n = 57\,\text{r/min}$$

实际切削速度 v_c：

$$v_c = \frac{\pi dn}{1\,000} = \frac{3.14 \times 249 \times 57}{1\,000} = 44.57\,(\text{m/min})$$

工步 3：车环形槽。

按照"精加工保证质量的原则"，环形槽采用一次性切削，D 取小圆直径进行计算，即 $D = 238$。

查表 4-5，进给量的取值范围 0.05~0.5 mm/r，取 0.1 mm/r；切削速度的取值范围 15~25 m/min，取 20 m/min，由式（4-1）可得主轴转速 n：

$$n = \frac{1\,000 v_c}{\pi d} = \frac{1\,000 \times 20}{3.14 \times 238} = 26.76\,(\text{r/min})，取整：n = 26\,\text{r/min}$$

实际切削速度 v_c：

$$v_c = \frac{\pi dn}{1\,000} = \frac{3.14 \times 238 \times 26}{1\,000} = 19.43\,(\text{m/min})$$

"工序 90　粗、精车小端头部内圆"加工参数的确定。

（1）刀具的选用。刀具材料及规格：钨钴硬质合金，80° 内圆车刀。

（2）参数选取与计算。

工步 1：粗车内圆。

查表 4-4，背吃刀量的取值范围 0.25~2–0.5~2–3~10 mm，取 0.5 mm；进给量的取值范围 0.1~0.2~0.3 mm/r，取 0.2 mm/r；切削速度的取值范围 35~40~45 m/min，取 36 m/min，由式（4-1）可得主轴转速 n：

$$n = \frac{1\,000 v_c}{\pi d} = \frac{1\,000 \times 36}{3.14 \times 233} = 49.21\,(\text{r/min})，取整：n = 50\,\text{r/min}$$

实际切削速度 v_c：

$$v_c = \frac{\pi d n}{1\,000} = \frac{3.14 \times 233 \times 50}{1\,000} = 36.58 \text{ (m/min)}$$

工步2：精车内圆。

查表4-4，背吃刀量的取值范围 0.25~2–0.5~2–3~10 mm，取 0.3 mm；进给量的取值范围 0.1~0.2~0.3 mm/r，取 0.1 mm/r；切削速度的取值范围 35~40~45 m/min，取 44 m/min，由式（4-1）可得主轴转速 n：

$$n = \frac{1\,000 v_c}{\pi d} = \frac{1\,000 \times 44}{3.14 \times 231} = 60.66 \text{ (r/min)}, \text{ 取整：} n = 60 \text{ r/min}$$

实际切削速度 v_c：

$$v_c = \frac{\pi d n}{1\,000} = \frac{3.14 \times 231 \times 60}{1\,000} = 43.52 \text{ (m/min)}$$

工序100与工序110均为"研磨"工艺，请参照专门的研磨加工参数的选取，本项目不再赘述。

"工序120 $6 \times \phi 6$ 孔的加工及粗、精镗小端头部内孔 $\phi 232$"加工参数的确定。

（1）刀具的选用。刀具材料及规格：钨钴硬质合金，中心钻 $\phi 3$（3齿）；钨钴硬质合金，麻花钻 $\phi 5$（3齿）；钨钴硬质合金，铰刀 $\phi 6$（3齿）；钨钴硬质合金，镗孔刀。

（2）参数选取与计算。

工步1：钻中心孔 $\phi 3$。

查表4-7，每齿进给量的取值范围 0.06~0.1 mm，取 0.06 mm；切削速度的取值范围 10~25 m/min，取 15 m/min，由式（4-1）可得主轴转速 n：

$$n = \frac{1\,000 v_c}{\pi d} = \frac{1\,000 \times 15}{3.14 \times 3} = 1\,592.36 \text{ (r/min)}, \text{ 取整：} n = 1\,600 \text{ r/min}$$

实际切削速度 v_c：

$$v_c = \frac{\pi d n}{1\,000} = \frac{3.14 \times 3 \times 1\,600}{1\,000} = 15.07 \text{ (m/min)}$$

由式（4-2），进给速度的计算如下：

$$F = f_z \times z \times n = 0.06 \times 3 \times 1\,600 = 288 \text{ (mm/min)}$$

工步2：钻孔 $\phi 5$。

查表4-7，每齿进给量的取值范围 0.06~0.1 mm，取 0.1 mm；切削速度的取值范围 10~25 m/min，取 12 m/min，由式（4-1）可得主轴转速 n：

$$n = \frac{1\,000 v_c}{\pi d} = \frac{1\,000 \times 12}{3.14 \times 5} = 764.33 \text{ (r/min)}, \text{ 取整：} n = 760 \text{ r/min}$$

实际切削速度 v_c：

$$v_c = \frac{\pi d n}{1\,000} = \frac{3.14 \times 5 \times 760}{1\,000} = 11.93 \text{ (m/min)}$$

由式（4-2），进给速度的计算如下：

$$F = f_z \times z \times n = 0.1 \times 3 \times 760 = 228 \text{ (mm/min)}$$

工步3：铰孔 $\phi 6$。

查表4-7，每齿进给量的取值范围 0.06~0.1 mm，取 0.06 mm；切削速度的取值范围 10~25 m/min，取 23 m/min，由式（4-1）可得主轴转速 n：

$$n = \frac{1\,000 v_c}{\pi d} = \frac{1\,000 \times 23}{3.14 \times 6} = 1\,220.81 \text{ (r/min)}, \text{ 取整：} n = 1\,200 \text{ r/min}$$

实际切削速度 v_c：

$$v_c = \frac{\pi d n}{1\,000} = \frac{3.14 \times 6 \times 1\,200}{1\,000} = 22.61 \text{ (m/min)}$$

由式（4-2），进给速度的计算如下：

$$F = f_z \times z \times n = 0.06 \times 3 \times 1\,200 = 216 \text{ (mm/min)}$$

工步4：粗镗内孔 $\phi 232$。

查表4-4，背吃刀量的取值范围 0.25~2–0.5~2–3~10 mm，取 0.5 mm；进给量的取值范围 0.1~0.2~0.3 mm/r，取 0.2 mm/r；切削速度的取值范围 35~40~45 m/min，取 36 m/min，由式（4-1）可得主轴转速 n：

$$n = \frac{1\,000 v_c}{\pi d} = \frac{1\,000 \times 36}{3.14 \times 232} = 49.42 \text{ (r/min)}, \text{ 取整：} n = 50 \text{ r/min}$$

实际切削速度 v_c：

$$v_c = \frac{\pi d n}{1\,000} = \frac{3.14 \times 232 \times 50}{1\,000} = 36.42 \text{ (m/min)}$$

工步5：精镗内孔 $\phi 232$。

查表4-4，背吃刀量的取值范围 0.25~2–0.5~2–3~10 mm，取 0.3 mm；进给量的取值范围 0.1~0.2~0.3 mm/r，取 0.1 mm/r；切削速度的取值范围 35~40~45 m/min，取 44 m/min，由式（4-1）可得主轴转速 n：

$$n = \frac{1\,000 v_c}{\pi d} = \frac{1\,000 \times 44}{3.14 \times 232} = 60.40 \text{ (r/min)}, \text{ 取整：} n = 60 \text{ r/min}$$

实际切削速度 v_c：

$$v_c = \frac{\pi d n}{1\,000} = \frac{3.14 \times 232 \times 60}{1\,000} = 43.71 \text{ (m/min)}$$

"工序 130　粗、精铣 21 个凸爪"加工参数的确定。

（1）刀具的选用。刀具材料及规格：钨钴硬质合金，立铣刀 $\phi10$（3 齿）。

（2）参数选取与计算。

工步 1：粗铣凸爪。

查表 4-6，背吃刀量的取值范围 0.25~2–0.5~2–3~10 mm，取 0.5 mm；每齿进给量的取值范围 0.1~0.15~0.2 mm，取 0.2 mm；切削速度的取值范围 40~45~50 m/min，取 40 m/min，由式（4-1）可得主轴转速 n：

$$n = \frac{1\,000v_c}{\pi d} = \frac{1\,000 \times 40}{3.14 \times 10} = 1\,273.89\,（r/min），取整：n = 1\,300\,r/min$$

实际切削速度 v_c：

$$v_c = \frac{\pi dn}{1\,000} = \frac{3.14 \times 10 \times 1\,300}{1\,000} = 40.82\,（m/min）$$

由式（4-2），进给速度的计算如下：

$$F = f_z \times z \times n = 0.2 \times 3 \times 1\,300 = 780\,（mm/min）$$

工步 2：精铣凸爪。

查表 4-6，背吃刀量的取值范围 0.25~2–0.5~2–3~10 mm，取 0.3 mm；每齿进给量的取值范围 0.1~0.15~0.2 mm，取 0.1 mm；切削速度的取值范围 40~45~50 m/min，取 48 m/min，由式（4-1）可得主轴转速 n：

$$n = \frac{1\,000v_c}{\pi d} = \frac{1\,000 \times 48}{3.14 \times 10} = 1\,528.66\,（r/min），取整：n = 1\,500\,r/min$$

实际切削速度 v_c：

$$v_c = \frac{\pi dn}{1\,000} = \frac{3.14 \times 10 \times 1\,500}{1\,000} = 47.10\,（m/min）$$

由式（4-2），进给速度的计算如下：

$$F = f_z \times z \times n = 0.1 \times 3 \times 1\,500 = 450\,（mm/min）$$

任务四　机匣件工艺路线单与工序卡的设计

工艺路线单与工序卡设计得是否合理，对零件加工顺利开展、质量保证、效率提升及生产现场管理等有着至关重要的作用。

一、工艺路线单的填写

根据零件名称、毛坯规格与材料、工艺方案等相关内容，参考项目一的填写方法，完成机匣件机械加工工艺路线单的填写（表4-9）。

表4-9 机械加工工艺路线单

机械加工工艺路线单						
零件名称		零件材料		零件图号		
毛坯规格		产品名称		生产车间		
工序号	工种	工序内容		夹具	设备名称及型号	
编制		审核		批准	第 页	共 页

二、机匣件工序卡的填写

工艺路线单设计完成以后，需要对每道工序加工的内容进行具体化，工艺路线单可扫描项目一的二维码分别获取车、铣加工工序卡的空白页。

根据零件的尺寸、几何公差、表面粗糙度及技术要求，结合工艺方案、工序简图、参数的选取与计算等，现仅选取两道典型工序（车削、铣削）进行填写示范，其余工序的填写方法相同，具体如下。

（1）"工序 30 粗车小端外圆和内孔，大端支靠定位"机械加工工序卡（表 4-10）。

表 4-10 工序 30 机械加工工序卡（已填写的样本）

零件名称	机匣件	机械加工工序卡		工序号	30	工序名称	数车
零件图号							
材料牌号	高温合金	毛坯状态	铸造件	机床设备	CA6140	夹具	三爪卡盘

工步号	工步内容	刀具	量具	背吃刀量 / mm	进给量 / $(mm \cdot r^{-1})$	主轴转速 / $(r \cdot min^{-1})$
1	粗车小端平面	93° 外圆车刀	游标卡尺	0.3	0.1	20
2	粗车小端外圆	93° 外圆车刀	游标卡尺	1	0.2	45
3	粗车小端内孔	93° 外圆车刀	外径千分尺	1	0.2	50
编制		审核		批准		日期	第 页 共 页

（2）"工序 130 粗、精铣 21 个凸爪"机械加工工序卡（表 4-11）。

表 4-11 工序 130 机械加工工序卡（已填写的样本）

零件名称	机匣件	机械加工工序卡	工序号	130	工序名称	数铣
零件图号						
材料牌号	高温合金	毛坯状态	铸造件	机床设备	X50	夹具	专用夹具

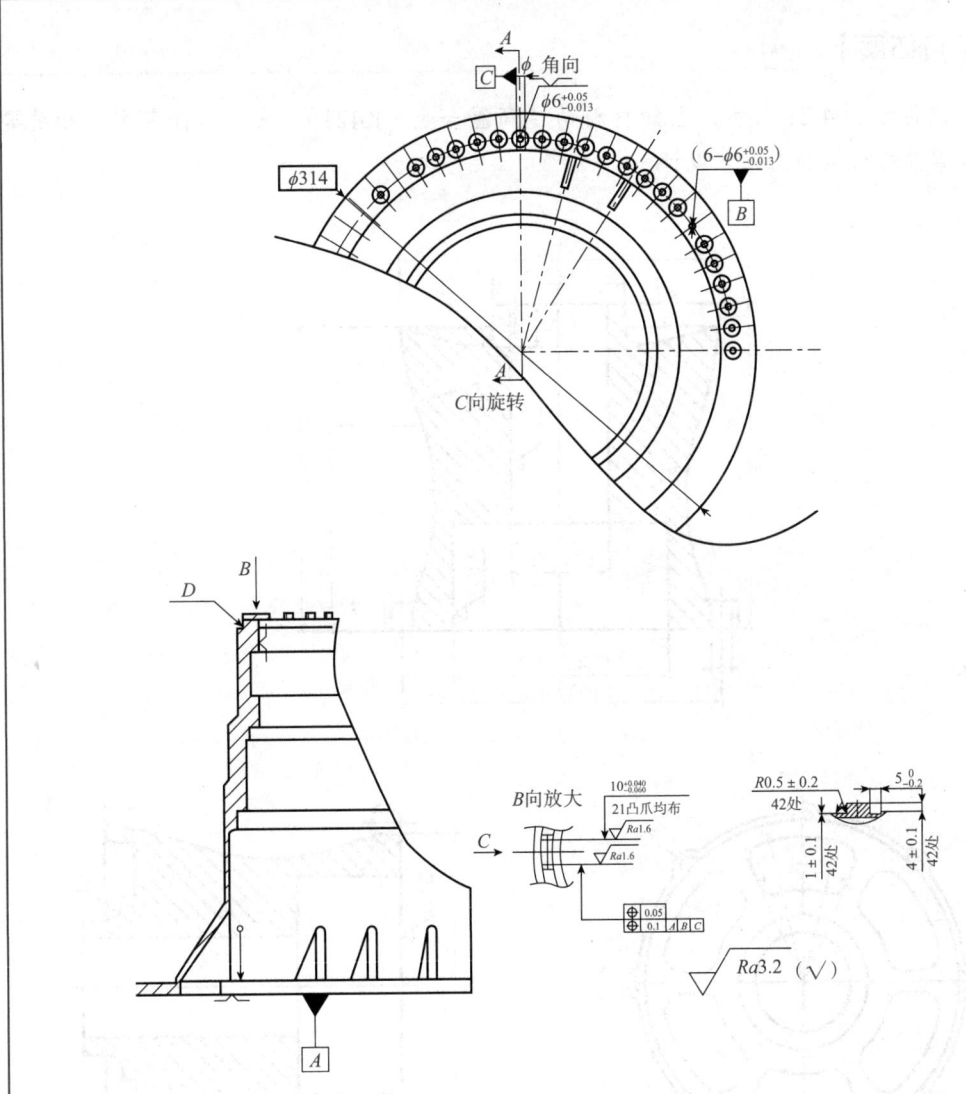

工步号	工步内容	刀具	量具	背吃刀量 / mm	进给速度 / (mm·min⁻¹)	主轴转速 / (r·min⁻¹)
1	粗铣 21 个凸爪	立铣刀 ϕ10	游标卡尺	0.5	780	1 300
2	精铣 21 个凸爪	立铣刀 ϕ10	三坐标测量机	0.3	450	1 500
编制		审核		批准		日期		第 页	共 页

【项目总结】

通过对机匣件的功能、结构、尺寸及技术要求分析,确定了零件的加工工艺方案,并通过毛坯的确定、机床的选择、刀具的选用、参数的确定与计算及工艺路线与工序卡的设计等工艺流程,完成了机匣件的数控车削与铣削加工工艺项目。

【项目拓展】

某机匣件如图 4-21 所示,已知材料铸造高温合金(K423),试根据任务中的相关要求,完成零件的机械加工工艺设计。

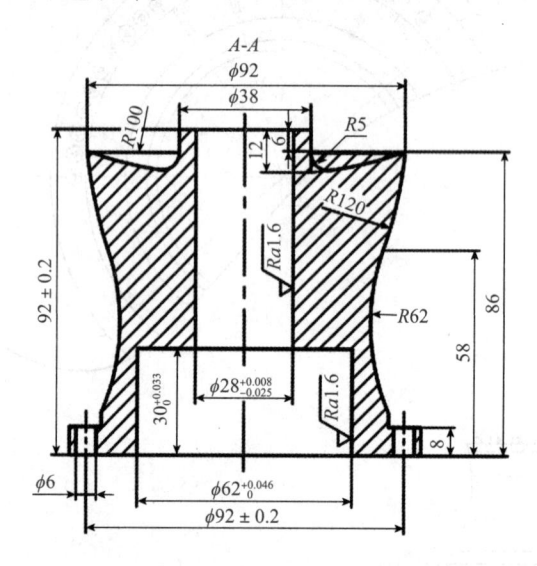

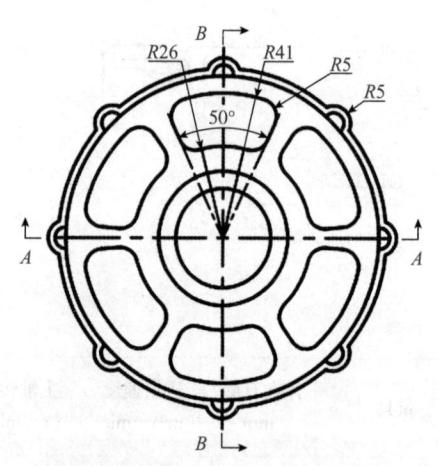

技术要求:
1. 锐角倒钝,(0.2~0.3)×45°;
2. 未注公差尺寸按GB/T 1804-m级处理;
3. 不得使用纱布、锉刀、油石加工表面;
4. 未注圆倒角均为C0.5。

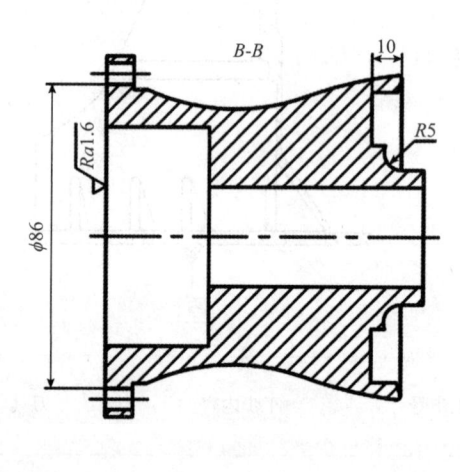

$\sqrt{Ra3.2}$ ($\sqrt{}$)

图 4-21 某机匣件零件图

【知识拓展】

大力弘扬"工匠精神",为高质量发展注入"新动力"

2016年3月5日,国务院总理李克强作政府工作报告时说:"鼓励企业开展个性化定制、柔性化生产,培育精益求精的工匠精神"。"工匠精神"出现在政府工作报告中,让人耳目一新。工匠精神不仅体现了对产品精心打造、精工制作的理念和追求,更是要不断吸收最前沿的技术,创造出新成果。

2020年11月24日,习近平总书记在全国劳动模范和先进工作者表彰大会上指出,在长期实践中,我们培育形成了"执着专注、精益求精、一丝不苟、追求卓越的工匠精神",强调大力弘扬劳模精神、劳动精神、工匠精神。工匠精神是时代精神的生动体现,折射着各行各业一线劳动者的精神风貌,为各个专业领域高质量发展不断注入精神动力。

工匠精神是中华优秀传统文化的精华。工匠精神落在个人层面,就是一种认真、敬业、执着、负责、精益求精、追求卓越的精神。其核心是:不仅仅把工作当作赚钱养家糊口的工具,而是树立起对职业敬畏、对工作执着、对产品负责的态度,极度注重细节,不断追求完美。

工匠们以自己的工艺专长,在专业领域中演绎着"能人所不能"的精湛技艺。实际上,得心应手的技能、巧夺天工的技术和出神入化的技艺,正是来源于对行业的执着专注。工匠也是始于学徒、技工,也是从小事、细事、实事干起;选择了某个行业,就应在这个领域沉下心来,潜心钻研,精雕细琢,精耕细作,不忘初心、坚守理想,坐得了冷板凳,耐得住寂寞。

工匠们练就炉火纯青的技艺,成为行业领域的技术"大拿",他们并非天生技高一筹,而是在平凡的工作岗位中摆正心态,不好高骛远,兢兢业业、精益求精地干好本职工作,并逐步提高技艺水平、不断进步。古人说的"熟能生巧",正是因为在某一领域不断精益求精,才能不断实现自我超越。

工匠必须具有严谨的态度,来不得半点马虎将就,每一项具体的工艺,都有严格的操作规程和标准,走捷径、搞变通是行不通的。就像拧螺丝这种简单的技术工作,拧几圈、回几圈、施加多大的力矩都要遵守严格规定,否则就可能造成严重失误,不放过任何一个细节,不忽视任何一个细微之处,才能创造出巧夺天工的精品。

随着科技的不断发展进步,技术的更新换代加快,对工艺的要求标准也越来越高。因此,弘扬工匠精神就是要追求卓越、敢于创新,永不满足于现有水平,永不停滞于当前状态,而是要向更高、更好、更精的方向不断努力。

我们之所以要大力弘扬工匠精神，正是因为它适应了时代的需要。弘扬工匠精神，把新发展理念贯穿到每一个车间，把高质量发展体现到每一道工艺，在全社会倡导一种"做专、做精、做细、做实"的工作作风，不断提高我国劳动者的素质，从而推动中华民族伟大复兴的宏伟事业不断向前推进，为产业转型升级、高质量发展不断注入"新动力"。

项目五 05 单叶片零件的多轴加工工艺

【知识目标】

1. 掌握典型航空单叶片零件的多轴加工工艺的设计方法。
2. 熟悉单叶片零件加工机床及刀具的选用方法。
3. 掌握单叶片零件多轴加工参数的确定与计算方法。

【能力目标】

1. 能设计典型航空单叶片零件多轴加工工艺。
2. 能合理选取单叶片零件的加工机床与刀具。
3. 能合理确定并计算单叶片零件多轴加工参数。

【素质目标】

1. 具有团队协作、交流沟通能力。
2. 具有热爱祖国、为国争光的坚定信念。
3. 具有勇于登攀、敢于超越的进取动力。

【项目导读】

单叶片是航空发动机关键零件,它的制造量约占整机制造量的 1/3,它在航空航天、能源动力、石油化工、冶金等领域应用广泛。航空单叶片的造型涉及空气动力学等多个学科,在航空发动机中,发动机的特殊结构组成及工作原理对叶片的性能提出了很高的要求,同时发动机内温度、气流和压力影响着叶片使用情况。叶片由于处于温度最高、应力最复杂、环境最恶劣的部位而被列为第一关键件,并被誉为"王冠上的明珠"。叶片的性能水平,特别是承温能力,成为一种型号发动机先进程度的重要标志,在一定意义上,也是一个国家航空工业水平的显著标志。

在飞机数量持续增加与航空发动机研发资金增多等因素推动下,2015—2019 年期间,中国航空发动机叶片行业市场规模(按累计收入计)从 816.1 亿元增长至 1 064.2 亿元,年复合增长率达 6.9%。未来 5 年,中国航空发动机叶片行业市场规模将持续上升,并于 2024 年达到 1 391.4 亿元。

单叶片零件属于薄壁易变形零件，叶片所采用的加工方法、加工精度和加工表面质量对其最终的性能参数有很大的影响。如何控制其变形并高效、高质量地加工是目前叶片制造研究的重要课题之一。随着数控机床的出现，特别是多轴加工中心机床的应用，叶片制造工艺发生了重大变化，单叶片的加工技术也日新月异，采用精密数控加工技术加工的叶片精度高、制造周期短。

航空发动机叶片根据叶片使用功能不同可分为风扇叶片、涡轮叶片和压气机叶片三种类型。其中风扇叶片包含钛合金空心叶片、钛基复材空心叶片、树脂基复合材料实心叶片；涡轮叶片包含镍基/镍铝基铸造高温合金叶片、钛-铝合金叶片、陶瓷基复材实心叶片；压气机叶片包含钛合金空心叶片、钛合金/变形高温合金叶片、钛-铝合金实心叶片。

■ 一、风扇叶片

航空发动机的风扇叶片多采用具有减振效果的宽弦叶片，当前较为先进的风扇叶片为美国 GE 公司的 GE90、GENX 第三代复合材料风扇转子叶片，以及美法合资企业 CFM 的 LEAP-X 第四代 3D 编织经 RTM 成型风扇转子叶片。

风扇叶片是最容易观察到的叶片，叶片的直径一般比较大，从一米到三米多不等，目前世界上最大的风扇叶片是 GE9X 发动机的风扇叶片，它的叶尖直径为 3.4 m，如图 5-1 所示。风扇叶片的主要作用是把进入发动机的空气进行初步压缩，压缩后的气体分两路，一路进入内涵道进行继续压缩，一路流进外涵道直接高速排出，产生巨大的推力。

■ 二、涡轮叶片

涡轮叶片处于温度最高、应用最复杂、环境最恶劣的位置，是航空发动机最关键零部件。半个多世纪以来，涡轮叶片的承温能力从 20 世纪 40 年代的 750 ℃提高了 90 年代的 1 500 ℃左右，再到目前的 2 000 ℃左右。复杂单晶空心涡轮叶片是当前高推重比发动机的核心技术，是航空发动机零件中制造工序最多、周期最长、合格率最低、其他国家封锁与垄断最为严格的发动机零件，高温合金单晶涡轮叶片如图 5-2 所示。现阶段中国单晶叶片成品率持续提升。

图 5-1　GE9X 发动机风扇叶片　　　　图 5-2　高温合金单晶涡轮叶片

三、压气机叶片

压气机叶片（图5-3）是航空发动机中利用高速旋转的叶片给空气做功以提升空气气压力的部件，可分为动叶和静叶两类。转子轮盘上的一圈圈叶片被称为动叶；固定在机匣上相对于发动机静止不动的被称为静叶。动叶负责对空气做功，增加空气动能；静叶负责将气流的动能转化为压力势能，并将气流引导入下级动叶进口。压气机叶片直径逐步减少，随着压气机级数增加，叶片工作温度提高，变形高温合金逐步成为其主要材料。美国、英国、德国、日本等国家的技术实力雄厚，可生产出大尺寸、高精度、高性能产品，占据高端市场。

图5-3 高压压气机叶片

【项目导入】

某型发动机单叶片零件如图5-4所示，已知材料为高温合金，试根据任务中的相关要求，完成零件的加工工艺设计。

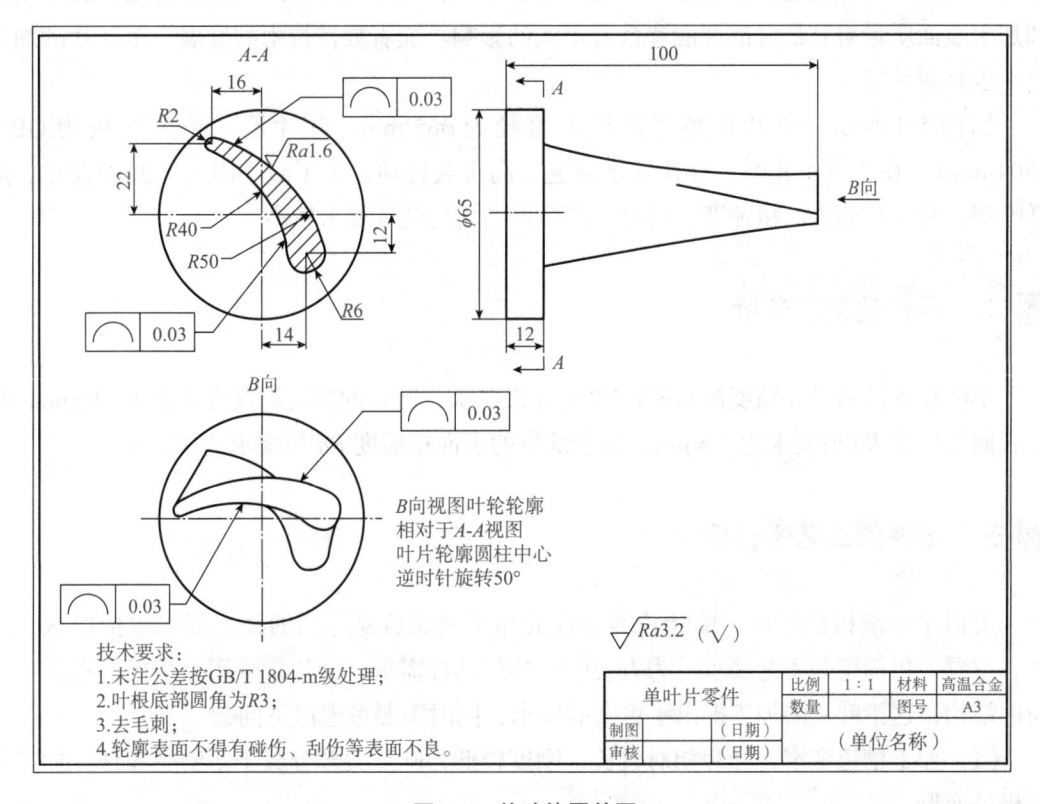

技术要求：
1. 未注公差按GB/T 1804-m级处理；
2. 叶根底部圆角为R3；
3. 去毛刺；
4. 轮廓表面不得有碰伤、刮伤等表面不良。

图5-4 单叶片零件图

【项目实施】

要完成以上航空发动机单叶片零件，并确保零件的加工质量，应严格设计其加工工艺，单叶片零件加工的流程如下。

零件的分析 → 加工工艺方案的确定 → 加工工艺规程的设计 → 工艺路线单与工序卡的设计

项目实施按照如下四个任务进行。

任务一　单叶片零件的分析

一、零件的功能与结构分析

单叶片类零件是航空航天业重要的典型零件，在航空航天、能源动力、石油化工、冶金等领域应用广泛。

单叶片类零件通常由叶身、前缘面、后缘面、底座组成。叶身部分又可细分为叶盆面和叶背面。单叶片的造型涉及空气动力学等多个学科，叶片所采用的加工方法、加工精度和加工表面质量对其最终的性能参数有很大的影响。随着数控技术的发展，单叶片的加工技术也日新月异。

如图 5-4 所示，单叶片类零件最大直径为 $\phi 65$ mm，叶片尺寸精度等级为 GB/T 1804-m 级。在正常工作时，叶片处于高速、高负载转动，为了减小阻力、减少发热、降低噪声，对叶片的表面粗糙度、材料内部结构的均匀性等要求较高。

二、零件的精度分析

单叶片零件的尺寸精度按 GB/T 1804-m 级要求，叶片的线轮廓度要求为 0.03 mm，叶片表面粗糙度 Ra 值要求为 1.6 μm，其余部位的表面粗糙度 Ra 值要求为 3.2 μm。

三、零件的工艺性分析

类似于一般机械零件，单叶片类零件的加工完成后要达到的技术要求包括形状、尺寸、位置、粗糙度等工艺要求。为方便叶片的气动性需求，叶片常采用大扭矩、根部变圆角的结构，这给叶片的加工提出了更高的要求，同时需要考虑以下问题。

（1）加工槽道变窄，叶片相对较长，刚度较低，叶片尖部分属于薄壁类零件，加工过程极易变形。

（2）槽道最窄处叶片深度超过刀具直径的 2 倍，叶片空间极小，在清角加工时刀具直径较小，刀具容易折断，切削深度的控制也是加工的关键技术。

（3）单叶片零件为自由曲面，流道窄，叶片扭曲比较严重，加工时极易产生干涉，加工难度较大。因此，保证加工表面的一致性也有困难。

单叶片零件加工技术要求包括尺寸、形状、位置和表面粗糙度等方面的要求，也包括机械、物理和化学性能的要求。在对叶片进行加工前，必须对叶片毛坯进行探伤检查。叶片具有良好的表面质量，精度一般集中在叶片表面、底座表面和叶根表面。另外，叶身的表面纹理力求一致，这一规定就要求刀具在叶身曲面的最终走刀方向只能朝一个方向。

为了防止单叶片零件在工作中振动并降低噪声，对整体平衡性的要求很高，因此，在加工过程中要综合考虑叶片的角度问题，可采用对某一元素的加工来完成对相同加工内容不同位置的操作。另外，应尽可能减少由于装夹或换刀造成的误差。

单叶片零件通过底部的榫槽连接在发动机的转子上，工作时同样是以回转体为主，主要结构包括外圆柱面 $\phi65$、叶片曲面及底部叶根圆角 $R3$ 等。外圆柱面 $\phi65$ 部位可采用车削加工工艺实现，因有尺寸精度、表面粗糙度要求，其车削加工工艺可采用"粗车 – 精车"或"粗车 – 半精车 – 精车"；对于叶片应采用铣削加工工艺实现，其铣削加工工艺应采用"粗铣 – 精铣"。

任务二　单叶片零件加工工艺方案的确定

一、加工工艺方案的制订

经过对单叶片零件的结构特点、技术条件的分析，即可根据生产批量、设备条件等编制该零件的工艺规程。编制过程中应着重考虑主要表面（如叶盆面、叶背面）和加工比较困难的表面（如叶身和底座过渡表面）的工艺措施，从而正确地选择定位基准，合理安排工序。

通常为防止加工时叶片变形，一可改进切削工艺，高速切削能够有效地降低叶片弹塑性变形，提高切削速度，降低切削区域温度，改变切削成型原理和去除机理，降低切削力，减少变形；二可改进工艺路线，先加工刚性薄弱的叶尖部位，后加工叶根部位；三可改进工艺参数，降低精加工切削量，使用锋利的刀具，多轴加工中增大后角等。根据零件的形状特征、尺寸精度、几何精度和表面粗糙度等要求，加工工艺方案参考如下：

工序 10　下料，毛坯尺寸 $\phi70 \times 105$ mm。

工序 20　粗、精铣顶面及外圆 $\phi65$，深度 12 mm。

工序 30　翻面，粗、精铣顶面，控制总高度 100 mm。

工序 40　粗、精铣叶片曲面。

工步 1　粗铣叶片曲面，留余量 0.3 mm。

工步 2　半精铣叶片曲面。

工步 3　精铣叶片曲面。

工序 50　精铣叶根底部平面。

工序 60　精铣叶根底部圆角 R3。

工序 70　去毛刺。

工序 80　终检。

工序 90　包装入库。

二、工序简图的绘制

按照以上工序的安排，单叶片零件加工工序内容及简图如下。

工序 10　下料，毛坯尺寸 $\phi 70 \times 105$ mm（图 5-5）。

工序 20　粗、精铣顶面及外圆 $\phi 65$，深度 12 mm（图 5-6）。

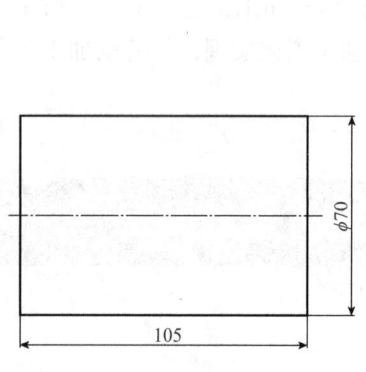

图 5-5　备料

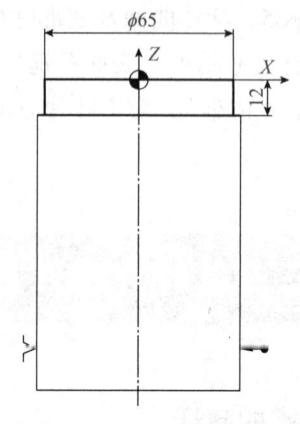

图 5-6　粗、精铣顶面及外圆

虚拟仿真 5-1：
扫描二维码查
看工序 20 虚拟
加工过程

工序 30　翻面，粗、精铣顶面，控制总高度 100 mm（图 5-7）。

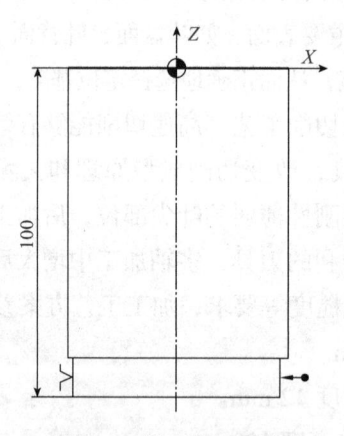

图 5-7　粗、精铣顶面

虚拟仿真 5-2：
扫描二维码查
看工序 30 虚拟
加工过程

工序 40　粗、精铣叶片曲面（图 5-8）。

工步 1　粗铣叶片曲面，留余量 0.3 mm。

工步 2　半精铣叶片曲面。

工步 3　精铣叶片曲面。

虚拟仿真 5-3：
扫描二维码查看
工序 40 工步 1
虚拟加工过程

虚拟仿真 5-4：
扫描二维码查看
工序 40 工步 2 虚
拟加工过程

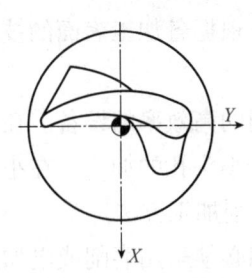

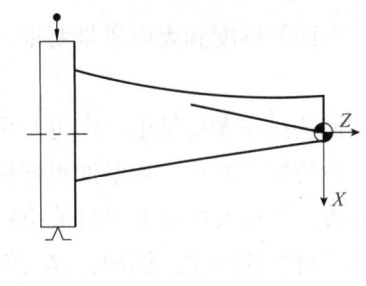

图 5-8　粗、精铣叶片曲面

工序 50　精铣叶根底部平面（图 5-9）。

虚拟仿真 5-5：
扫描二维码查
看工序 50 虚拟
加工过程

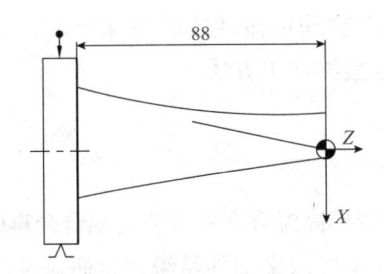

图 5-9　精铣叶根底部平面

工序 60　精铣叶根底部圆角 $R3$（图 5-10）。

虚拟仿真 5-6：
扫描二维码查
看工序 60 虚拟
加工过程

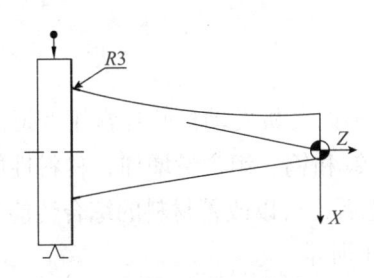

图 5-10　精铣叶根底部圆角 $R3$

工序 70　去毛刺。
工序 80　终检。
工序 90　包装入库。

任务三　单叶片零件加工工艺规程的设计

一、影响加工方法的因素

（1）要考虑加工表面的精度和表面质量要求，根据各加工表面的技术要求，选择加工方法及加工频次。

（2）根据生产类型选择在大批量生产中可专用的高效率的设备。在单件小批量生产中则常用通用设备和一般的加工方法。如柴油机连杆小头孔的加工，在小批量生产时，采用钻、扩、铰的加工方法，而在大批量生产时采用拉削加工方法。

（3）要考虑被加工材料的性质，例如，淬火钢必须采用磨削或电加工的方法，而有色金属由于磨削时容易堵塞砂轮，一般采用精细车削、高速精铣等方法。

（4）要考虑工厂或车间的实际情况，同时不断改进现有加工方法和设备，推广新技术，提高工艺水平。

（5）要考虑一些其他因素，如加工表面物理机械性能的特殊要求、工件形状和重量等。一般按零件主要表面的技术要求来选定最终加工方法。

二、单叶片零件常用材料

航空发动机不断追求高推重比，但却使变形高温合金和铸造高温合金难以满足其越来越高的温度及性能要求。因此，自20世纪70年代以来国外纷纷开始研制新型高温合金，先后研制了定向凝固高温合金、单晶高温合金等具有优异高温性能的新材料，单晶高温合金已经发展到了第三代；20世纪80年代，又开始研制陶瓷叶片材料，在叶片上开始采用防腐、隔热涂层等技术。

1. 变形高温合金

变形高温合金有50多年的发展历史，国内飞机发动机叶片常用变形高温合金的牌号及工作温度见表5-1。随着高温合金中铝、钛和钨、钼含量增加，材料性能持续提高，但热加工性能下降；加入昂贵的合金元素钴之后，可以改善材料的综合性能和提高高温组织的稳定性，铬镍变形高温合金叶片如图5-11所示。

表5-1　国内飞机发动机叶片常用变形高温合金的牌号及工作温度

合金牌号	合金体系	使用温度/℃	特点及应用
GH4169	Cr-Ni	650	热加工性能好，热变形和模锻叶片成型不困难，叶片变形80%也不开裂
GH4033	Cr-Ni	750	GH4033是我国生产和应用时间最长的叶片材料，其中ω（Al+Ti）≥3.4%，热加工性能好；其改进型GH4133是当前国内使用最多的材料，将取代GH4033合金用于发动机叶片

续表

合金牌号	合金体系	使用温度/℃	特点及应用
GH4080A	Cr-Ni	800	具有良好可锻性,因新型飞机需要,已经获得批量生产
GH4037	Cr-Ni	850	可锻性好,合金元素较高,固溶强化、沉淀硬化双重作用,提高了使用温度
GH4049	Cr-Ni-Co	900	GH4049是当前工作温度最高和用量最大的叶片用变形高温合金
GH4105	Cr-Ni-Co	900	热加工性能较差,不能用快锻机开坯;可用挤压机开坯或包套轧制,是在新机型定性后,刚刚开始批量生产的材料
GH4220	Cr-Ni-Co	950	GH4220是变形合金中应用温度最高的叶片材料,采用镁微合金化强化了晶界,改善了材料的高温拉伸塑性和提高了持久强度。加工性能较差,但可采用包套轧制工艺生产叶片。但是,随着铸造高温合金和叶片冷却技术的发展,这种合金被替代,未进行工业化生产

镍基高温合金(图 5-12)是现代航空发动机、航天器和火箭发动机,以及舰船和工业燃气轮机的关键热端部件材料(如涡轮叶片、导向器叶片、涡轮盘、燃烧室等),也是核反应堆、化工设备、煤转化技术等方面需要的重要高温结构材料。

2. 铸造高温合金

铸造涡轮叶片(图 5-13)的承温能力从 20 世纪 40 年代的 750 ℃左右提高到 20 世纪 90 年代的 1 700 ℃左右,应该说,这一巨大成就是叶片合金、铸造工艺、叶片设计和加工及表面涂层各方面共同发展所作出的贡献。国内飞机发动机叶片常用的铸造高温合金牌号及特征见表 5-2。

图 5-11 铬镍变形高温合金叶片

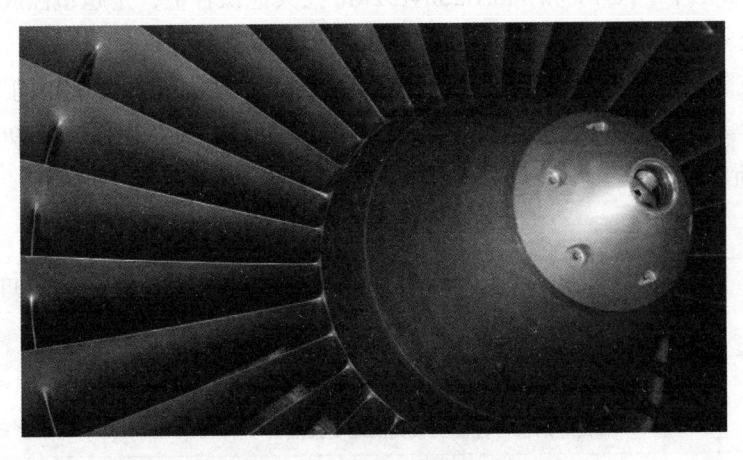

图 5-12 镍基高温合金叶片

表 5-2　国内飞机发动机叶片常用铸造高温合金牌号及特征

合金牌号	结构特征	使用温度/℃	特点及应用
K403、K405、K417G、K418	等轴晶型	900~1 000	1970—1980 年初期满足了国内航空发动机叶片生产以铸造代替锻造的技术升级需要
K423、K441、K4002、K640			
DZ4、DZ5、DZ417、DZ22、DZ125、DZ125L	定向凝固柱晶型	1 000~1 050	1980—1990 年研制；使用温度提高约 100 ℃
DD3、DD4、DD6	单晶型	1 050~1 100	1990—2000 年研制
IC6（IC6A）、IC10	金属间化合物型	1 100~1 150	1995—2000 年研制

图 5-13　铸造涡轮叶片

单晶叶片技术的掌握意味着我国将大大提高大推重比发动机的生产能力，并将大大提高原有发动机的使用寿命。根据研究，叶片的温度承受极限每提升 25 ℃就可以使其在原有温度下寿命提升至原来寿命的 3 倍。国内铸造高温合金的研制单位主要有北京航空材料研究院、钢铁研究总院、中国科学院金属研究所等。

3. 超塑性成型钛合金

目前，Ti6Al4V（TC4）和 Ti6Al2Sn4Zr2Mo 及其他钛合金，是超塑性成型叶片等最为常用的钛合金。在钛合金谱系中，TC4 钛合金由于在耐热、强韧、耐腐蚀、抗疲劳及可加工性方面具有较好的综合性能，应用最为广泛，占到了全部钛合金应用的 75% 以上。飞机发动机叶片等旋转件常用钛合金及特点见表 5-3；罗尔斯·罗伊斯 Trent900 用钛合金叶片如图 5-14 所示。

表 5-3　叶片等旋转件常用钛合金及特点

合金牌号	性能特点	使用温度/℃
Ti6-4	拉伸性能良好、蠕变强度和疲劳强度高	≤ 325
Ti6-2-4-6	在高温下有较高的强度	≤ 450
Ti6-2-4-2	良好的拉伸性能及较高的蠕变强度	≤ 540
IMI834	拉伸性能好、蠕变强度高；疲劳强度一般	≤ 600

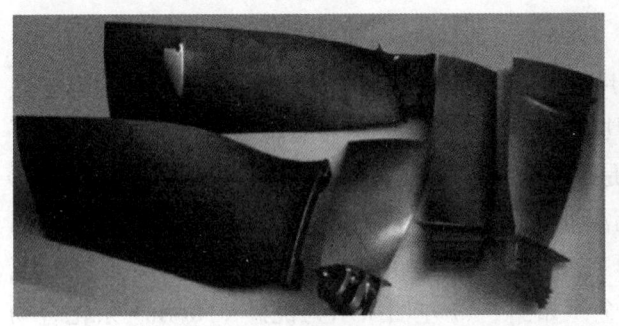

图 5-14 Trent900 用钛合金叶片（左）和 GEnx-2B 入口导向叶片（右）

尽管复合材料的应用有增长趋势，却有制造费用高、不能回收、高温性能较差等不足。钛合金仍是飞机发动机叶片等超塑性成型部件的主要材料。

我国耐热钛合金开发和应用方面落后于发达国家，英国的 600 ℃高温钛合金 IMI834 已正式应用于多种航空发动机，美国的 Ti-1100 也开始应用于 T55-712 改型发动机，而我国用于制造压气机盘、叶片的高温钛合金还在研制中。其他如纤维增强钛基复合材料、抗燃烧钛合金、Ti-Al 金属间化合物等虽都立项开展研究，但离实际应用还有一定距离。

4. 碳纤维/钛合金复合材料

美国通用（GE）公司生产的 GE 90-115B 发动机，叶身是碳纤维聚合物材料，叶片边缘是钛合金材料，共有涡扇叶片 22 片，单重 30~50 磅（1 磅 = 0.454 kg），总重 2 000 磅；能够提供最好的推重比，是目前最大的飞机喷气发动机叶片，用于波音 777 飞机，2010 年 9 月在美国纽约现代艺术馆展出（图 5-15）。

5. 陶瓷材料

图 5-15 复合材料叶片

在涡轮叶片表面涂覆金属及陶瓷材料，可以提高金属的耐热温度、发动机的性能及安全性，然而这种技术还处于发展阶段，但就目前的发展情况来看，这种方法是可靠的（图 5-16）。

图 5-16 GE 旋转陶瓷复合材料的喷气战斗机发动机叶片

6. 金属间化合物

尽管高温合金用于飞机发动机叶片已经 50 多年了，并且其材料有着优异的力学性能，但材料研究人员仍然在不断改进其性能，以便设计工程师能研制出可在更高温度下工作的、效率更高的航空发动机。这是因为高温合金在高温条件下工作时会生成一种 γ 相，研究表明，这种相是使材料具有高温强度、抗蠕变性能和耐高温氧化的主要原因。因此，人们开始了金属间化合物材料的研究。金属间化合物的密度只有高温合金的一半，至少可以用于低压分段，以取代高温合金，如图 5-17 左图所示为铌硅（Nb-Si）系化合物叶片。

图 5-17 Nb-Si 系化合物叶片（左）和铝化钛金属间化合物叶片（右）

1999 年，英国罗尔斯·罗伊斯公司申请了一项 γ 相钛铝金属间化合物专利，该材料是由伯明翰大学承担研制的，这种材料可满足军用和民用发动机性能目标的要求，可用于制造从压缩机至燃烧室的部件，包括叶片。合金的牌号由罗尔斯·罗伊斯公司定为 Ti-45-2-2-XD。

2010 年，美国通用公司、精密铸件公司等申请了一项由 NASA 支持的航空工业技术项目（AITP），通过验证和评定钛铝金属间化合物（Ti-Al，Ti-47Al-2Nb-2Cr）及现在用于低压涡轮叶片的高温合金，将其投入工业生产中，如图 5-17 右图所示为铝化钛金属间化合物叶片（伽马钛合金）。与镍基高温合金相比，Ti-Al 金属间化合物的耐冲击性能较差；通过疲劳试验等，将技术风险降至最低。

7. 单叶片零件材料的选用

依据项目中的任务要求，单叶片零件的材料选用高温合金材料。

■ 三、单叶片零件毛坯的确定

1. 毛坯的类型

单叶片零件的毛坯可根据使用要求、生产类型、加工设备等情况，选用锻件、铸件等毛坯类型。

（1）模锻毛坯。从图5-18中可以看出，早期航空发动机的涡轮叶片均用模锻件的毛坯经机械加工制造。随着叶片耐高温性能的不断提高，制造叶片的镍基合金中的含镍量逐渐增多，含铝量减少，材料的流动性降低，不易锻造。因而，从20世纪60年代开始采用真空精密铸造来加工叶片，这种方法不仅可以获得少余量的毛坯，使加工量大大减少，同时，它的高温强度也有所改善。

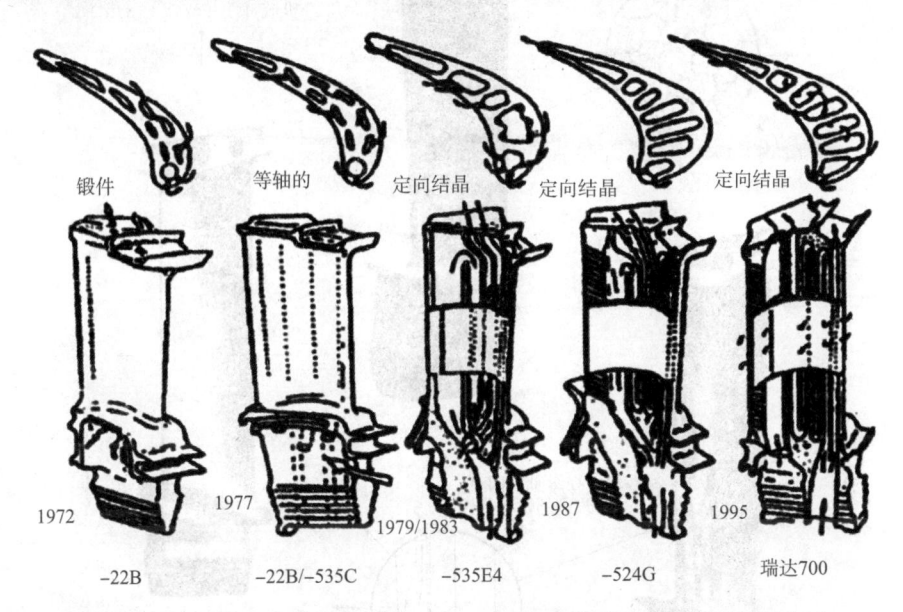

图5-18 罗尔斯·罗伊斯公司1972—1995年间涡轮叶片冷却结构的变迁

（2）精密铸造毛坯。20世纪70年代后期，发展出定向结晶的铸造方法来制造叶片的毛坯，在这种方法中，让材料在蜡模中冷却，生成的晶粒呈柱状，称为柱状晶。柱状晶的生成方向与叶片工作时离心力的方向一致，在与离心力方向垂直方向中无晶界。与常规的精密铸造叶片相比，柱状晶叶片的高温蠕变和疲劳强度有较大的提高。

20世纪80年代中期，加工出来了单晶叶片毛坯，单晶是指整个叶片就是一个晶粒，其中无任何晶界。显然，它的高温疲劳强度与高温蠕变强度有一定的提高空间，与常规精密铸造叶片相比，定向结晶叶片与单晶叶片的高温强度可以提高8倍。图5-19所示为这三种铸造方法铸造出的叶片显微结构示意图。常规精密铸造的叶片由许多细小晶体累积而成，各个方向的力学性能是一致的，因此，也称为各向同性的材料；定向结晶的叶片与单晶叶片沿叶片长度方向有极好的力学性能，而其他方向则比较差，称为各向异性的材料。

20世纪80年代中期只有少数发动机采用单晶体涡轮叶片，目前，单晶叶片已广泛应用在发动机中，大多数新研制的发动机中，第1级高压涡轮工作叶片采用单晶叶片，其后面各级的叶片采用定向结晶叶片。但有的发动机，由于第1级高压涡轮工作叶片采用了较复杂、冷却效果较好的结构而使用定向结晶叶片，其后的中压涡轮叶片采用单晶叶片，不用采取冷却措施。例如，瑞达三转子涡扇发动机采用的就是这种设计。

熔铸工艺的不断进步是铸造叶片发展的基础,主要包括真空熔炼技术、熔模铸造工艺和定向凝固技术。

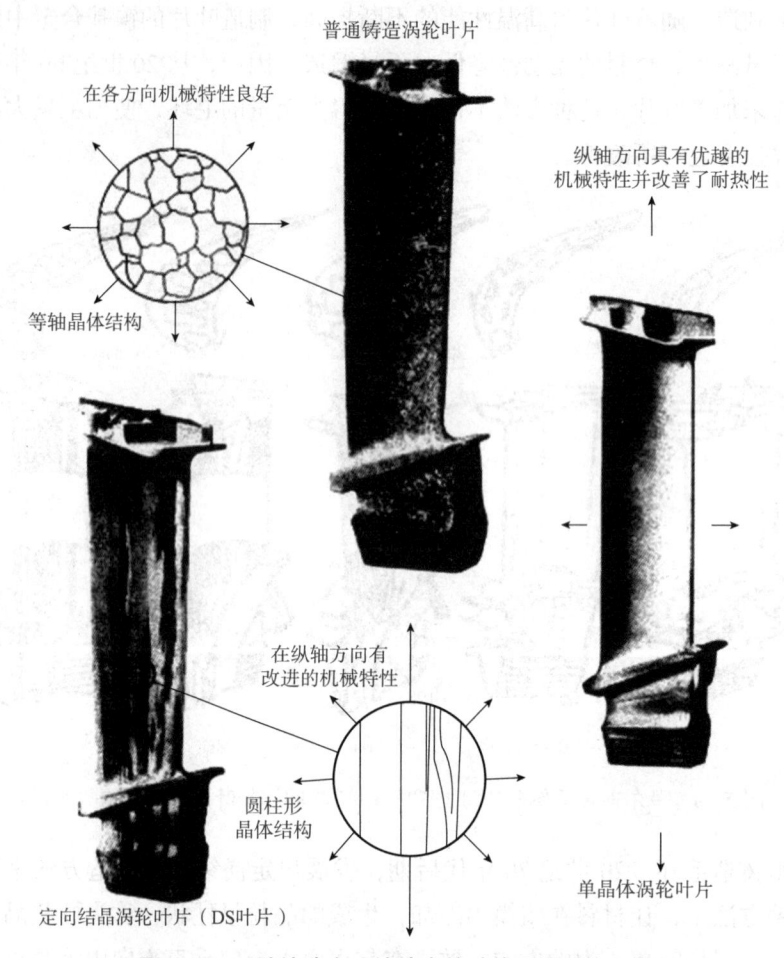

图 5-19 三种铸造方法铸造出的叶片显微结构示意

1)真空熔炼技术。真空熔炼技术可显著降低高温合金中有害于力学性能的杂质和气体含量,而且可以精确控制合金成分,使合金性能稳定。

2)熔模铸造工艺。国内外熔模铸造工艺技术的进步使铸造叶片不断发展,先后研制出实心叶片、空心叶片、无余量叶片、单晶空心叶片等。

3)定向凝固技术。定向凝固技术的发展使铸造高温合金承温能力大幅度提高(约150 ℃)。

(3)3D 打印叶片毛坯。航空航天制造大多是使用价格高的战略材料,如钛合金、镍基高温合金等难加工的金属材料。3D 打印可以提高材料的利用率,节约昂贵的战略材料,降低制造成本。

2. 生产类型与生产纲领

毛坯的生产方案见表 5-4。

表 5-4 毛坯的生产方案

生产类型		零件年生产纲领 / 件			工作地每月担负的工序数 / 个
		重型机械或重型零件（>100 kg）	中型机械或中型零件（10~100 kg）	小型零件或轻型零件（<10 kg）	
单件生产		≤ 5	≤ 10	≤ 100	不做规定
成批生产	小批生产	>5~100	>10~200	>100~500	>20~40
	中批生产	>100~300	>200~500	>500~5 000	>10~20
	大批生产	>300~1 000	>500~5 000	>5 000~50 000	>1~10
大量生产		>1 000	>5 000	>50 000	1

3. 单叶片零件毛坯的确定

单叶片零件属于薄壁类零件，由零件的最大外径 $\phi65$、最大长度 100 mm，可选取毛坯尺寸规格为 $\phi70 \times 105$ mm，选择铸造毛坯，材料为高温合金。毛坯规格如图 5-20 所示。

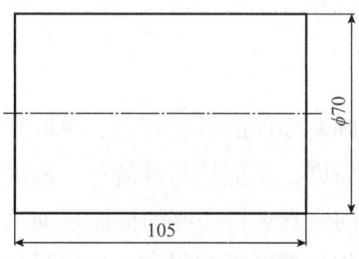

图 5-20 单叶片零件毛坯图

■ 四、机床的选择

单叶片零件主要包括外圆柱面、叶盆面、叶背面、叶根圆角、底座上表面等曲面形状特征。对于外圆柱面的车削加工，可选择数控车床进行加工，参考车床型号 CK6143 等；对于叶盆面、叶背面、叶根圆角、底座上表面的铣削加工，可选择带转台和主轴、能够摆角的五坐标加工中心，并且主轴的摆角范围要足够大，能够对零件实现立、卧状态的转换。因此，本项目使用具有回转摆动工作台的万能铣削加工中心，可选用型号为 DMU50、DMU60 等的加工中心机床。DMU50 加工中心机床的加工轴包括 X 轴、Y 轴、Z 轴、B 轴、C 轴。

■ 五、刀具的选用

单叶片零件采用数控铣削加工，其铣刀的选择要考虑诸多因素。应根据机床的加工能力、工件的切削性能、切削用量、工序的划分及切削路径的规划等相关因素合理地选取刀具。除要具有优良的切削、断屑、排屑性能外，还要考虑需适应具有凹凸性质的叶盆与叶背几何型面，除此之外，要考虑到刀具可能的加工干涉。首先可根据选择的数控铣床的功率、转速、叶片材料的弹性模量、叶片曲面的最小曲率半径等参数来选择，如果在后续的叶片数控加工过程仿真中发生加工过程干涉，就需要再加以适当的调整。

加工外圆柱面可选择 90° 外圆车刀；粗加工叶身可选择 $\phi16$ 立铣刀；半精、精加工叶身可选择 $\phi10$ 和 $\phi6$ 球头铣刀；精加工底座上表面可选择 $\phi3$ 球头铣刀。机械加工刀具卡见表 5-5。

表 5-5　机械加工刀具卡

序号	刀具号	刀具名称及规格	刀具材料	加工的表面
1	T01	$\phi16$ 立铣刀（3 齿）	硬质合金	顶部平面、叶盆面、叶背面
2	T02	$\phi10$ 立铣刀（3 齿）	硬质合金	叶盆面、叶背面（半精加工）
3	T03	$\phi6$ 球头铣刀（2 齿）	硬质合金	叶盆面、叶背面（精加工）、叶根圆角 $R3$

六、定位基准的选择

根据粗、精基准的选择原则及零件的形状特点，单叶片零件是以底座作为加工定位及安装的基准，既符合基准重合原则，又能使基准统一，故底座侧面部位精度是叶片零件各部位中最高的，主要是用专用的夹具夹持底座的侧面来加工定位的。

底座质量的好坏，对叶片加工精度影响很大，应尽量做到毛坯外圆柱面和端面的数车加工精度高、表面粗糙度低。否则，将会因底座侧面和底面的加工误差影响叶片的精度要求。其基准的确定如下：

（1）车削外圆 $\phi65$ 时，以 $\phi70$ 毛坯外圆作为粗基准。
（2）铣削顶部平面、叶盆面、叶背面、叶根圆角时，以外圆 $\phi65$ 为精基准。

七、加工参数的选取与计算

根据后续加工参数表中铣削加工的切削速度参考值、铣刀每齿进给量参考值、硬质合金车刀粗车外圆及端面的进给量、切削速度参考值、按表面粗糙度选择进给量的参考值等经验值，并结合切削参数的相关计算公式，需要对背吃刀量 a_p、进给量 f、切削速度 v_c 进行选取。

1. 车削加工参数的选取

对于要加工的单叶片零件，其材料为镍基高温合金，根据表 5-6、表 5-7 中的背吃刀量、进给量，确定切削速度。高温合金材料车削、切断、切槽时切削速度参数见表 5-6、表 5-7。

表 5-6 高温合金材料车削时切削速度参数

零件材料	热处理方式	布氏硬度/HB	CBN	钨钴钛硬质合金	钨钴硬质合金 TiAlN 涂层	钨钴硬质合金	高速钢
			背吃刀量 a_p/mm				
			0.25~2-0.5~2-3~10	0.25~2-0.5~2-3~10	0.25~2-0.5~2-3~10	0.25~2-0.5~2-3~10	0.25~2-0.5~2-3~10
			进给量 f/(mm·r^{-1})				
			0.1~0.2	0.1~0.2~0.3	0.1~0.3~0.5	0.1~0.2~0.3	0.1~0.2
			切削速度 v_c/(m·min^{-1})				
铁基高温合金	退火或固溶处理	200	—	—	40~50~65	55~60~70	10~15
	时效处理或时效处理+固溶处理	280	—	—	30~40~50	45~50	10
镍基高温合金	退火或固溶处理	250	135~300	240~330~415	25~30~40	35~40~45	5~10
	时效处理或时效处理+固溶处理	350	115~225	200~260~340	15~25~30	30~35	5~10
	铸造或铸造+时效处理	320	75~150	105~135~165	10~15~20	15~20~25	5
钴基高温合金	退火或固溶处理	200	—	150~190~260	25~30~40	35~40~45	5~10
	固溶处理或时效处理	300	—	130~165~225	15~25~30	30~35	5~10
	铸造或铸造+时效处理	320	—	125~170~215	10~15~20	15~20~25	5

表 5-7 高温合金材料切断、切槽时切削速度参数

零件材料	热处理方式	布氏硬度/HB	切断、外圆切槽、切越程槽				内圆切槽、端面槽		
			钨钴硬质合金 TiAlN 涂层	钨钴硬质合金 TiCN 涂层	钨钴硬质合金	Al$_2$O$_3$-SiCW	钨钴硬质合金 TiAlN 涂层	钨钴硬质合金 TiCN 涂层	钨钴硬质合金
			背吃刀量 a_p/mm						
			0.25~2-0.5~2	0.25~2-0.5~2	0.25~2-0.5~2	0.25~2-0.5~2	0.25~2-0.5~2	0.25~2-0.5~2	0.25~2-0.5~2
			进给量 f/(mm·r^{-1})						
			0.05~0.5			0.05~0.1	0.05~0.5		
			切削速度 v_c/(m·min^{-1})						
铁基高温合金	退火或固溶处理	200	25~40	25~40	25~40	—	15~30	15~30	15~25
	时效处理或时效处理+固溶处理	280	15~30	25~30	15~30		15~25	15~25	10~15

续表

零件材料	热处理方式	布氏硬度/HB	切断、外圆切槽、切越程槽				内圆切槽、端面槽		
^	^	^	刀具材料				刀具材料		
^	^	^	钨钴硬质合金 TiAlN 涂层	钨钴硬质合金 TiCN 涂层	钨钴硬质合金	Al₂O₃-SiCW	钨钴硬质合金 TiAlN 涂层	钨钴硬质合金 TiCN 涂层	钨钴硬质合金
^	^	^	背吃刀量 a_p/mm						
^	^	^	0.25~2-0.5~2	0.25~2-0.5~2	0.25~2-0.5~2	0.25~2-0.5~2	0.25~2-0.5~2	0.25~2-0.5~2	0.25~2-0.5~2
^	^	^	进给量 f/(mm·r⁻¹)						
^	^	^	0.05~0.5			0.05~0.1	0.05~0.5		
^	^	^	切削速度 v_c/(m·min⁻¹)						
镍基高温合金	退火或固溶处理	250	15~25	15~25	15~25	440	10~15	10~15	10~15
^	时效处理或时效处理+固溶处理	350	10~15	10~15	10~15	370	10~15	10~15	10~15
^	铸造或铸造+时效处理	320	10~15	10~15	10~15	175	10~15	10~15	10~15
钴基高温合金	退火或固溶处理	200	15~25	15~25	15~25	270~330	10~15	10~15	10~15
^	时效处理或时效处理+固溶处理	300	10~15	10~15	10~15	240~280	10~15	10~15	10~15
^	铸造或铸造+时效处理	320	10~15	10~15	10~15	230	10~15	10~15	10~15

主轴转速与切削速度的关系。数控加工编程时一般要输入主轴转速。主轴转速与切削速度的计算公式如下：

$$n = \frac{1\,000v_c}{\pi d} \tag{5-1}$$

式中　n——主轴转速（r/min）；

　　　v_c——切削速度（m/min）；

　　　d——工件加工表面或刀具的最大直径（mm）。

2. 铣削加工参数的选择

铣削加工时，在用机夹铣刀铣削高温合金时，根据表 5-8 中背吃刀量、每齿进给量，确定切削速度。机夹铣刀铣削高温合金时切削速度参数见表 5-8。

表 5-8 机夹铣刀铣削高温合金时切削速度参数

被加工材料	热处理方式	刀具材料			
		钨钴硬质合金 TiAlN 涂层	钨钴硬质合金	超细微粒钨钴硬质合金	钨钴硬质合金 TiCN 涂层
		切削宽度 a_n（mm）≤ 0.25 × 铣刀有效直径 D			
		切削深度 a_p/mm			
		0.25~2–0.5~2–3~10	0.25~2–0.5~2–3~10	0.25~2–0.5~2–3~10	0.25~2–0.5~2–3~10
		每齿进给量 f_z/mm			
		0.05~0.15~0.2	0.1~0.15~0.2	0.1~0.15~0.2	0.05~0.15~0.25
		切削速度 v_c/（m·min^{-1}）			
铁基高温合金	退火或固溶处理	40~45~55	40~45~55	35~40~45	35~45~50
	时效处理或时效+固溶处理	20~30~40	20~30~35	25~30~35	25~30~35
镍基高温合金	退火或固溶处理	40~45~55	40~45~50	30~35~45	35~40~50
	时效处理或时效+固溶处理	25~30~35	20~25~30	20~25~30	20~25~30
	铸造或铸造+时效处理	30~35~40	25~30~35	25~30~35	25~30~35
钴基高温合金	退火或固溶处理	15~20~25	15~20~25	15~20~25	15~20~25
	时效处理或固溶处理	10~15~20	10~15~20	10~15~20	10~15~20
	铸造或铸造+时效处理	10~15	10~15~20	10~15	10~15

刀具有齿数 z，当确定每齿进给量时，其进给速度 F 的计算公式如下：

$$F = f_z \times z \times n \tag{5-2}$$

式中　F——进给速度（mm/min）；

f_z——每齿进给量（mm）；

z——铣刀齿数；

n——主轴转速（r/min）。

3. 切削加工参数的计算

依据工艺方案、切削参数表等，单叶片零件各工序加工参数的相关计算如下。

"工序 20　粗、精铣顶面及外圆 $\phi65$，深度 12 mm"加工参数的确定。

（1）刀具的选用。刀具材料及规格：钨钴硬质合金，立铣刀 $\phi16$（3 齿）。

（2）参数选取与计算。

工步 1：粗铣顶面。

查表5-8可知，背吃刀量的取值范围0.25~2-0.5~2-3~10 mm，取1 mm；每齿进给量的取值范围0.1~0.15~0.2 mm，取0.2 mm；切削速度的取值范围40~45~50 m/min，取40 m/min，由式（5-1）可得主轴转速n：

$$n = \frac{1\ 000 v_c}{\pi d} = \frac{1\ 000 \times 40}{3.14 \times 16} = 796.18\ （\text{r/min}）, 取整: n = 800\ \text{r/min}$$

实际切削速度v_c：

$$v_c = \frac{\pi d n}{1\ 000} = \frac{3.14 \times 16 \times 800}{1\ 000} = 40.19\ （\text{m/min}）$$

由式（5-2），进给速度的计算如下：

$$F = f_z \times z \times n = 0.2 \times 3 \times 800 = 480\ （\text{mm/min}）$$

工步2：精铣顶面。

查表5-8可知，背吃刀量的取值范围0.25~2-0.5~2-3~10 mm，取0.3 mm；每齿进给量的取值范围0.1~0.15~0.2 mm，取0.1 mm；切削速度的取值范围40~45~50 m/min，取50 m/min，由式（5-1）可得主轴转速n：

$$n = \frac{1\ 000 v_c}{\pi d} = \frac{1\ 000 \times 50}{3.14 \times 16} = 995.22\ （\text{r/min}）, 取整: n = 990\ \text{r/min}$$

实际切削速度v_c：

$$v_c = \frac{\pi d n}{1\ 000} = \frac{3.14 \times 16 \times 990}{1\ 000} = 49.74\ （\text{m/min}）$$

由式（5-2），进给速度的计算如下：

$$F = f_z \times z \times n = 0.1 \times 3 \times 990 = 297\ （\text{mm/min}）$$

工步3：粗铣外圆$\phi 65$。

查表5-8可知，背吃刀量的取值范围0.25~2-0.5~2-3~10 mm，取3 mm；每齿进给量的取值范围0.1~0.15~0.2 mm，取0.2 mm；切削速度的取值范围40~45~50 m/min，取40 m/min，由式（5-1）可得主轴转速n：

$$n = \frac{1\ 000 v_c}{\pi d} = \frac{1\ 000 \times 40}{3.14 \times 16} = 796.18\ （\text{r/min}）, 取整: n = 800\ \text{r/min}$$

实际切削速度v_c：

$$v_c = \frac{\pi d n}{1\ 000} = \frac{3.14 \times 16 \times 800}{1\ 000} = 40.19\ （\text{m/min}）$$

工步4：精铣外圆$\phi 65$。

查表5-8可知，背吃刀量的取值范围0.25~2-0.5~2-3~10 mm，取0.3 mm；每齿进给量的取值范围0.1~0.15~0.2 mm，取0.1 mm；切削速度的取值范围40~45~50 m/min，取

50 m/min，由式（5-1）可得主轴转速 n：

$$n = \frac{1\,000 v_c}{\pi d} = \frac{1\,000 \times 50}{3.14 \times 16} = 995.22 \text{（r/min）}，取整：n = 990 \text{ r/min}$$

实际切削速度 v_c：

$$v_c = \frac{\pi d n}{1\,000} = \frac{3.14 \times 16 \times 990}{1\,000} = 49.74 \text{（m/min）}$$

"工序 30　翻面，粗、精铣顶面，控制总高度 100 mm"加工参数的确定。
（1）刀具的选用。刀具材料及规格：钨钴硬质合金，立铣刀 $\phi16$（3 齿）。
（2）参数选取与计算。
工步 1：粗铣顶面。
查表 5-8 可知，背吃刀量的取值范围 0.25~2–0.5~2–3~10 mm，取 1 mm；每齿进给量的取值范围 0.1~0.15~0.2 mm，取 0.2 mm；切削速度的取值范围 40~45~50 m/min，取 40 m/min，由式（5-1）可得主轴转速 n：

$$n = \frac{1\,000 v_c}{\pi d} = \frac{1\,000 \times 40}{3.14 \times 16} = 796.18 \text{（r/min）}，取整：n = 800 \text{ r/min}$$

实际切削速度 v_c：

$$v_c = \frac{\pi d n}{1\,000} = \frac{3.14 \times 16 \times 800}{1\,000} = 40.19 \text{（m/min）}$$

由式（5-2），进给速度的计算如下：

$$F = f_z \times z \times n = 0.2 \times 3 \times 800 = 480 \text{（mm/min）}$$

工步 2：精铣顶面。
查表 5-8 可知，背吃刀量的取值范围 0.25~2–0.5~2–3~10 mm，取 0.3 mm；每齿进给量的取值范围 0.1~0.15~0.2 mm，取 0.1 mm；切削速度的取值范围 40~45~50 m/min，取 50 m/min，由式（5-1）可得主轴转速 n：

$$n = \frac{1\,000 v_c}{\pi d} = \frac{1\,000 \times 50}{3.14 \times 16} = 995.22 \text{（r/min）}，取整：n = 990 \text{ r/min}$$

实际切削速度 v_c：

$$v_c = \frac{\pi d n}{1\,000} = \frac{3.14 \times 16 \times 990}{1\,000} = 49.74 \text{（m/min）}$$

由式（5-2），进给速度的计算如下：

$$F = f_z \times z \times n = 0.1 \times 3 \times 990 = 297 \text{（mm/min）}$$

"工序 40　粗、精铣叶片曲面"加工参数的确定。
（1）刀具的选用。刀具材料及规格：钨钴硬质合金，立铣刀 $\phi16$（3 齿），用于叶片粗加工；钨钴硬质合金，立铣刀 $\phi 10$（3 齿），用于叶片半精加工；钨钴硬质合金，立铣刀 $\phi 6$（2 齿），用于叶片精加工。

（2）参数选取与计算。

工步 1：粗铣叶片曲面，留余量 0.3 mm。

查表 5-8 可知，背吃刀量的取值范围 0.25~2–0.5~2–3~10 mm，取 2 mm；每齿进给量的取值范围 0.1~0.15~0.2 mm，取 0.2 mm；切削速度的取值范围 40~45~50 m/min，取 40 m/min，由式（5-1）可得主轴转速 n：

$$n = \frac{1\,000 v_c}{\pi d} = \frac{1\,000 \times 40}{3.14 \times 16} = 796.18 \text{（r/min），取整：} n = 800 \text{ r/min}$$

实际切削速度 v_c：

$$v_c = \frac{\pi d n}{1\,000} = \frac{3.14 \times 16 \times 800}{1\,000} = 40.19 \text{（m/min）}$$

由式（5-2），进给速度的计算如下：

$$F = f_z \times z \times n = 0.2 \times 3 \times 800 = 480 \text{（mm/min）}$$

工步 2：半精铣叶片曲面。

查表 5-8 可知，背吃量的取值范围 0.25~2–0.5~2–3~10 mm，取 0.5 mm；每齿进给量的取值范围 0.1~0.15~0.2 mm，取 0.15 mm；切削速度的取值范围 40~45~50 m/min，取 45 m/min，由式（5-1）可得主轴转速 n：

$$n = \frac{1\,000 v_c}{\pi d} = \frac{1\,000 \times 45}{3.14 \times 10} = 1\,433.12 \text{（r/min），取整：} n = 1\,430 \text{ r/min}$$

实际切削速度 v_c：

$$v_c = \frac{\pi d n}{1\,000} = \frac{3.14 \times 10 \times 1\,430}{1\,000} = 44.90 \text{（m/min）}$$

由式（5-2），进给速度的计算如下：

$$F = f_z \times z \times n = 0.15 \times 3 \times 1\,430 = 643.5 \text{（mm/min）}$$

工步 3：精铣叶片曲面。

查表 5-8 可知，背吃量的取值范围 0.25~2–0.5~2–3~10 mm，取 0.3 mm；每齿进给量的取值范围 0.1~0.15~0.2 mm，取 0.1 mm；切削速度的取值范围 40~45~50 m/min，取 50 m/min，由式（5-1）可得主轴转速 n：

$$n = \frac{1\,000 v_c}{\pi d} = \frac{1\,000 \times 50}{3.14 \times 6} = 2\,653.93 \text{ r/min，取整：} n = 2\,600 \text{ r/min}$$

实际切削速度 v_c：

$$v_c = \frac{\pi d n}{1\,000} = \frac{3.14 \times 6 \times 2\,600}{1\,000} = 48.98 \text{（m/min）}$$

由式（5-2），进给速度的计算如下：

$$F = f_z \times z \times n = 0.1 \times 2 \times 2\,600 = 520\,(\text{mm/min})$$

"工序 50　精铣叶根底部平面"加工参数的确定。

（1）刀具的选用。刀具材料及规格：钨钴硬质合金，立铣刀 $\phi6$（2 齿）。

（2）参数选取与计算。

查表 5-8 可知，背吃刀量的取值范围 0.25~2–0.5~2–3~10 mm，取 0.3 mm；每齿进给量的取值范围 0.1~0.15~0.2 mm，取 0.1 mm；切削速度的取值范围 40~45~50 m/min，取 50 m/min，由式（5-1）可得主轴转速 n：

$$n = \frac{1\,000v_c}{\pi d} = \frac{1\,000 \times 50}{3.14 \times 6} = 2\,653.93\,(\text{r/min})，取整：n = 2\,600\,\text{r/min}$$

实际切削速度 v_c：

$$v_c = \frac{\pi d n}{1\,000} = \frac{3.14 \times 6 \times 2\,600}{1\,000} = 48.98\,(\text{m/min})$$

由式（5-2），进给速度的计算如下：

$$F = f_z \times z \times n = 0.1 \times 2 \times 2\,600 = 520\,(\text{mm/min})$$

"工序 60　精铣叶根底部圆角 $R3$"加工参数的确定。

（1）刀具的选用。刀具材料及规格：钨钴硬质合金，立铣刀 $\phi6$（2 齿）。

（2）参数选取与计算。

查表 5-8 可知，背吃刀量的取值范围 0.25~2–0.5~2–3~10 mm，取 0.3 mm；每齿进给量的取值范围 0.1~0.15~0.2 mm，取 0.1 mm；切削速度的取值范围 40~45~50 m/min，取 50 m/min，由式（5-1）可得主轴转速 n：

$$n = \frac{1\,000v_c}{\pi d} = \frac{1\,000 \times 50}{3.14 \times 6} = 2\,653.93\,(\text{r/min})，取整：n = 2\,600\,\text{r/min}$$

实际切削速度 v_c：

$$v_c = \frac{\pi d n}{1\,000} = \frac{3.14 \times 6 \times 2\,600}{1\,000} = 48.98\,(\text{m/min})$$

由式（5-2），进给速度的计算如下：

$$F = f_z \times z \times n = 0.1 \times 2 \times 2\,600 = 520\,(\text{mm/min})$$

任务四　单叶片零件工艺路线单与工序卡的设计

工艺路线单与工序卡设计得是否合理，对零件加工的开展、质量、效率及生产现场管理等有着至关重要的作用。

一、工艺路线单的填写

根据零件名称、毛坯规格与材料、工艺方案等相关内容，参考项目一的填写方法，完成单叶片零件机械加工工艺路线单的填写（表 5-9）。

表 5-9 机械加工工艺路线单

机械加工工艺路线单							
零件名称		零件材料			零件图号		
毛坯规格		产品名称			生产车间		
工序号	工种	工序内容			夹具	设备名称及型号	
编制		审核			批准	第 页	共 页

二、单叶片零件工序卡的填写

工艺路线单设计完成以后,需要对每道工序加工的内容进行具体化,工艺路线单可扫描项目一的二维码分别获取车、铣加工工序卡的空白页。

根据零件的尺寸、几何公差、表面粗糙度及技术要求,结合工艺方案、工序简图、参数的选取与计算等,现仅选取两道典型工序(均为铣削)进行填写示范,其余工序的填写方法相同,具体如下所述。

(1)"工序 20 粗、精铣顶面及外圆 ϕ65,深度 12 mm"机械加工工序卡(表 5-10)。

表 5-10 工序 20 机械加工工序卡(已填写的样本)

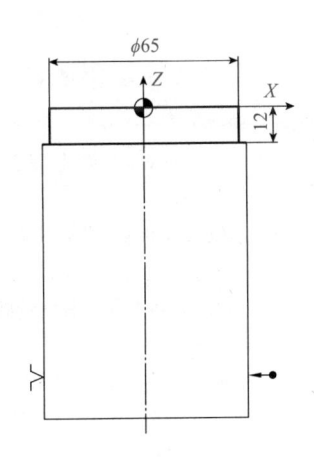

零件名称	单叶片	机械加工工序卡	工序号	20	工序名称	数车
零件图号						
材料牌号	高温合金	毛坯状态	棒料	机床设备	DMU50	夹具	三爪卡盘

工步号	工步内容	刀具	量具	背吃刀量 / mm	进给速度 / (mm·min^{-1})	主轴转速 / (r·min^{-1})
1	粗铣顶面及外圆 ϕ65,深度 12 mm,留余量 0.3		游标卡尺	1	480	800
2	精铣顶面及外圆 ϕ65,深度 12 mm		游标卡尺	0.3	297	990
编制		审核		批准		日期		第 页	共 页

（2）"工序 40 粗、精铣叶片曲面"机械加工工序卡（表 5-11）。

表 5-11 工序 40 机械加工工序卡（已填写的样本）

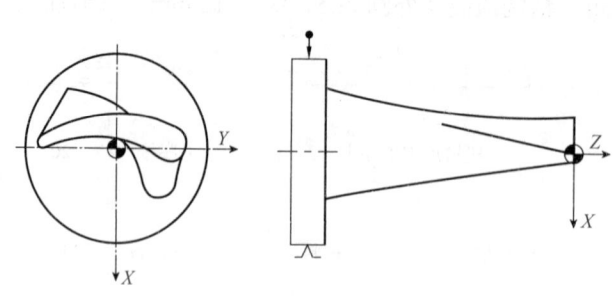

零件名称	单叶片	机械加工工序卡		工序号	40	工序名称	数铣
零件图号							
材料牌号	高温合金	毛坯状态	棒料	机床设备	DMU50	夹具	专用夹具

工步号	工步内容	刀具	量具	背吃刀量/mm	进给速度/(mm·min^{-1})	主轴转速/(r·min^{-1})
1	粗铣叶片曲面，留余量 0.8 mm	立铣刀 ϕ16	游标卡尺	2	480	800
2	半精铣叶片曲面	立铣刀 ϕ10	游标卡尺	0.5	643.5	1 430
3	精铣叶片曲面	立铣刀 ϕ6	三坐标测量机	0.3	520	2 600
编制		审核		批准	日期	第 页	共 页

【项目总结】

通过对航空发动机典型单叶片零件的功能、结构、尺寸及技术要求进行分析，确定了零件的加工工艺方案，并通过毛坯的确定、机床的选择、刀具的选用、参数的计算及工艺路线与工序卡的设计等工艺流程，完成了单叶片零件的多轴加工工艺项目。

通过本项目的训练，为后续类似单叶片、整体叶盘及叶片类零件的多轴加工学习奠定了良好的基础。

【项目拓展】

某叶轮轴零件如图 5-21 所示，已知材料为镍基高温合金，试根据任务中的相关要求，完成零件的机械加工工艺设计。

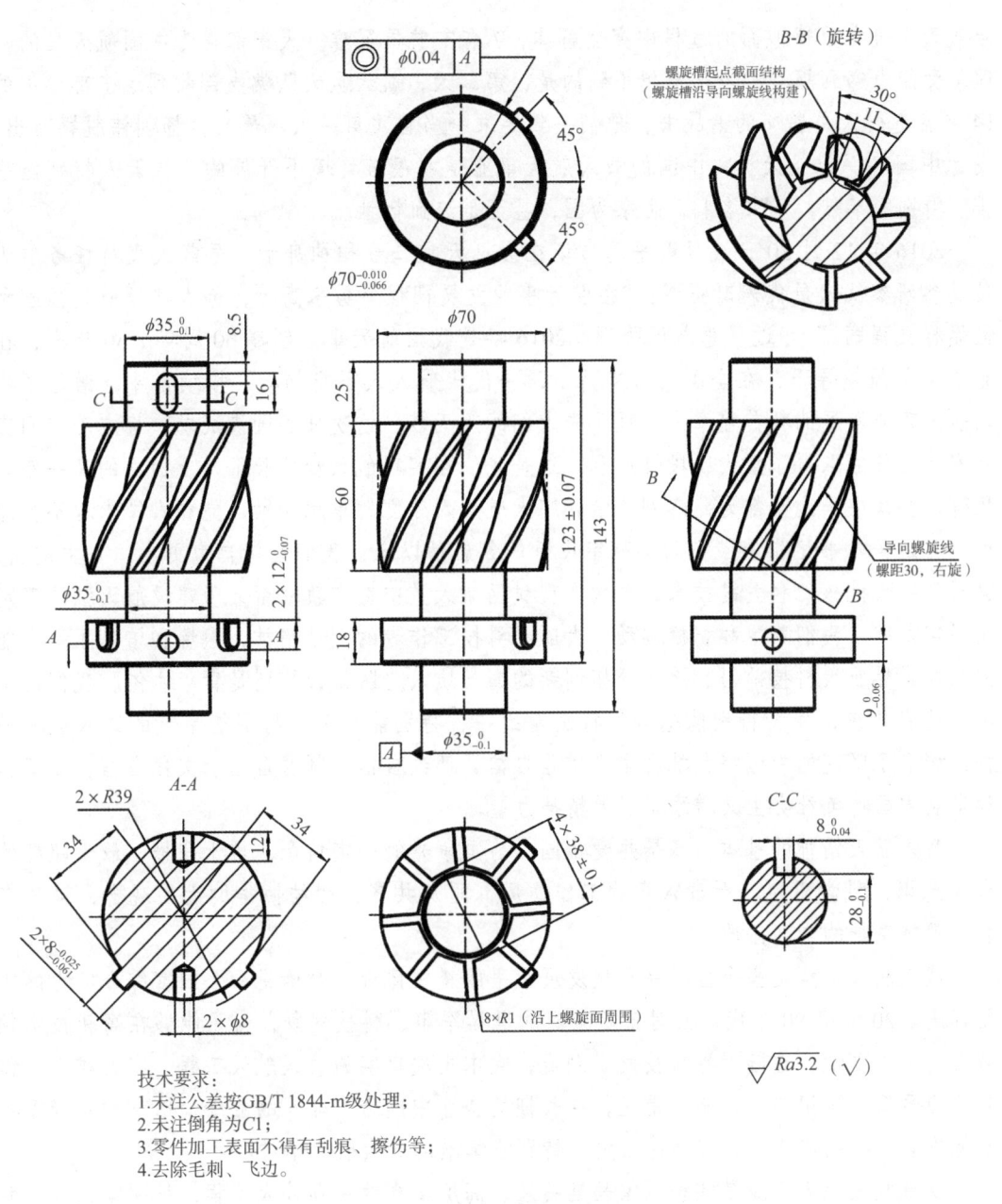

技术要求：
1. 未注公差按GB/T 1844-m级处理；
2. 未注倒角为C1；
3. 零件加工表面不得有刮痕、擦伤等；
4. 去除毛刺、飞边。

图 5-21 某叶轮轴零件图

【知识拓展】

大力弘扬载人航天精神

2003年2月1日，正值中国航天员大队选拔首飞梯队的关键时刻，美国"哥伦比亚"

191

号航天飞机在重返地面的过程中突然解体，7名宇航员罹难。大家都在为中国航天员的心理承受能力感到担心，但是意想不到的是，第二天，航天员大队党支部收到了全部参训的14名备选航天员递交的请战书，他们一致要求争当首飞第一人。最后，杨利伟脱颖而出，成为中国第一位航天员。中国的载人航天事业是在艰苦环境下开展的，航天人特别能吃苦、特别能奉献，不求名利，舍家为国，甚至是流血牺牲。

2016年12月20日，习近平总书记在会见天宫二号和神舟十一号载人飞行任务航天员及参研参试人员代表时强调："在航天事业发展征程上勇攀高峰，努力建设航天强国和世界科技强国。"习近平总书记强调，2016年是我国航天事业创建60周年。60年来，在党中央坚强领导下，在全国大力支持下，一代代航天人不忘初心、接续奋斗，谱写了我国航天事业发展的壮美篇章，实现了先人们的飞天梦。这次任务圆满成功，标志着空间实验室飞行任务取得了重大阶段性胜利。这是我们在实现航天梦的长征路上树立的又一座里程碑，全体中华儿女都为此感到骄傲。广大航天人建立的卓越功勋，党和人民永远不会忘记。习近平总书记指出，空间实验室飞行任务启动以来，我们坚持自力更生、自主创新，突破了一大批核心和关键技术，首次实现我国航天员中期在轨驻留，为建设航天强国奠定了坚实基础。我们尊重和积极调动广大航天科技工作者的创造精神，锻炼和培养了一支能够站在世界航天科技前沿、勇于开拓创新的高素质人才队伍，特别是青年才俊。我们注重传承优良传统，发扬特别能吃苦、特别能战斗、特别能攻关、特别能奉献的载人航天精神，彰显了坚定的中国特色社会主义道路自信、理论自信、制度自信、文化自信，为坚持和发展中国特色社会主义增添了强大精神力量。

载人航天精神的基本内涵是热爱祖国、为国争光的坚定信念，勇于登攀、敢于超越的进取意识，科学求实、严肃认真的工作作风，同舟共济、团结协作的大局观念，淡泊名利、默默奉献的崇高品质。

载人航天工程是当今世界高科技发展水平的集中体现，是衡量一个国家综合实力的重要标志。20世纪90年代，面对日趋激烈的世界军事、科技竞争，为了能够在高新技术领域占有一席之地，追赶世界科技发展潮流，党中央决定实施载人航天工程。广大航天工作者响应号召、牢记使命、不负重托，在长期的奋斗中创造了非凡的业绩，培育和发扬了特别能吃苦、特别能战斗、特别能攻关、特别能奉献的载人航天精神。

发展载人航天事业是党和国家长期关注、高度重视的一项伟大工程，是国家大计、命运所在。航天工作者始终把人民利益当作最高利益，自觉把个人理想与祖国命运、个人选择与党的需要、个人利益与人民利益紧紧联系在一起，始终以发展航天事业为崇高使命，表现出强烈的爱国情怀和对党对人民的无限忠诚。从钱学森"祖国已经解放，我们该回去报效祖国了"，到孙家栋"国家需要，我就去做"、王永志"听党的话，跟党走，党让干什么就干什么，无论干什么都要干好"，再到戚发轫"国家事情再小也是大事，个人的事情再大也是小事"，面对重重困难和严峻挑战，航天工作者响亮地喊出了"一切为了祖国，一切为了成功"的口号，这是一代代航天人奋发图强的见证。

"世上无难事、只要肯登攀"在载人航天工程中得到了最好的印证。我国载人航天起步比世界航天大国晚40年，"怎样在人家的飞船上天几十年之后，做出一个我们自己的飞船",这是我国航天工作者需要回答的问题。航天工作者知难而进、锲而不舍,攻克了飞船研制、运载火箭的高可靠性、轨道控制、飞船返回等国际宇航界公认的尖端课题,在一些重要技术领域达到了世界先进水平,形成了一套符合我国载人航天工程要求的科学管理理论和方法,创造了对大型工程建设进行现代化管理的宝贵经验。航天工作者用11年时间跨越了发达国家几十年的历程,把只有极少数大国才有能力研究建造的载人航天系统变成现实。一系列关键技术的突破使我国在世界高科技领域占有了一席之地。我国航天事业所经历的坎坷与辉煌,记录着中华民族在历史大跨越中的自强、自信与自豪。

"成败系于毫发、质量重于泰山"用在载人航天工程中最恰当、最贴切。载人航天是当今世界最具风险的高科技实践活动,空前复杂的载人航天工程能够在较短时间里不断取得历史性突破,与航天人的严谨细致、科学求实、严肃认真的工作作风是分不开的。航天人始终把确保成功作为最高原则,始终秉承周恩来提出的"严肃认真、周到细致、稳妥可靠、万无一失"的十六字方针,始终坚持"组织指挥零失误、技术操作零差错、产品质量零隐患、设备设施零故障"的高标准和飞行产品"不带问题出厂,不带隐患上天"的严格要求。历次神舟飞船发射任务,酒泉卫星发射中心都要对测试厂房8 000多个插头、火箭系统1 160个对接插头、412件火工品逐一检查核对三遍以上,做到"不下错一个口令,不做错一个动作,不减少一个项目,不漏掉一个数据,不放过一个异常现象"。自神舟一号发射成功以来,20多年,中国载人航天创造了一个又一个奇迹。

"千人一枚箭、万人一杆枪"是对载人航天工程的形象描述。载人航天工程是我国规模最大、系统组成最复杂、技术难度最高、协调面最广的工程,直接承担工程任务的科研院所有100多家,如果算上协作单位,共有十几万人参与到工程之中。依靠社会主义制度集中力量办大事的显著优势,全国数千个单位、十几万科技大军自觉服从大局、保证大局,坚持统一指挥和调度,做到举国一盘棋,凝聚成气势磅礴的强大合力。从神舟一号到神舟十二号,每一次巨大成功、每一次历史性突破,靠的是全国大协作所产生的伟大力量和新型举国体制的巨大优势。如果没有同舟共济、团结协作的大局意识,没有协同创新、集智攻关,这项复杂的科技工程的运转是无法想象的。毫不夸张地说,我国载人航天工程是充分发挥社会主义制度能够集中力量办大事的政治优势和军民融合发展的优秀典范。

"干惊天动地事、做隐姓埋名人"是航天工作者的真实写照。我国载人航天事业的辉煌成就,凝聚着我国几代航天人的艰辛和奉献。他们不计个人得失,不求名利地位,飞船系统总体主任设计师张智曾多次拒绝高薪聘请,他说:"看到中华民族的飞天梦在我们手中一天天变为现实,这样的自豪与喜悦哪里是金钱能够衡量的!"很多科研工作者守住清贫、甘于寂寞、默默无闻,他们以苦为乐,无怨无悔,为航天事业奉献了青春年华和聪明才智,有的甚至献出了宝贵生命,书写了许多可歌可泣的感人事迹。在西北戈壁深处有一座东风烈士陵园,从元帅、将军到普通官兵、科技工作者,760多名为祖国航天事业献出生命的烈士在这里长眠,平均年龄不足27岁,他们用无怨无悔的坚守和付出,在平凡的岗位上书写了不平凡的人生华章。我们要大力倡导这种爱国奉献精神,使之成为新时代奋斗者的价值追求。

伟大事业孕育伟大精神，伟大精神推动伟大事业。载人航天精神是在改革开放和社会主义现代化建设时期，中国共产党领导和实施载人航天工程过程中培育和形成的革命精神形态，内涵十分丰富，与其他革命精神一脉相承，是中国共产党精神谱系的重要组成部分，载人航天精神蕴含着深厚的红色基因和革命传统，是教育引导广大青少年树立正确的世界观、人生观和价值观的重要精神家园。

项目六 06 整体叶盘零件的多轴加工工艺

【知识目标】

1. 掌握典型航空多轴零件的加工工艺。
2. 掌握航空多轴零件加工工艺路线的制订方法。
3. 掌握多轴加工参数的确定与计算方法。

【能力目标】

1. 能设计典型航空零件多轴加工工艺。
2. 能合理选取航空多轴零件的加工刀具。
3. 能合理确定并计算多轴零件的加工参数。

【素质目标】

1. 具有团队协作、交流沟通能力。
2. 具有目标管理、追求卓越的精神动力。
3. 具有一定的创新意识、创新精神。

【项目导读】

整体叶盘零件是为了满足高性能航空发动机而设计的新式结构件,它将发动机转子叶片和轮盘加工成一个整体,省去了传统转子连接中的榫头、榫槽及锁紧装置等,减少了零件数量及减轻了结构质量,避免榫头气流损失,提高气动效率,使发动机结构大为简化,现已在各国军用、民用航空发动机上得到广泛应用。例如,EJ200、F119、F414等军用航空发动机,法国 SNECMA 公司生产的 P.A.T 验证核心机,以及美国 P&W 公司生产的基准发动机等民用大流量发动机均采用了整体叶盘结构。其三维模型如图 6-1 所示。

整体叶盘结构主要用于风扇及高压压气机部分。20 世

图 6-1 整体叶盘零件三维模型

纪 80 年代中期,西方发达国家在新型航空发动机设计中采用整体叶盘结构作为最新的结构和气动布局形式,它代表了第四代、第五代高推重比航空发动机技术的发展方向,已成为高推重比发动机的必选结构。

一、国外整体叶盘制造技术发展现状

国外著名的航空发动机制造公司(MTU)预测:在 21 世纪,随着新材料、新结构的应用水平提高,未来各种航空发动机的风扇、压气机及涡轮将全面采用整体叶盘结构。数控铣削(HSC)、线性摩擦焊(LFW)和电解加工(ECM)是整体叶盘零件制造的三大技术。

1. 数控铣削(HSC)整体叶盘

整体叶盘数控加工工艺主要有两种,即五坐标数控加工实体坯料成型工艺和叶片先焊接到盘上再进行数控机械加工去除焊缝的多余材料工艺。

美国 GE 公司和普惠公司、英国罗尔斯·罗伊斯公司等均采用五坐标数控加工实体坯料成型工艺开展了整体叶盘研制,充分利用数控加工具有的反应快速和可靠性高的特点,保证了整体叶盘型面精度。但采用该方法从整体叶盘毛坯到叶盘零件的制造过程中,材料切除率超过 90%,材料利用率较低,且综合技术难度非常大。

Delcam 和 600 Centre 公司开发了新型整体叶盘生产方法,使型面和孔加工一次完成。叶型加工采用通常的五坐标机械加工方法。在一台主轴转速为 24 000 r/min 的 Fanuc Robodrill T2liE 机床上,配有 PowerMILL CAM 系统,并由 Nikken130 装置提供第 4 和第 5 个坐标移动。

美国 Teleflex·Aerospace 公司采用铣切加电加工组合方案,先用电化学加工叶片,再用铣切方法加工轮毂。为了提高效率,其利用 CAM 软件,产生粗加工和精加工联合路径,从而取消了手工抛光,大大节约了成本,提高了效率。在加工过程中,可采用专利技术避免加工干涉。

2. 线性摩擦焊(LFW)整体叶盘

线性摩擦焊属于固相焊接方法,焊缝是致密的锻造组织,接头性能优异,工艺适应性强,可焊接材料面广,其最大的优势为可实现特殊结构(如空心叶片整体叶盘结构)、异种材料的焊接;焊接过程无电弧、射线辐射等污染,是一种高效、节能、环保的绿色焊接技术。

采用线性摩擦焊加工整体叶盘与用其他加工方法相比有突出的经济效益,受西方发达国家的青睐。对于线性摩擦焊技术,西方各个大的发动机公司早在 20 世纪 80 年代就开始进行与线性摩擦焊制造技术及整体叶盘结构制造相关的试验研究工作。

线性摩擦焊技术最早出现于英国 1969 年的专利。20 世纪 80 年代英国剑桥焊接研究所研制的线性摩擦焊机,可焊接方形、圆形、多边形等不规则截面的金属和塑料构件,罗尔斯·罗伊斯和 MTU 等公司推动与发展了这种新设备及新技术,2000 年开始用于

EJ200 和 F119 等发动机部分整体叶盘的制造。MTU 等公司还利用线性摩擦焊技术进行了 17-4PH、Ti-6Al-4V、γ-TiAl 模拟叶片和轮盘的焊接；罗尔斯·罗伊斯公司和 MTU 公司已用线性摩擦焊技术成功制造了宽弦空心风扇叶片整体叶盘，将为联合攻击机（JSF）的发动机提供 LFW 焊接的整体叶盘。

3. 电解加工（ECM）整体叶盘

精密振动电解加工应用于高温合金整体叶盘的精密高效加工，与数控铣削方法相比有着效率高（工时可减少 50%~85%）、加工高强度/高硬度材料时电极（刀具）无损耗、加工薄型结构无残余应力和变形的优势。电解加工优质、高效的技术特点在批量研制中十分突出。美国、德国、荷兰、日本等国家十分重视电解加工在整体结构中的作用，不间断地进行系统研究。

美国 GE 公司早在 20 世纪 80 年代末就采用数控电解加工了 T700 的钢制整体叶盘、F22 的 GE37/YF120 发动机的钛制整体叶盘及 F414 发动机的高温合金整体叶盘。在整体叶盘叶栅高效去除加工技术上，GE 公司采用了效率更高的多轴数控电接触加工方式，采用成型或近成型阴极进行多坐标数控送进运动实现加工，加工出的叶片叶型仍留有一定余量，该技术已在中国申报了专利。

美国 Teleflex·Aerospace 公司是支持商务与军用飞机的公司。该公司实现了密集叶栅整体叶盘等结构的五坐标数控电解加工，并具备了成熟的表面抛光等相关技术。其生产线专门为 GE、罗尔斯·罗伊斯和普惠等大公司电解加工航空整体叶盘等复杂结构件。

荷兰 Philips Aerospace 公司宣布电解加工直径达 1.1 m 的整体叶盘，该盘将用于联合攻击机（JSF）项目的 F136 发动机中。据报道，JSF 项目把制造成本放在首位，从研制阶段到批量生产阶段，电解加工成为其首选。

德国 MTU 公司 2000 年后首次成功应用精密振动电解加工技术加工 EJ200 高温合金整体叶盘，叶盘直径为 ϕ650 mm，电解加工后叶型达到了最终精度，不需要进行后续修整。MTU 研制出了世界上第一台专用于加工整体叶盘的精密振动电解加工设备，在该设备上，集成了具备世界领先水平的振动进给匹配技术、短路保护技术及精密过滤技术。

电解加工精度一旦可以满足整体叶盘加工要求，结合其无可比拟的高效率，将会在难加工材料整体结构制造中占据重要的地位。美国航空宇航制造（GKN）公司预测：未来 5~6 年内电解加工整体叶盘的市场将增长 400%。

二、国内整体叶盘制造技术发展现状

1. 数控铣削（HSC）整体叶盘

在国内，北京航空制造工程研究所、西北工业大学、中国燃气涡轮研究院、中国航空工业西安航空发动机（集团）有限公司都开展了数控铣削（HSC）整体叶盘研究工作，取得了相应的研究成果。

西北工业大学提出了一种整体叶盘复合制造工艺方案及五坐标数控加工关键技术，包括叶盘通道分析与加工区域划分、最佳刀轴方向的确定与光顺处理、通道的高效粗加工技术、型面的精确加工技术、加工变形处理和叶片与刀具减震技术等。

中国燃气涡轮研究院针对五坐标加工中心加工整体叶盘叶片表面质量差的问题，提出了一套利用UG软件自身功能光顺曲线和曲面的方法，使造型曲面的光顺度得到大幅度提高，从整体叶盘数控加工工艺源头上保证了加工质量。

西北工业大学、中国航空工业发动机（集团）有限公司等单位在数控加工整体叶盘相关软件和加工关键技术方面也开展了大量的研究工作。西北工业大学开发出了"叶轮类零件多坐标NC编程专用软件系统"，该系统集测量数据预处理、曲面建模、曲面消隐、刀位计算、刀位验证及后置处理于一体，已在20多种叶轮叶盘的研制和生产中得到应用。

北京航空制造工程研究所利用通用软件、通用设备对小扭转角叶片整体叶盘的盘体、叶片、根部过渡区的数控加工工艺、设计和数控程序进行了研究。

2. 线性摩擦焊（LFW）整体叶盘

国内只有北京航空制造工程研究所和西北工业大学对线性摩擦焊技术开展了研究工作。北京航空制造工程研究所自20世纪90年代末期着手开展线性摩擦焊技术及装备探索性研究，针对航空常用钛合金（TC4、TC17、TC11等）、高温合金、低碳钢、不锈钢等材料开展了同质、异质材料线性摩擦焊工艺研究，进行了线性摩擦焊微观连接机理研究，对线性摩擦焊接头进行了组织及性能测试分析，同时开展了线性摩擦焊接过程的数值模拟等方面的研究，在线性摩擦焊工艺技术及设备研制方面，都积累了丰富的经验，为整体叶盘结构线性摩擦焊制造技术研究奠定了很好的硬件条件。

西北工业大学在小吨位的设备上（机械式）对线性摩擦焊接头的性能和组织进行了分析，并采用热力耦合有限元方法，建立了线性摩擦焊过程三维有限元计算模型，分析了摩擦焊过程中的不同产热机制及转化规律。

3. 电解加工（ECM）整体叶盘

北京航空制造工程研究所在大型电解加工设备和脉冲电解加工新技术方面有深入研究，脉冲电解加工技术已从初步探索逐渐走向工程应用，已实现压气机超薄弯扭叶片从方料一次成型到叶身尺寸，达到了近无余量加工的水平。另外，在整体叶盘振动电解加工技术方面也开展了探索性研究。

南京航空航天大学采用数控展成电解加工方法，实现了各种难切削金属材料的复杂构件、薄壁件的加工，加工柔性好、工具阴极无损耗，但这种方法还仅限于可展直纹曲面的加工。另外，南京航空航天大学在精密电解加工技术领域也开展了长期深入、系统的研究工作，研制了多台精密电解加工专用设备，开展了精密电解加工工具阴极设计、电流场仿真与控制、高频及窄脉冲电解加工和加工过程检测与控制等研究工作。在国内首次实现了叶片电解精加工，不再需要后续人工精修，保证了产品质量且降低了劳动成本。

【项目导入】

某型航空发动机整体叶盘零件如图 6-2 所示,已知材料为钛合金(TC4),试根据任务中的相关要求,完成零件的加工工艺设计。

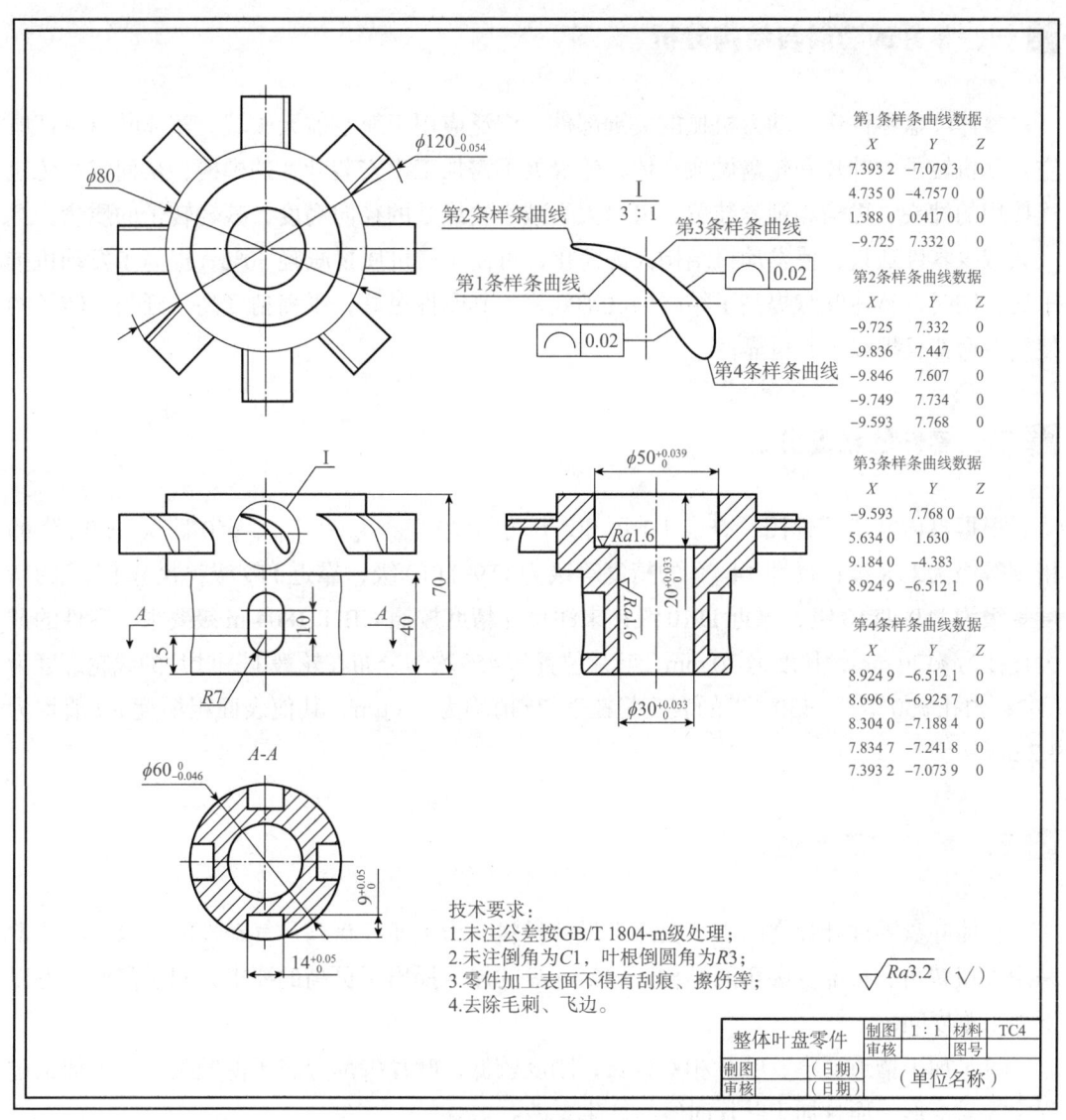

图 6-2 某型航空发动机整体叶盘零件图

【项目实施】

要完成以上航空发动机整体叶盘零件,并确保零件的加工质量,应严格设计其加工工艺,整体叶盘零件加工的流程如下。

零件的分析 → 加工工艺方案的确定 → 加工工艺规程的设计 → 工艺路线单与工序卡的设计

项目实施按照如下四个任务进行。

任务一　整体叶盘零件的分析

■ 一、零件的功能与结构分析

整体叶盘零件作为动力机械的关键部件，广泛应用于航空航天领域。整体叶盘是把航空发动机转子的叶片和轮盘做成一体，轮缘处不需加工出安装叶片的榫槽，从而省去传统连接用的榫头、榫槽和锁紧装置，可以大大减小轮缘处的径向高度，减轻转子的质量，且大大减少零件数量，使发动机结构大为简化，可使压气机质量减轻30%，提高了发动机推重比；同时，整体叶盘提高了结构的气动效率，其刚性更好，平衡精度高，延长了转子的使用寿命并且提高了其可靠性。

■ 二、零件的精度分析

根据整体叶盘零件图，查表1-1可知，尺寸 $\phi 120_{-0.054}^{0}$、$\phi 60_{-0.046}^{0}$、$\phi 50_{0}^{+0.039}$、$\phi 30_{0}^{+0.033}$ 的精度等级为IT8级；尺寸 $14_{0}^{+0.05}$ 的精度等级为IT9~IT10级，靠近IT9级；尺寸 $9_{0}^{+0.05}$ 的精度等级为IT9~IT10级，靠近IT10级；未注尺寸精度按照GB/T 1804-m级要求，零件的最大直径为 $\phi 120$ mm，长度为70 mm，叶片位置呈45°均匀分布在轮毂上；叶片的线轮廓度为0.02；内孔 $\phi 50_{0}^{+0.039}$、$\phi 30_{0}^{+0.033}$ 的表面粗糙度 Ra 值均为 1.6 μm，其他表面粗糙度 Ra 值均为 3.2 μm。

■ 三、零件的工艺性分析

整体叶盘零件叶片之间由于去除大量的材料，为了使叶盘满足气动性的需求，叶片常采用大扭转角、根部变圆角的结构，这给叶盘的加工提出了更高的要求，同时需要考虑以下加工难度问题。

（1）加工槽道变窄，叶片相对较长，刚度较低，叶片尖部分属于薄壁类零件，加工过程中极易变形，而且加工叶片时容易产生干涉。

（2）槽道最窄处叶片深度超过刀具直径的3倍，相邻叶片空间较小，在加工时，刀具直径较小，容易折断，切削深度的控制也是加工的关键技术之一。

（3）整体叶盘曲面流道窄，加工时极易产生干涉，加工难度较大。

整体叶盘零件加工技术要求包括尺寸、形状、位置和表面粗糙度等方面的要求，也包括力学、物理和化学性能的要求。在对叶盘进行加工前，必须对整体叶盘毛坯进行探伤检查，整体叶盘要具有良好的表面质量。精度一般集中在叶片表面、轮毂表面和叶根表面。截面间的曲面平滑。另外，叶身的表面纹理力求一致，这一规定就要求刀具在叶身曲面的最终走刀只能朝一个方向。为了防止整体叶盘零件在工作中振动并降低噪声，对整体平衡性的要求很高，因此，在加工过程中要综合考虑叶盘的对称问题。可采用对某一元素的加工来完成对相同加工内容不同位置的操作。另外，应尽可能减小由于装夹或换刀造成的误差。

整体叶盘零件以回转体为主，其外圆柱面$\phi 120_{-0.054}^{0}$、$\phi 60_{-0.046}^{0}$、内孔$\phi 50_{0}^{+0.039}$、内孔$\phi 30_{0}^{+0.033}$等部位可通过采用车削加工工艺实现，并且有尺寸精度、表面粗糙度的要求，其车削加工工艺可采用"粗车–精车"或"粗车–半精车–精车"加工工艺；对于4个腰形槽可采用铣削加工工艺，即"粗铣–精铣"加工工艺；对于8个叶片应采用加工中心多轴加工工艺实现，其铣削加工工艺应采用"粗铣–精铣"加工工艺。

任务二 整体叶盘零件加工工艺方案的确定

■ 一、加工工艺方案的制订

通过对整体叶盘零件的结构特点、技术条件进行分析，即可以根据生产批量、设备条件等编制该零件的工艺规程。通常，为防止加工时叶片变形，一是可以改进切削工艺，高速切削能够有效地降低叶片弹塑性变形，提高切削速度，降低切削区域温度，改变切削成型原理和去除机理，降低切削力，减少变形；二是可以改进工艺路线，先加工刚性薄弱的叶尖部位，后加工叶根部位；三是可以改进工艺参数，降低精加工切削量，使用锋利的刀具，多轴加工中增大后角等。根据零件的形状特征、尺寸精度、几何精度和表面粗糙度等要求，加工工艺方案参考如下。

工序 10　备料，毛坯尺寸$\phi 125 \times 75$ mm。

工序 20　退火处理。

工序 30　钻通孔$\phi 20$。

工序 40　车平端面，粗、精车$\phi 60_{-0.046}^{0}$外圆，长度40 mm，倒角$C1$。

工序 50　粗、精车$\phi 30_{0}^{+0.033}$通孔，倒角$C1$。

工序 60　调头车平端面，控制总长70 mm，粗、精车外圆至$\phi 122$。

工序 70　粗、精车内孔$\phi 50_{0}^{+0.039}$，深度$20_{0}^{+0.033}$，倒角$C1$。

工序 80　粗、精铣4个腰形槽，宽度$14_{0}^{+0.05}$，深度$9_{0}^{+0.05}$。

工序 90　以圆柱套筒为夹具，将其套在$\phi 60$外圆上并进行定位与夹紧，然后对叶片部位进行加工，具体工步为：

工步1：粗铣轮毂。

工步2：精铣轮毂。

工步3：精铣叶片。

工步4：精铣叶根圆角$R3$。

工序 100　去毛刺。

工序 110　终检。

工序 120　包装入库。

■ 二、工序简图的绘制

按照以上工序的安排，整体叶盘零件加工工序内容及简图如下。

工序 10　备料，毛坯尺寸 $\phi125 \times 75$ mm（图 6-3）。

工序 20　退火处理。

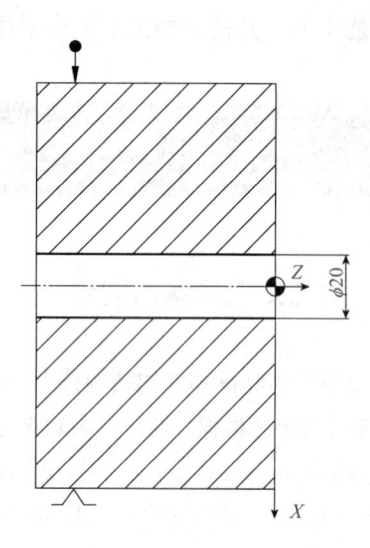

工序 30　钻通孔 $\phi20$（图 6-4）。

图 6-3　备料

图 6-4　钻通孔 $\phi20$

工序 40　车平端面，粗、精车 $\phi60_{-0.046}^{0}$ 外圆，长度 40 mm，倒角 C1（图 6-5）。

工序 50　粗、精车 $\phi30_{0}^{+0.033}$ 通孔，倒角 C1（图 6-6）。

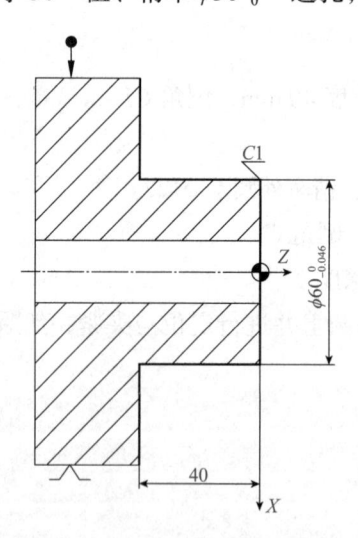

图 6-5　车平端面，粗、精车 $\phi60$ 外圆

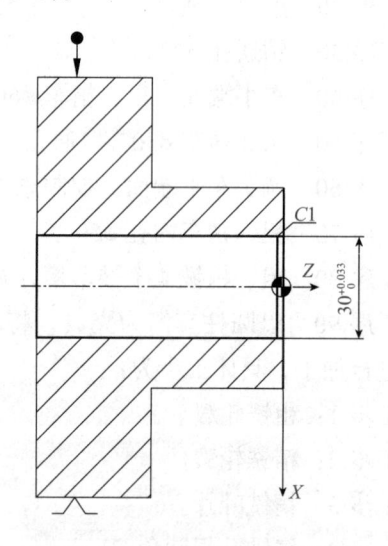

图 6-6　粗、精车 $\phi30$ 通孔及倒角

工序 60　调头车平端面，控制总长 70 mm，粗、精车外圆至 $\phi122$（图 6-7）。

工序 70　粗、精车内孔 $\phi50_{0}^{+0.039}$，深度 $20_{0}^{+0.033}$，倒角 C1（图 6-8）。

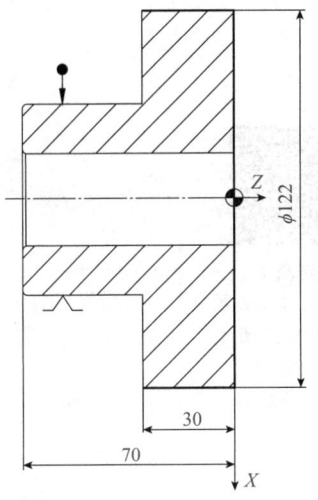

图 6-7 调头车平端面与粗、精车外圆至 $\phi122$

图 6-8 粗、精车 $\phi50$ 内孔及倒角

工序 80　粗、精铣 4 个腰形槽，宽度 $14_{\ 0}^{+0.05}$，深度 $9_{\ 0}^{+0.05}$（图 6-9）。

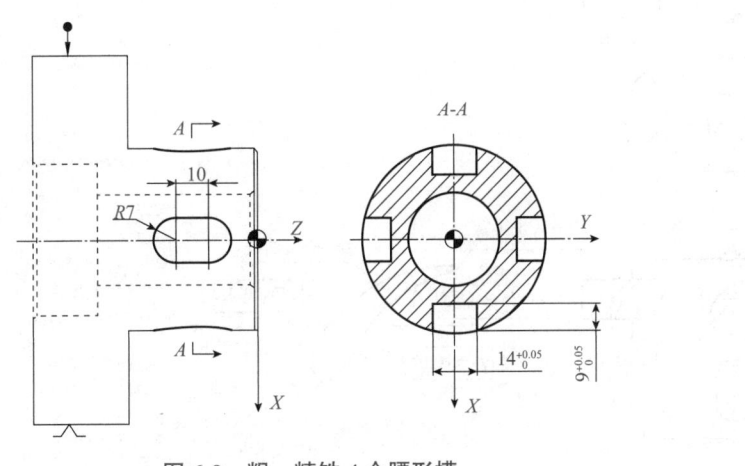

图 6-9 粗、精铣 4 个腰形槽

虚拟仿真 6-1：
扫描二维码查看工序 80 虚拟加工过程

工序 90　以圆柱套筒为夹具，将其套在 $\phi60$ 外圆上并进行定位与夹紧，然后对叶片部位进行加工（图 6-10），具体工步为：

工步 1：粗铣轮毂。

工步 2：精铣轮毂。

虚拟仿真 6-2：
扫描二维码查看工序 90 工步 1 的虚拟加工过程

虚拟仿真 6-3：
扫描二维码查看工序 90 工步 2 的虚拟加工过程

203

工步 3：精铣叶片。

工步 4：精铣叶根圆角 R3。

虚拟仿真 6-4：
扫描二维码查看
工序 90 工步 3
的虚拟加工
过程

虚拟仿真 6-5：
扫描二维码查看
工序 90 工步 4
的虚拟加工
过程

第1条样条曲线数据

X	Y	Z
7.393 2	−7.079 3	0
4.735 0	−4.757 0	0
1.388 0	0.417 0	0
−9.725	7.332 0	0

第2条样条曲线数据

X	Y	Z
−9.725	7.332	0
−9.836	7.447	0
−9.846	7.607	0
−9.749	7.734	0
−9.593	7.768	0

第3条样条曲线数据

X	Y	Z
−9.593	7.768 0	0
5.634 0	1.630	0
9.184 0	−4.383	0
8.924 9	−6.512 1	0

第4条样条曲线数据

X	Y	Z
8.924 9	−6.512 1	0
8.696 6	−6.925 7	0
8.304 0	−7.188 4	0
7.834 7	−7.241 8	0
7.393 2	−7.073 9	0

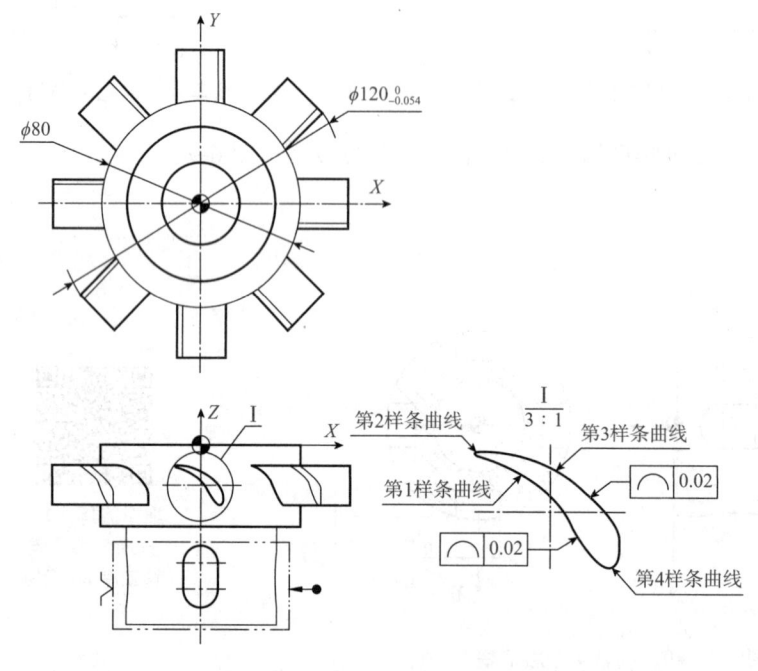

图 6-10　粗、精铣轮毂与叶片及叶根圆角 R3

工序 100　去毛刺。

工序 110　终检。

工序 120　包装入库。

任务三　整体叶盘零件加工工艺规程的设计

一、影响加工方法的因素

（1）要考虑加工表面的精度和表面质量要求，根据各加工表面的技术要求，选择加工方法及加工频次。

（2）根据生产类型选择在大批量生产中可专用的高效率的设备。在单件小批量生产中则常用通用设备和一般的加工方法。

（3）要考虑被加工材料的性质，例如，淬火钢必须采用磨削或电加工的方法，而有色金属由于磨削时容易堵塞砂轮，一般采用精细车削、高速精铣等方法。

（4）要考虑工厂或车间的实际情况，同时不断改进现有加工方法和设备，推广新技术，提高工艺水平。

（5）要考虑一些其他因素，如加工表面物理机械性能的特殊要求、工件形状和质量等。一般按零件主要表面的技术要求来选定最终加工方法。

二、整体叶盘零件常用材料

1. 整体叶盘材料的认知

整体叶盘零件是航空发动机的重要部件之一，为使航空发动机在尺寸小、质量轻的情况下获得高性能，主要的措施是采用更高的燃气温度。进口温度每提高100 ℃，航空发动机的推重比能够提高10%左右，最先进的发动机进口平均温度已经达到了1 600 ℃，预计未来新一代发动机进口温度有望达到1 800 ℃。

整体叶盘零件与单叶片零件的使用环境类似，整体叶盘零件也需要承受剧烈的温度载荷和恶劣的工作环境，在高温下要承受很大、很复杂的应力，因而对其材料的要求极为苛刻。

2. 整体叶盘常用的材料与特点

因为各类整体叶盘的工作环境不同，所以采用的材料也不同，常用材料有铝合金、钛合金、耐热钢和高温合金。各材料牌号及特点见表6-1。

表6-1 航空零件部件常用材料牌号及特点

类别	材料牌号	材料特点
铝合金	LD7	铝合金属于耐热锻铝。成分与2A80基本相同，但还加入少量的钛，故其组织比2A80细化；因含硅量较少，其热强性也比2A80较高，可热处理强化，工艺性能比2A80稍好，热态下具有高的可塑性；合金不含锰、铬，因而无挤压效应；电阻率、点焊和缝焊性能良好，电弧焊和气焊性差，合金的耐腐蚀性尚可，可切削性尚可
钛合金	TC4	具有优良的耐腐蚀性、密度小、比强度高及较好的韧性和焊接性等一系列优点
耐热钢	1Cr11Ni2W2MoV	具有良好的综合力学性能，已被广泛应用于制造600 ℃温度以下工作的发动机叶片、叶盘等重要零部件
耐热钢	1Cr12Ni2WMoVNb	具有优秀的综合力学性能。热强度高，耐应力腐蚀性能好，冷热加工性能良好，氩弧焊与点焊裂纹倾向性小
高温合金	GH698	GH698是在GH4033合金基础上补充合金化发展而成的，在500~800 ℃具有高的持久强度和良好的综合性能。该合金广泛应用于制造航空发动机的涡轮盘、压气机盘、导流片、承力环等重要承力零件。工作温度可达750~800 ℃

续表

类别	材料牌号	材料特点
高温合金	GH901	GH901是早期发展的较成熟的合金，广泛用于制造在650 ℃温度以下工作的航空及地面燃气涡轮发动机的转动盘形件（涡轮盘、压气机盘、轴颈等）、静结构件、涡轮外环及紧固件等零部件
	GH4220	GH4220是变形合金中应用温度最高的叶片材料，采用镁微合金化强化了晶界，改善了材料的高温拉伸塑性和提高了持久强度。加工性能较差，但可采用包套轧制工艺生产叶片。但是，随着铸造高温合金和叶片冷却技术的发展，这种合金被替代，未进行工业化生产

3. 整体叶盘零件材料的选用

整体叶盘零件正常工作时处于高速运行状态，叶片承受的拉压力很大，且工作于高压、高温、高强度等恶劣环境中，对材料要求能抗高压、耐高温且具有优良刚度与强度等。

基于以上考虑，整体叶盘零件可选用的材料有高温合金、钛合金、耐热钢等材料。为便于后续工艺安排与相关计算等，本项目选取钛合金（TC4）材料进行任务实施。

■ 三、整体叶盘零件毛坯的确定

1. 毛坯的类型

近年来，随着航空发动机整体叶盘制造技术的不断发展，已实现整体叶盘的完整制造，其制坯技术主要采用近净成型技术。近净成型技术已成为材料加工领域的一项重要技术，具有成本低、操作灵活及进入市场周期短等特点，作为整体叶盘零件制造中的关键制造技术，提高了生产效率，实现了节材、节能的目标。整体叶盘零件近净成型制坯主要分为整体式和焊接式两种。

（1）整体式毛坯。

1）精密锻造毛坯。精密锻造是指零件锻造成型后，只需少量加工或不再加工就符合零件要求的成型技术。目前，整体叶盘零件多采用精密锻造工艺作为制坯手段，该技术不仅可以节省贵重金属材料，减少难加工材料的机械加工量，而且能提高整体叶盘的疲劳强度和使用寿命。现代精密锻造技术在整体叶盘零件近净成型过程中，对整体叶盘锻件进行精密设计，对叶片和轮毂部分留有较小的余量，既要保证足够的变形量，又要保证叶片的成型。等温锻造技术与超塑等温模锻技术的应用为高温合金和钛合金的毛坯制造提供了保证，以获得优异的组织和力学性能。

美国GE公司应用等温锻造技术制造出带叶片的整体叶盘转子，材料利用率提高4倍。精密锻造零件的尺寸精度为0.1~0.25 mm，表面粗糙度Ra值为0.4~1.6 μm。宝山钢铁股份有限公司对钛合金整体叶盘零件等温锻造技术进行了深入研究，对钛合金整体叶盘进行成型试验，锻件各部位未发生折叠及其他缺陷，成型良好。

2）精密铸造毛坯。精密铸造是指获得精准尺寸铸件工艺的总称。相对于传统砂型铸造工艺，精密铸造获得的铸件尺寸更加精准，表面光洁度更好。精密铸造包括熔模铸造、陶瓷型铸造、金属型铸造、压力铸造、消失模铸造等，其产品精密、复杂、接近零件最后形状，可不加工或简单加工就直接使用。

20世纪70年代，美国广泛开展具有定向叶片和等轴晶轮廓的整体叶盘铸造工艺研究，成功实现定向合金材料的双性能整体叶盘铸造技术，即整体叶盘的叶片为定向柱晶，轮毂为等轴晶。

我国对整体叶盘的精密铸造技术进行了深入研究，分析双性能合金材料的选择、整体叶盘组织的形成方法、控制措施和浇注工艺参数及热处理对整体叶盘零件力学性能的影响，成功铸造出直径为120 mm、带有34个叶片的涡轮整体叶盘。

（2）焊接式毛坯。

1) 电子束焊接毛坯。电子束焊接是指利用加速和聚焦的电子束轰击置于真空或非真空中的焊接面，使被焊工件熔化实现焊接。电子束焊接容易实现金属材料的深熔透焊接，广泛应用于航空航天领域。电子束焊接整体叶盘的制造技术由于具有较高的稳定性，在国内整体叶盘制造领域已得到广泛应用，但其局限性在于只适用于钛合金叶盘的焊接工艺，对高温合金整体叶盘焊接存在较大的技术缺陷，尚需进行更为深入的研究。

2) 线性摩擦焊接毛坯。线性摩擦焊接是一种固相焊接技术，在整体叶盘制造中的技术优势如下所述。

①线性摩擦焊相比于数控铣削，可以节省大量的贵重金属，提高金属利用率；焊接过程完全自动化，人为参与因素很少，焊接控制参数简单，故其可靠性高，而且使加工时间大幅缩短，效率明显提高。

②焊接质量高，焊接过程中不产生焊接缺陷和焊接脆化现象，组织无明显粗化，在焊接铝合金、钛合金材料中，更能体现其优越性。

③线性摩擦焊可以焊接两种不同的材料，因此，可根据整体叶盘需要，为进一步减轻质量，提高推重比，选用合适的材料进行焊接加工。

2．生产类型与生产纲领

毛坯的生产方案见表6-2。

表6-2 毛坯的生产方案

生产类型		零件年生产纲领/件			工作地每月担负的工序数/个
		重型机械或重型零件（>100 kg）	中型机械或中型零件（10~100 kg）	小型零件或轻型零件（<10 kg）	
单件生产		≤ 5	≤ 10	≤ 100	不做规定
成批生产	小批生产	>5~100	>10~200	>100~500	>20~40
	中批生产	>100~300	>200~500	>500~5 000	>10~20
	大批生产	>300~1 000	>500~5 000	>5 000~50 000	>1~10
大量生产		>1 000	>5 000	>50 000	1

3. 毛坯的确定

由零件图可知，其最大外径为 ϕ125 mm，最大长度为 75 mm。可选取毛坯尺寸规格为 ϕ125 mm × 75 mm，选择棒料毛坯，材料选取镍基高温合金，热处理方式为时效处理。毛坯规格如图 6-11 所示。

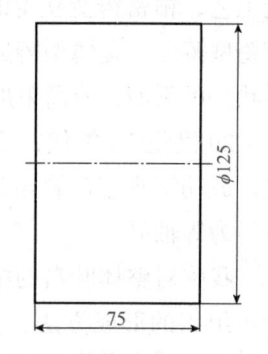

图 6-11 整体叶盘零件毛坯图

四、机床的选择

整体叶盘零件主要包括外圆柱面、内圆柱面、轮廓、叶片等形状特征，对于外圆柱面、内圆柱面的车削加工，可选择数控车床进行，参考车床型号 CK6143 等；对于轮廓、叶片的铣削加工，可选择带转台和主轴、能够摆角的五坐标加工中心，并且因为主轴的摆角范围要足够大，能够实现立卧转换，所以可选择带回转摆动工作台的五轴加工中心，如 DMU50 加工中心。

五、刀具的选用

整体叶盘零件采用数控铣削加工，其铣刀的选择要考虑诸多因素。刀具应根据机床的加工能力、工件的切削性能、切削用量、工序的划分及切削路径的规划等相关因素合理地选取。除要具有优良的切削、断屑、排屑性能外，还要考虑需要适应具有凹凸性质的叶盆与叶背几何型面，除此之外，要考虑到刀具可能的加工干涉。首先可根据选择的数控铣床的功率、转速、整体叶盘材料的弹性模量、叶片曲面的最小曲率半径等参数来选择，如果在后续的叶片数控加工过程仿真中发生加工过程干涉，就需要再加以适当的调整。

加工外圆柱面可选择 93° 外圆车刀；加工内圆柱面可选择 80° 内圆车刀；粗加工轮毂可选择 ϕ10 立铣刀；精加工轮毂可选择 ϕ8 球头铣刀；精加工叶片可选择 ϕ6 球头铣刀等。机械加工刀具卡见表 6-3。

表 6-3 机械加工刀具卡

序号	刀具号	刀具名称及规格	刀具材料	加工的表面
1	T01	麻花钻 ϕ20	硬质合金	ϕ30 的底孔
2	T02	93° 外圆车刀	硬质合金	端面、外圆
3	T03	80° 通孔车刀	硬质合金	ϕ30 通孔
4	T04	107.5° 盲孔车刀	硬质合金	ϕ50 内孔
5	T05	ϕ10 立铣刀（3 齿）	硬质合金	腰形槽、轮毂（粗）
6	T06	ϕ8 球头铣刀（3 齿）	硬质合金	轮毂（精）
7	T07	ϕ6 球头铣刀（2 齿）	硬质合金	叶片、叶根圆角

六、定位基准的选择

根据粗、精基准的选择原则及零件的形状特点,整体叶盘零件以内孔和端面作为加工定位及安装的基准,既符合基准重合原则,又能使基准统一,故内圆柱面和端面部位精度是整体叶盘零件各部位中最高的,主要是利用专用的夹具夹持内孔和端面来加工定位的。其基准的确定如下。

(1)车平端面、车削外圆 $\phi60_{-0.046}^{0}$、钻通孔 $\phi20$、车削 $\phi30_{0}^{+0.033}$ 通孔时,以毛坯外圆 $\phi125$ 为粗基准(图6-12)。

(2)调头以后车平端面、车削外圆 $\phi122$、内圆 $\phi50_{0}^{+0.039}$ 及倒角 $C1$ 时,以外圆 $\phi60$ 为精基准(图6-13)。

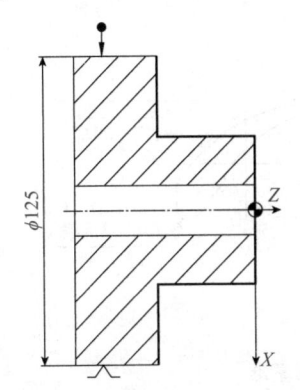

图6-12 以毛坯外圆 $\phi125$ 为粗基准

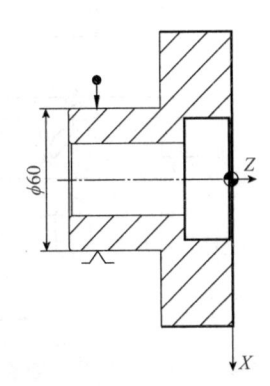

图6-13 以外圆 $\phi60$ 为精基准

(3)铣削4个腰形槽时,以工艺外圆 $\phi122$(后续加工到 $\phi120$)为精基准(图6-14)。

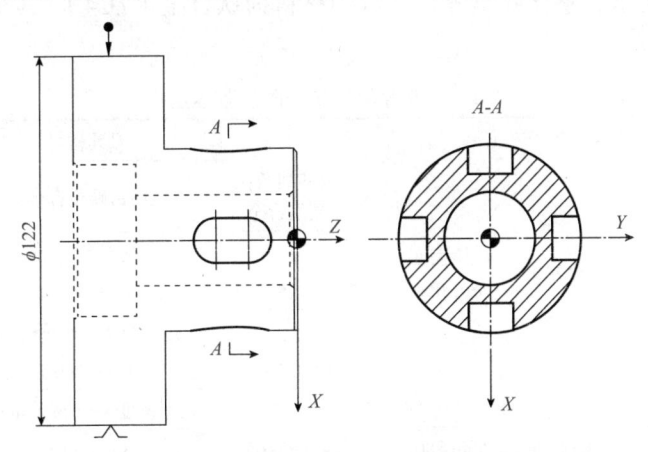

图6-14 以工艺外圆 $\phi122$ 为精基准

(4)铣削叶片时,辅助套筒夹具,以外圆 $\phi60_{-0.046}^{0}$ 为精基准,以套筒夹具外圆进行夹紧(图6-15)。

七、加工参数的选取与计算

根据后续加工参数表中铣削加工的切削速度参考值、铣刀每齿进给量参考值、硬质合金车刀粗车外圆及端面的进给量、切削速度参考值、按表面粗糙度选择进给量的参考值等经验值，并结合切削参数的相关计算公式，需要对背吃刀量 a_p、进给量 f、切削速度 v_c 进行选取。

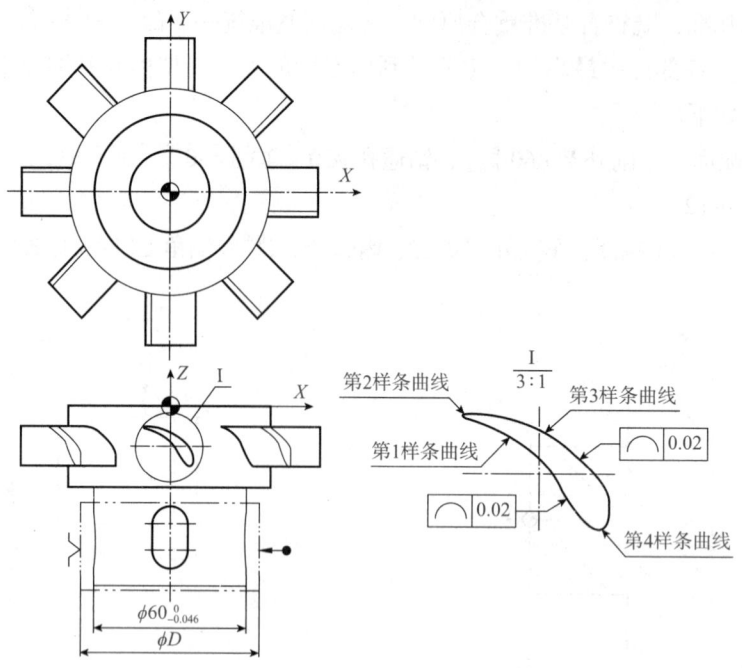

图 6-15 以外圆 $\phi 60_{-0.046}^{0}$ 为精基准

1. 车削加工参数的选择

依据任务的要求，整体叶盘零件选取的材料为钛合金（TC4）。其车削加工参数的选取见表 6-4、表 6-5。

表 6-4 钛合金材料车削时切削速度参数

零件材料	热处理方式	抗拉强度 σ_b/MPa	钨钴细微粒硬质合金	钨钴硬质合金	钨钴硬质合金 TiAlN 涂层
			背吃刀量 a_p/mm		
			0.25~2~0.5~2~3~10	0.25~2~0.5~2~3~10	0.25~2~0.5~2~3~10
			进给量 f/(mm·r^{-1})		
			0.1~0.3~0.5	0.1~0.3~0.5	0.1~0.3~0.5
			切削速度 v_c/(m·min^{-1})		
TC1、TC2、TA7	退火	650~880	45~55~65	35~50~55	35~50~55
ZTC4、TC4、TC9、TA15、TA11、TA14	退火	930~1 030	40~50~60	30~45~50	30~45~50
TC6、TC8、TC11、TC17、TA19	退火	1 060~1 160	35~45~55	30~40~50	30~40~50
TC4、TA14	淬火+时效	1 170~1 200	30~35~45	20~30~40	20~30~40
TC6	淬火				
TC6、TC11、TC17	淬火+时效	1 270~1 300	25~30~35	20~25~35	20~25~30

表 6-5 钛合金材料切断、切槽切削速度参数

零件材料	热处理方式	抗拉强度 σ_b/MPa	切断、外圆切槽、切越程槽			内圆切槽、端面槽		
			钨钴硬质合金 TiAlN 涂层	钨钴硬质合金 TiCN 涂层	钨钴硬质合金	钨钴硬质合金 TiAlN 涂层	钨钴硬质合金 TiCN 涂层	钨钴硬质合金
			背吃刀量 a_p/mm					
			0.25~2-0.5~2	0.25~2-0.5~2	0.25~2-0.5~2	0.25~2-0.5~2	0.25~2-0.5~2	0.25~2-0.5~2
			进给量 f/(mm·r⁻¹)					
			0.05~0.5			0.05~0.5		
			切削速度 v_c/(m·min⁻¹)					
TC1、TC2、TA7	退火	650~880	45~60	60~70	45~60	30~45	35~55	30~45
ZTC4、TC4、TC9、TA15、TA11、TA14	退火	930~1 030	40~55	50~65	40~55	25~40	30~50	25~40
TC6、TC8、TC11、TC17、TA19	退火	1 060~1 160	30~50	50~65	30~50	20~40	30~50	20~30
TC4、TA14	淬火+时效	1 170~1 200	25~45	45~60	25~45	20~35	30~45	20~25
TC6	淬火							
TC6、TC11、TC17	淬火+时效	1 270~1 300	20~40	40~50	20~40	15~30	25~40	15~20

主轴转速与切削速度的关系。数控加工编程时一般要输入主轴转速，主轴转速与切削速度的计算公式如下：

$$n = \frac{1\,000v_c}{\pi d} \tag{6-1}$$

式中　n——主轴转速（r/min）；

v_c——切削速度（m/min）；

d——工件加工表面或刀具的最大直径（mm）。

2. 铣削加工参数的选择

铣削时，切削速度的选择要同时满足背吃刀量、每齿进给量对应的参数条件，方可确定切削速度，铣削加工切削参数的选取见表 6-6。

表 6-6 机夹铣刀铣削钛合金切削速度参数

零件材料	热处理方式	抗拉强度 σ_b/MPa	刀具材料			
			钨钴硬质合金 TiAlN 涂层	钨钴硬质合金	超细微粒钨钴硬质合金	钨钴硬质合金 TiCN 涂层
			背吃刀量 a_p/mm			
			0.25~2-0.5~2-3~10	0.25~2-0.5~2-3~10	0.25~2-0.5~2-3~10	0.25~2-0.5~2-3~10
			每齿进给量 f_z/mm			
			0.05~0.15~0.2	0.1~0.15~0.2	0.1~0.15~0.2	0.05~0.15~0.25
			切削速度 v_c/(m·min^{-1})			
TC1、TC2、TA7	退火	650~880	50~60~65	50~55~60	45~50	45~50~60
ZTC4、TC4、TC9、TA15、TA11、TA14	退火	930~1 030	45~55~60	45~50~55	40~45	40~45~55
TC6、TC8、TC11、TC17、TA19	退火	1 060~1 160	40~50	35~40~45	30~35~40	35~40~45
TC4、TA14	淬火+时效	1 170~1 200	35~45	30~35~40	25~30~35	30~35~40
TC6	淬火					
TC6、TC11、TC17	淬火+时效	1 270~1 300	30~40	25~30~35	20~25~30	25~30~35

3.钻削加工参数的选择

在用硬质合金钻头钻削钛合金时,其每齿进给量、切削速度见表 6-7。

表 6-7 硬质合金钻头钻削钛合金的切削用量

零件材料	热处理方式	抗拉强度 σ_b/MPa	刀具材料	切削速度 v_c/(m·min^{-1})	钻头直径 D/mm			
					>3~6	>6~10	>10~14	>14~20
					每齿进给量 f_z/mm			
TC1、TC2、TA7	退火	650~880	超细微粒钨钴硬质合金、钨钴硬质合金 TiCN 涂层	17~33	0.06~0.11	0.08~0.17	0.15~0.26	0.17~0.3
ZTC4、TC4、TC9、TA15、TA11、TA14	退火	930~1 030		16~32	0.06~0.1	0.08~0.16	0.14~0.25	0.16~0.28
TC6、TC8、TC11、TC17、TA19	退火	1 060~1 160		15~30	0.06~0.1	0.08~0.15	0.13~0.24	0.15~0.26
TC4、TA14	淬火+时效	1 170~1 200		14~28	0.06~0.09	0.07~0.14	0.12~0.22	0.14~0.25
TC6	淬火							
TC6、TC11、TC17	淬火+时效	1 270~1 300		13~25	0.06~0.08	0.06~0.13	0.11~0.2	0.13~0.22

刀具有齿数 z，当确定进给量时，其进给速度的计算如下：

$$F = f_z \times z \times n \tag{6-2}$$

式中　F——进给速度（mm/min）；
　　　f_z——每齿进给量（mm）；
　　　z——铣刀齿数；
　　　n——主轴转速（r/min）。

4. 切削加工参数的计算

依据工艺方案、切削参数表等，整体叶盘零件各工序加工参数的相关计算如下。

"工序 30　钻通孔 $\phi20$" 加工参数的确定。

（1）刀具的选用。零件材料：钛合金 TC4；刀具材料及规格：钨钴硬质合金 TiCN 涂层，$\phi20$ 麻花钻（3 齿）。

（2）参数选取与计算。

工步 1：钻通孔 $\phi20$。

查表 6-7 可知，每齿进给量的取值范围 0.16~0.28 mm，取 0.2 mm；切削速度的取值范围 16~32 m/min，取 19 m/min，由式（6-1）可得主轴转速 n：

$$n = \frac{1\,000 v_c}{\pi d} = \frac{1\,000 \times 19}{3.14 \times 20} = 302.55 \text{（r/min）}，取整：n = 300 \text{ r/min}$$

实际切削速度 v_c：

$$v_c = \frac{\pi d n}{1\,000} = \frac{3.14 \times 20 \times 300}{1\,000} = 18.84 \text{（m/min）}$$

由式（6-2）可得进给速度 F：

$$F = f_z \times z \times n = 0.2 \times 3 \times 300 = 180 \text{（mm/min）}$$

"工序 40　车平端面，粗、精车 $\phi60_{-0.046}^{0}$ 外圆，长度 40 mm，倒角 $C1$" 加工参数的确定。

（1）刀具的选用。刀具材料及规格：钨钴硬质合金，93° 外圆车刀。

（2）参数选取与计算。

工步 1：平端面。

平端面的切削参数参照表 6-5，背吃刀量的取值范围 0.25~2–0.5~2 mm，取 0.3 mm；进给量的取值范围 0.05~0.5 mm/r，取 0.1 mm/r；切削速度的取值范围 40~55 m/min，取 50 m/min，由式（6-1）可得主轴转速 n：

$$n = \frac{1\,000 v_c}{\pi d} = \frac{1\,000 \times 50}{3.14 \times 60} = 265.39 \text{（r/min）}，取整：n = 260 \text{ r/min}$$

实际切削速度 v_c：

$$v_c = \frac{\pi d n}{1\,000} = \frac{3.14 \times 60 \times 260}{1\,000} = 48.98 \text{（m/min）}$$

工步 2：粗车外圆 $\phi 60_{-0.046}^{0}$。

查表 6-4 可知，背吃刀量的取值范围 0.25~2–0.5~2–3~10 mm，取 1 mm；进给量的取值范围 0.1~0.3~0.5 mm/r，取 0.3 mm/r；切削速度的取值范围 30~45~50 m/min，取 35 m/min，由式（6-1）可得主轴转速 n：

$$n = \frac{1\,000 v_c}{\pi d} = \frac{1\,000 \times 35}{3.14 \times 60} = 185.77 \text{（r/min）, 取整：} n = 190 \text{ r/min}$$

实际切削速度 v_c：

$$v_c = \frac{\pi d n}{1\,000} = \frac{3.14 \times 60 \times 190}{1\,000} = 35.80 \text{（m/min）}$$

工步 3：精车外圆 $\phi 60_{-0.046}^{0}$。

查表 6-4 可知，背吃刀量的取值范围 0.25~2–0.5~2–3~10 mm，取 0.3 mm；进给量的取值范围 0.1~0.3~0.5 mm/r，取 0.1 mm/r；切削速度的取值范围 30~45~50 m/min，取 50 m/min，由式（6-1）可得主轴转速 n：

$$n = \frac{1\,000 v_c}{\pi d} = \frac{1\,000 \times 50}{3.14 \times 60} = 265.39 \text{（r/min）, 取整：} n = 260 \text{ r/min}$$

实际切削速度 v_c：

$$v_c = \frac{\pi d n}{1\,000} = \frac{3.14 \times 60 \times 260}{1\,000} = 48.98 \text{（m/min）}$$

"工序 50　粗、精车 $\phi 30_{\ 0}^{+0.033}$ 通孔，倒角 $C1$" 加工参数的确定。

（1）刀具的选用。刀具材料及规格：钨钴硬质合金，80° 内孔车刀。

（2）参数选取与计算。

工步 1：粗车通孔 $\phi 30$ 及倒角 $C1$。

查表 6-4 可知，背吃刀量的取值范围 0.25~2–0.5~2–3~10 mm，取 1 mm；进给量的取值范围 0.1~0.3~0.5 mm/r，取 0.3 mm/r；切削速度的取值范围 30~45~50 m/min，取 35 m/min，由式（6-1）可得主轴转速 n：

$$n = \frac{1\,000 v_c}{\pi d} = \frac{1\,000 \times 35}{3.14 \times 30} = 371.55 \text{（r/min）, 取整：} n = 380 \text{ r/min}$$

实际切削速度 v_c：

$$v_c = \frac{\pi d n}{1\,000} = \frac{3.14 \times 30 \times 380}{1\,000} = 35.80 \text{（m/min）}$$

工步 2：精车通孔 $\phi 30$ 及倒角 $C1$。

查表 6-4 可知，背吃刀量的取值范围 0.25~2–0.5~2–3~10 mm，取 0.3 mm；进给量的取值范围 0.1~0.3~0.5 mm/r，取 0.1 mm/r；切削速度的取值范围 30~45~50 m/min，取 50 m/min，由式（6-1）可得主轴转速 n：

$$n = \frac{1\,000 v_c}{\pi d} = \frac{1\,000 \times 50}{3.14 \times 30} = 530.79\ (\text{r/min}),\ \text{取整}：n = 530\ \text{r/min}$$

实际切削速度 v_c：

$$v_c = \frac{\pi d n}{1\,000} = \frac{3.14 \times 30 \times 530}{1\,000} = 49.93\ (\text{m/min})$$

"工序 60　调头车平端面，控制总长 70 mm，粗、精车外圆至 ϕ122" 加工参数的确定。
（1）刀具的选用。刀具材料及规格：钨钴硬质合金，93° 外圆车刀。
（2）参数选取与计算。
工步 1：平端面，控制总长 70 mm。
调头后平端面的切削参数参照表6-5，背吃刀量的取值范围 0.25~2–0.5~2 mm，取 0.3 mm；进给量的取值范围 0.05~0.5 mm/r，取 0.1 mm/r；切削速度的取值范围 40~55 m/min，取 50 m/min，由式（6-1）可得主轴转速 n：

$$n = \frac{1\,000 v_c}{\pi d} = \frac{1\,000 \times 50}{3.14 \times 122} = 130.52\ (\text{r/min}),\ \text{取整}：n = 130\ \text{r/min}$$

实际切削速度 v_c：

$$v_c = \frac{\pi d n}{1\,000} = \frac{3.14 \times 122 \times 130}{1\,000} = 49.80\ (\text{m/min})$$

工步 2：粗车外圆 ϕ122。
需要注意的是，零件图上并没有尺寸 ϕ122，为了避免后面加工对外圆 ϕ120 因夹紧作用力过大损伤外圆 ϕ120 表面，因此将外圆由毛坯外圆 ϕ125 车削到 ϕ122 作为工艺尺寸外圆。
查表 6-4 可知，背吃刀量的取值范围 0.25~2–0.5~2–3~10 mm，取 1 mm；进给量的取值范围 0.1~0.3~0.5 mm/r，取 0.3 mm/r；切削速度的取值范围 30~45~50 m/min，取 35 m/min，由式（6-1）可得主轴转速 n：

$$n = \frac{1\,000 v_c}{\pi d} = \frac{1\,000 \times 35}{3.14 \times 122} = 91.36\ (\text{r/min}),\ \text{取整}：n = 90\ \text{r/min}$$

实际切削速度 v_c：

$$v_c = \frac{\pi d n}{1\,000} = \frac{3.14 \times 122 \times 90}{1\,000} = 34.48\ (\text{m/min})$$

工步 3：精车外圆 ϕ122。
查表 6-4 可知，背吃刀量的取值范围 0.25~2–0.5~2–3~10 mm，取 0.3 mm；进给量的取值范围 0.1~0.3~0.5 mm/r，取 0.1 mm/r；切削速度的取值范围 30~45~50 m/min，取 48 m/min，由式（6-1）可得主轴转速 n：

$$n = \frac{1\,000 v_c}{\pi d} = \frac{1\,000 \times 48}{3.14 \times 122} = 125.30\ (\text{r/min}),\ \text{取整}：n = 125\ \text{r/min}$$

实际切削速度 v_c：

$$v_c = \frac{\pi d n}{1\,000} = \frac{3.14 \times 122 \times 125}{1\,000} = 47.89 \text{ (m/min)}$$

"工序 70　粗、精车内孔 $\phi 50^{+0.039}_{0}$，深度 $20^{+0.033}_{0}$，倒角 $C1$"加工参数的确定。

（1）刀具的选用。刀具材料及规格：钨钴硬质合金，107.5° 盲孔车刀。

（2）参数选取与计算。

工步 1：粗车内孔 $\phi 50$ 及倒角 $C1$。

查表 6-4 可知，背吃刀量的取值范围 0.25~2–0.5~2–3~10 mm，取 1 mm；进给量的取值范围 0.1~0.3~0.5 mm/r，取 0.3 mm/r；切削速度的取值范围 30~45~50 m/min，取 35 m/min，由式（6-1）可得主轴转速 n：

$$n = \frac{1\,000 v_c}{\pi d} = \frac{1\,000 \times 35}{3.14 \times 50} = 222.93 \text{ (r/min)}，取整：n = 220 \text{ r/min}$$

实际切削速度 v_c：

$$v_c = \frac{\pi d n}{1\,000} = \frac{3.14 \times 50 \times 220}{1\,000} = 34.54 \text{ (m/min)}$$

工步 2：精车内孔 $\phi 50$ 及倒角 $C1$。

查表 6-4 可知，背吃刀量的取值范围 0.25~2–0.5~2–3~10 mm，取 0.3 mm；进给量的取值范围 0.1~0.3~0.5 mm/r，取 0.1 mm/r；切削速度的取值范围 30~45~50 m/min，取 48 m/min，由式（6-1）可得主轴转速 n：

$$n = \frac{1\,000 v_c}{\pi d} = \frac{1\,000 \times 48}{3.14 \times 50} = 305.73 \text{ (r/min)}，取整：n = 300 \text{ r/min}$$

实际切削速度 v_c：

$$v_c = \frac{\pi d n}{1\,000} = \frac{3.14 \times 50 \times 300}{1\,000} = 47.10 \text{ (m/min)}$$

"工序 80　粗、精铣 4 个腰形槽，宽度 $14^{+0.05}_{0}$，深度 $9^{+0.05}_{0}$"加工参数的确定。

（1）刀具的选用。刀具材料及规格：钨钴硬质合金，$\phi 10$ 立铣刀（3 齿）。

（2）参数选取与计算。

工步 1：粗铣腰形槽。

查表 6-6 可知，背吃刀量的取值范围 0.25~2–0.5~2–3~10 mm，取 1 mm；每齿进给量的取值范围 0.1~0.15~0.2 mm，取 0.15 mm；切削速度的取值范围 45~50~55 m/min，取 45 m/min，由式（6-1）可得主轴转速 n：

$$n = \frac{1\,000 v_c}{\pi d} = \frac{1\,000 \times 45}{3.14 \times 10} = 1\,433.12 \text{ (r/min)}，取整：n = 1\,450 \text{ r/min}$$

实际切削速度 v_c：

$$v_c = \frac{\pi d n}{1\,000} = \frac{3.14 \times 10 \times 1\,450}{1\,000} = 45.53 \text{ (m/min)}$$

由式（6-2），进给速度的计算如下：

$$F = f_z \times z \times n = 0.15 \times 3 \times 1\,450 = 652.5 \text{ (mm/min)}$$

工步2：精铣腰形槽。

查表6-6可知，背吃刀量的取值范围 0.25~2–0.5~2–3~10 mm，取 0.3 mm；每齿进给量的取值范围 0.1~0.15~0.2 mm，取 0.1 mm；切削速度的取值范围 45~50~55 m/min，取 55 m/min，由式（6-1）可得主轴转速 n：

$$n = \frac{1\,000 v_c}{\pi d} = \frac{1\,000 \times 55}{3.14 \times 10} = 1\,751.59 \text{ (r/min)，取整：} n = 1\,750 \text{ r/min}$$

实际切削速度 v_c：

$$v_c = \frac{\pi d n}{1\,000} = \frac{3.14 \times 10 \times 1\,750}{1\,000} = 54.95 \text{ (m/min)}$$

由式（6-2），进给速度的计算如下：

$$F = f_z \times z \times n = 0.1 \times 3 \times 1\,750 = 525 \text{ (mm/min)}$$

"工序90 以圆柱套筒为夹具，将其套在 $\phi 60$ 外圆上并进行定位与夹紧，精铣轮毂和粗、精铣叶片及精铣叶根圆角 $R3$"加工参数的确定。

（1）刀具的选用。刀具材料及规格：钨钴硬质合金，$\phi 10$ 立铣刀（3齿），用于轮毂粗铣加工；钨钴硬质合金，$\phi 8$ 球头铣刀（3齿），用于轮毂精铣加工；$\phi 6$ 球头铣刀（2齿），用于叶片、叶根圆角 $R3$ 精铣加工。

（2）参数选取与计算。

工步1：粗铣轮毂。

查表6-6可知，背吃刀量的取值范围 0.25~2–0.5~2–3~10 mm，取 1 mm；每齿进给量的取值范围 0.1~0.15~0.2 mm，取 0.15 mm；切削速度的取值范围 45~50~55 m/min，取 45 m/min，由式（6-1）可得主轴转速 n：

$$n = \frac{1\,000 v_c}{\pi d} = \frac{1\,000 \times 45}{3.14 \times 10} = 1\,433.12 \text{ (r/min)，取整：} n = 1\,450 \text{ r/min}$$

实际切削速度 v_c：

$$v_c = \frac{\pi d n}{1\,000} = \frac{3.14 \times 10 \times 1\,450}{1\,000} = 45.53 \text{ (m/min)}$$

由式（6-2），进给速度的计算如下：

$$F = f_z \times z \times n = 0.15 \times 3 \times 1\,450 = 652.5 \text{ (mm/min)}$$

工步2：精铣轮毂。

查表 6-6 可知，背吃刀量的取值范围 0.25~2–0.5~2–3~10 mm，取 0.3 mm；每齿进给量的取值范围 0.1~0.15~0.2 mm，取 0.1 mm；切削速度的取值范围 45~50~55 m/min，取 55 m/min，由式（6-1）可得主轴转速 n：

$$n = \frac{1\,000v_c}{\pi d} = \frac{1\,000 \times 55}{3.14 \times 8} = 2\,189.49 \text{（r/min）}, 取整：n = 2\,190 \text{ r/min}$$

实际切削速度 v_c：

$$v_c = \frac{\pi d n}{1\,000} = \frac{3.14 \times 8 \times 2\,190}{1\,000} = 55.01 \text{（m/min）}$$

由式（6-2），进给速度的计算如下：

$$F = f_z \times z \times n = 0.1 \times 3 \times 2\,190 = 657 \text{（mm/min）}$$

工步 3：精铣叶片。

查表 6-6 可知，背吃刀量的取值范围 0.25~2–0.5~2–3~10 mm，取 1 mm；每齿进给量的取值范围 0.1~0.15~0.2 mm，取 0.15 mm；切削速度的取值范围 45~50~55 m/min，取 55 m/min，由式（6-1）可得主轴转速 n：

$$n = \frac{1\,000v_c}{\pi d} = \frac{1\,000 \times 55}{3.14 \times 6} = 2\,919.32 \text{（r/min）}, 取整：n = 2\,910 \text{ r/min}$$

实际切削速度 v_c：

$$v_c = \frac{\pi d n}{1\,000} = \frac{3.14 \times 6 \times 2\,910}{1\,000} = 54.82 \text{（m/min）}$$

由式（6-2），进给速度的计算如下：

$$F = f_z \times z \times n = 0.1 \times 2 \times 2\,910 = 582 \text{（mm/min）}$$

工步 4：精铣叶根圆角 $R3$。

查表 6-6 可知，背吃刀量的取值范围 0.25~2–0.5~2–3~10 mm，取 1 mm；每齿进给量的取值范围 0.1~0.15~0.2 mm，取 0.15 mm；切削速度的取值范围 45~50~55 m/min，取 55 m/min，由式（6-1）可得主轴转速 n：

$$n = \frac{1\,000v_c}{\pi d} = \frac{1\,000 \times 55}{3.14 \times 6} = 2\,919.32 \text{（r/min）}, 取整：n = 2\,910 \text{ r/min}$$

实际切削速度 v_c：

$$v_c = \frac{\pi d n}{1\,000} = \frac{3.14 \times 6 \times 2\,910}{1\,000} = 54.82 \text{（m/min）}$$

由式（6-2），进给速度的计算如下：

$$F = f_z \times z \times n = 0.1 \times 2 \times 2\,910 = 582 \text{（mm/min）}$$

任务四　整体叶盘零件工艺路线单与工序卡的设计

工艺路线单与工序卡设计得是否合理，对零件加工开展、质量、效率及生产现场管理等有着至关重要的作用。

一、工艺路线单的填写

根据零件名称、毛坯规格与材料、工艺方案等相关内容，参考项目一的填写方法，完成整体叶盘零件机械加工工艺路线单的填写（表 6-8）。

表 6-8　机械加工工艺路线单

机械加工工艺路线单							
零件名称		零件材料			零件图号		
毛坯规格		产品名称			生产车间		
工序号	工种	工序内容			夹具	设备名称及型号	
编制		审核		批准		第　页	共　页

二、工序卡的填写

工艺路线单设计完成以后，需要对每道工序加工的内容进行具体化，工艺路线单可扫描项目一的二维码分别获取车、铣加工工序卡的空白页。

根据零件的尺寸、几何公差、表面粗糙度及技术要求，结合工艺方案、工序简图、参数的选取与计算等，现仅选取两道典型工序（车削、铣削）进行填写示范，其余工序的填写方法相同，具体如下。

（1）"工序 40　车平端面，粗、精车 $\phi 60_{-0.046}^{0}$ 外圆，长度 40 mm，倒角 C1"机械加工工序卡（表6-9）。

表6-9　工序40机械加工工序卡（已填写的样本）

零件名称	整体叶盘	机械加工工序卡		工序号	40	工序名称	数车
零件图号							
材料牌号	TC4	毛坯状态	棒料	机床设备	CA6140	夹具	三爪卡盘

工步号	工步内容	刀具	量具	背吃刀量 /mm	进给量 /(mm·r^{-1})	主轴转速 /(r·min^{-1})
1	平端面	93°外圆车刀	游标卡尺	0.3	0.1	260
2	粗车外圆 $\phi 60_{-0.046}^{0}$，长度40，倒角 C1	93°外圆车刀	游标卡尺	1	0.3	190
3	精车外圆 $\phi 60_{-0.046}^{0}$，长度40，倒角 C1	93°外圆车刀	游标卡尺	0.3	0.1	260
编制		审核		批准		日期		第　页	共　页

（2）"工序90　以圆柱套筒为夹具，将其套在 $\phi 60$ 外圆上并进行定位与夹紧，然后对叶片部位进行加工，具体工步如下（表6-10）。

工步1：粗铣叶片。

工步2：精铣轮毂。

工步3：精铣叶片。

工步4：精铣叶根圆角R3。

①钨钴硬质合金，ϕ10立铣刀（3齿），用于轮毂粗铣加工；②钨钴硬质合金，ϕ8球头铣刀（3齿），用于轮毂精铣加工；ϕ6球头铣刀（2齿），用于叶片、叶根圆角R3精铣加工。

表6-10 工序90机械加工工序卡（已填写的样本）

零件名称	整体叶盘	机械加工工序卡		工序号	90	工序名称	数铣
零件图号							
材料牌号	TC4	毛坯状态	棒料	机床设备	DMU50	夹具	三爪卡盘

工步号	工步内容	刀具	量具	背吃刀量/mm	进给速度/(mm·min^{-1})	主轴转速/(r·min^{-1})
1	粗铣轮毂	立铣刀ϕ10	游标卡尺	1	652.5	1 450
2	精铣轮毂	球头铣刀ϕ8	三坐标测量机	0.3	657	2 190
3	精铣叶片	立铣刀ϕ6	三坐标测量机	1	582	2 910
4	精铣叶根圆角R3	立铣刀ϕ6	三坐标测量机	1	582	2 910
编制		审核	批准	日期		第 页	共 页

【项目总结】

通过对航空发动机典型整体叶盘复杂零件的功能、结构、尺寸及技术要求进行分析，确定了零件的加工工艺方案，并通过毛坯的确定、机床的选择、刀具的选用、参数的计算及工艺路线与工序卡的设计等工艺流程，完成了整体叶盘零件的多轴加工工艺项目。

【项目拓展】

某型发动机整体叶盘零件如图 6-16 所示,已知材料为镍基高温合金,试根据任务中的相关要求,完成零件的多轴加工工艺设计。

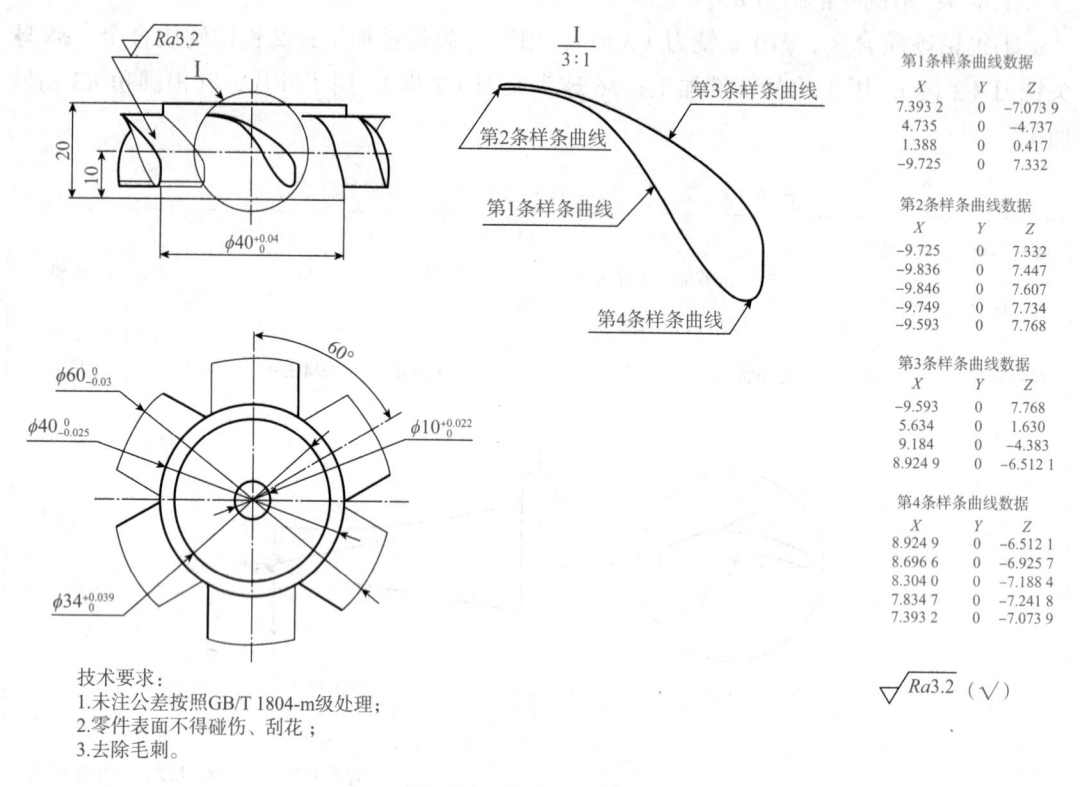

第1条样条曲线数据

X	Y	Z
7.393 2	0	-7.073 9
4.735	0	-4.737
1.388	0	0.417
-9.725	0	7.332

第2条样条曲线数据

X	Y	Z
-9.725	0	7.332
-9.836	0	7.447
-9.846	0	7.607
-9.749	0	7.734
-9.593	0	7.768

第3条样条曲线数据

X	Y	Z
-9.593	0	7.768
5.634	0	1.630
9.184	0	-4.383
8.924 9	0	-6.512 1

第4条样条曲线数据

X	Y	Z
8.924 9	0	-6.512 1
8.696 6	0	-6.925 7
8.304 0	0	-7.188 4
7.834 7	0	-7.241 8
7.393 2	0	-7.073 9

技术要求:
1. 未注公差按照GB/T 1804-m级处理;
2. 零件表面不得碰伤、刮花;
3. 去除毛刺。

图 6-16 整体叶盘零件图

【知识拓展】

"大国工匠"洪家光为我国航空发动机攻坚克难、自主创新的故事

1979年12月,洪家光出生于沈阳的一个普通农民家庭,但他从小勤奋刻苦,学习成绩一直名列前茅,从小洪家光就知道自己家庭条件不好,他的父母因常年劳累,患有各种疾病,懂事的洪家光将这一切都看在眼里,他不愿父母再为自己的未来而操劳。初中毕业后,洪家光出于对家庭经济条件的考虑,想要早点进入社会工作,本来在学校成绩优异的他,毅然决定上一所技术学校。就在洪家光在技术学校求学这段时间,中国各地正经历着国企破产改制、工人下岗潮的转型阵痛,尤其是我国的东北工业基地,无数的工人被迫下岗,艰难求生。

  1999年技术学校毕业以后，洪家光以全校第一名的成绩分配到了中航工业沈阳黎明航空发动机公司（现中国航发沈阳黎明航空发动机集团有限责任公司）。刚进入车间的他，最大的感受就是机器轰鸣声整天不停，洪家光能做的就是勤学苦练，一到空闲时间，他就去找那些经验丰富的老师傅请教问题，在下班的时间也全身心地投入发动机理论学习中，洪家光兢兢业业的工作态度，赢得了领导的赞许。

  2002年，洪家光已经在车间里工作三年了，这三年间，洪家光的勤奋好学证明了他对航空事业的热爱，和工厂老师傅混熟后，这些有着多年技术经验的老师傅也对洪家光倾囊相授。磨砺三年洪家光等到了一个证明自己的机会，当时公司突然要求紧急加工出一批金刚石滚轮，这项工作加工技术的难度和技术含量都很高，这个任务只有车间里的刘永祥师傅能胜任，但不巧的是刘师傅因身体不适到医院去看病了。

  眼看时间紧、任务重，公司领导急得团团转，完不成这次任务将给公司造成严重的损失，这时洪家光站了出来，表示"让我来试试"。洪家光虽然仅入职三年，但勤勉工作的态度领导也是看在眼里的，只是金刚石滚轮加工可不是一般技术工人能做到的，就连经验丰富的老师傅都不一定有十足的把握。发动机是飞机的心脏，而发动机叶片的修正就离不开金刚石滚轮，它的尺寸精度要求达到了 0.003 mm，相当于一根头发丝的二十分之一，当时我国的金刚石滚轮研磨技术还比较落后，只能依靠外国进口。都说在高精尖科技上西方国家卡着我们的脖子，有谁能想到，一个微不足道的金刚石滚轮研磨技术，也是当时我国尚未攻克的难关。

  考虑到洪家光平时的出色表现，公司领导同意了他的请求，众人都怀疑他能否成功，其实洪家光自己心里也没底。在经过一天的奋战后，他交出了自己加工的产品，由于金刚石滚轮是发动机核心叶片所需要的修正工具，对精密程度有着极高的要求，经过检测发现，洪家光加工的金刚石滚轮没有一个是合格的！这着实有点打击到洪家光，但他并没有气馁，身边的老师傅看到他还打算继续钻研金刚石滚轮加工技术，于是劝他："没有那金刚钻，就别揽这瓷器活了，算了吧。"

  听到师傅们劝自己放弃，洪家光一言不发，既没有争辩，也没有反驳，想要证明自己行，只有拿出合格的产品。于是他一头扎进了车间连续干了十天，在经历过无数次失败之后，终于，当洪家光拿出符合要求的金刚石滚轮时，那些曾经质疑他的人对洪家光只有佩服！除了加工出合格的产品，这十天时间他还在思考如何改进加工技术，也正是这份对技术的钻研精神，让洪家光从一名生产一线的普通工人，逐渐成长为航空发动机技术领域的专家。

  为了更好地磨炼自己的技术，洪家光直接卷着被褥住进了车间，他白天在车间忙碌一天，晚上直接睡在车间，就这样日复一日，年轻的洪家光终于成为车间里最优秀的技术人员。谁说当工人就没有大贡献呢？就在世人追名逐利的时候，洪家光在车间里、在机床旁、在测量室……踏踏实实地干着自己"微不足道"的工作，直到有一天，蓦然回首，不知不觉中他竟然已经取得了无数的骄人成绩。

  为了能够实现金刚石滚轮的自产，洪家光牵头成立了"航空发动机叶片磨削用滚轮精密制造技术"研究团队，凭借着这一技术的突破，他荣获国家科学进步奖，2020年荣获"全国劳动模范"称号。他不爱坐办公室，依然奋战在生产一线，就像对洪家光倾囊相授的孟宪新师傅一样，洪家光也当起了"师傅"，将自己的经验传授给新的一批年轻人。

像洪家光这样愿意扎根在生产一线，为国家默默付出的劳动者，正是中国崛起的前进动力。如今的洪家光虽然名利双收、获奖无数，但他依然牢记自己的初心和使命，在一次采访中他说："梦想让我坚持，但是在坚持中，我也看到了梦想，一定要让中国人坐上自己生产的大飞机。"

参考文献

[1] 王聪梅. 航空发动机典型零件机械加工[M]. 北京：航空工业出版社，2014.

[2] 宋宏明，杨丰. 数控加工工艺[M]. 2版. 北京：机械工业出版社，2019.

[3] 杨丰，邓元山. 数控加工工艺与编程[M]. 2版. 北京：国防工业出版社，2020.

[4] 吴拓. 机械制造工艺与机床夹具课程设计指导[M]. 4版. 北京：机械工业出版社，2019.

[5] 赵春梅，邵维范. 零件的数控车削加工[M]. 北京：机械工业出版社，2019.

[6] 张定华. 数控加工工业手册（第三卷）[M]. 北京：化学工业出版社，2013.

[7] 彭云峰，郭隐彪. 车削加工工艺及应用[M]. 北京：国防工业出版社，2010.

[8] 周晓宏. 数控铣削工艺与技能训练[M]. 北京：机械工业出版社，2021.

[9] 《透平机械现代制造技术丛书》编委会. 叶片制造技术[M]. 北京：科学出版社，2002.

[10] 《透平机械现代制造技术丛书》编委会. 机匣制造技术[M]. 北京：科学出版社，2002.

[11] 王聪梅. 控制较大尺寸机匣件加工变形的工艺措施[J]. 航空制造技术，2012（22）：96-98.

[12] 寇文化，张军峰. UG NX8.0数控铣多轴加工工艺与编程[M]. 北京：化学工业出版社，2015.

[13] 程耀楠. 航空航天典型零件加工系列刀具设计应用[M]. 北京：科学工业出版社，2017.

[14] 袁哲俊，刘献礼. 金属切削刀具设计手册[M]. 2版. 北京：机械工业出版社，2018.

[15] 刘壮壮，周鹏. 航空筒体类零件的典型加工工艺[J]. 金属加工（冷加工），2019（S02）：71-74.

[16] 盖永亮. 航空摇臂类零件的加工工艺研究[J]. 新技术新工艺，2017（11）：12-15.

[17] 刘强. 叶片式扩压器复杂型面精密电解加工的若干技术研究[D]. 南京：南京航空航天大学，2019.

[18] 张先锋. 航空发动机扩压器设计与优化研究[D]. 厦门：厦门大学，2017.